Hans Lambrich, Margit Lambrich, Klaus-Wilfried Schwichtenberg

Der kaufmännische Schriftverkehr

Der gute Brief gewinnt

116. Auflage

Bestellnummer 4552

service@westermann.de
www.westermann.de

Bildungshaus Schulbuchverlage Westermann Schroedel Diesterweg Schöningh Winklers GmbH, Postfach 33 20, 38023 Braunschweig

ISBN 978-3-8045-**4552**-6

westermann GRUPPE

Vorwort

Was gehört zum guten Brief?

Liebe Leserin, lieber Leser,

die Briefe, die Sie (unter)schreiben, sollen ansprechen, korrekt sein und Wirkung erzielen. Dieses Buch will Ihnen dabei helfen.

Die Einführung sagt Ihnen, was zu beachten ist, damit Ihre Briefe gut aussehen. Sie erhalten Hinweise für Entwurf und Korrektur.

Rechtschreibung. In diesem Abschnitt finden Sie Regeln und Beispiele für die aktuellen Schreibungen.

Tipps für Ihren Briefstil. Diese Stilkunde der kaufmännischen Korrespondenz zeigt Ihnen, worauf Sie bei Ihrer Wortwahl und Ihrem Satzbau besonders achten müssen.

Das Kernstück bilden die Abschnitte „Privater Schriftverkehr", „Einkauf und Verkauf von Gütern", „Werbung", „Schriftwechsel zwischen Betrieb und Mitarbeitern" sowie „Elektronische Korrespondenz".

Die Briefmuster. Zu den meisten Themen finden Sie zwei Muster: ein positives und ein negatives. Aus dem Vergleich der beiden Muster können Sie viel lernen.

Die Aufgaben stellen Sie in eine konkrete praxisnahe Situation. Beim Lösen helfen Ihnen das Positivbeispiel und die Rubrik „Möglicher Inhalt".

Standardisierte Textverarbeitung. Sieben Beispiele mit Textbausteinen und drei Beispiele für die Arbeit mit Serienbriefen zeigen Ihnen, wie Sie immer wiederkehrende Schriftstücke – auch in großen Mengen – rationell erstellen können.

Im Lösungsheft (Best-Nr. 4553) finden Sie die Lösungen zu allen Aufgaben.

Das Downloadmaterial „Der gute Brief gewinnt", das Sie im Webshop finden, bietet Ihnen zahlreiche Mustervorlagen für Briefe und Lebensläufe sowie Lösungsvorschläge für die Negativbe spiele. Korrespondierend zum Lernbuch sind 7 Texthandbücher mit Bausteinen, aus denen Sie Ihre Briefe zusammenstellen können und 3 Beispiele für Serienbriefe. Zusätzlich zum Lernbuch finden Sie hier 10 Fehlerbriefe und 10 Geschäftsgänge mit den entsprechenden Lösungen. Gehen Sie auf www.westermann.de. Geben Sie dort die Bestellnummer 4552 ein. Der zugehörige BPW-Code lautet **BPWC-C8YX-88DV-VKW5** .

Auch im Schriftverkehr ist die Praxis der beste Lehrmeister. Prüfen Sie künftig alle Schriftstücke, die Sie beruflich oder privat in die Hand bekommen. Lernen Sie aus guten Beispielen und versuchen Sie, weniger gute zu verbessern.

Wir wünschen Ihnen viel Erfolg.

Hans Lambrich
Margit Lambrich
Klaus-Wilfried Schwichtenberg

Inhalt

1		**Einführung**	8
	1.1	**Aufgaben und Arten des Schriftverkehrs**	8
	1.1.1	Vollmitteilungen	8
	1.1.2	Andere Mitteilungen	8
	1.2	**Aussehen des Briefes**	10
	1.2.1	Schriftverkehr und Normung	10
	1.2.2	Papierformate	11
	1.2.3	Briefblatt A4 mit Aufdruck (Geschäftsbrief)	12
	1.2.4	Beschriften des Briefblattes A4	14
	1.2.5	Empfängeranschrift	21
	1.2.6	Briefblatt A4 (Privatbrief)	26
	1.3	**Tipps für Ihren Briefentwurf**	28
	1.3.1	Briefaufbau	28
	1.3.2	Briefentwurf	29
	1.3.3	Zehn goldene Regeln für Ihre Briefe	29
	1.4	**Postbearbeitung und Schriftgutverwaltung**	29
2		**Rechtschreibung**	31
	2.1	**Laut-Buchstaben-Zuordnungen**	31
	2.2	**ss oder ß?**	31
	2.3	**Fremdwörter**	32
	2.4	**Getrennt- und Zusammenschreibung**	33
	2.4.1	Verbindungen mit einem Verb als zweitem Bestandteil	33
	2.4.2	Verbindungen mit Adjektiven oder adjektivisch gebrauchten Partizipien	36
	2.4.3	Verbindungen mit Substantiv und adjektivisch gebrauchten Partizipien	37
	2.4.4	Andere Wortarten	38
	2.5	**Bindestrich**	39
	2.6	**Groß- und Kleinschreibung**	40
	2.6.1	Substantive in festen Gefügen	40
	2.6.2	„Elendswörter" in festen Gefügen	40
	2.6.3	*Recht* und *Unrecht* – *Bitte* und *Danke* in Verbindung mit Verben	40
	2.6.4	Tageszeiten	41
	2.6.5	Substantivisch gebrauchte Adjektive und Partizipien	41
	2.6.6	Adverbiale Wendungen mit Superlativen *aufs/auf das*	41
	2.6.7	Adjektive in Paarformeln	41
	2.6.8	Adjektive in Eigennamen und festen Gefügen	42
	2.6.9	Bezeichnungen für Sprachen	42
	2.6.10	Substantivisch gebrauchte Zahlwörter	42
	2.6.11	Substantivisch gebrauchte Adverbien – Anredepronomen *du* und *ihr*	43

2.7	**Worttrennung am Zeilenende**	43
2.7.1	Deutsche Wörter	43
2.7.2	Fremdwörter	44
2.8	**Abkürzungen**	44
2.9	**Straßennamen**	45
2.10	**Das Komma**	46
2.10.1	Sätze ohne Komma	46
2.10.2	Vergleichende Konjunktionen *als* und *wie*	46
2.10.3	Aufgezählte Adjektive (Attribute)	46
2.10.4	Mehrteilige Orts- und Wohnungsangaben – Aufzählungen von Stellenangaben in Büchern u. dgl.	47
2.10.5	Infinitivgruppen	47
2.10.6	Partizipgruppen	48
2.10.7	Das Komma zwischen gleichrangigen Teilsätzen	48
2.10.8	Das Komma bei Nebensätzen	49
2.10.9	Das Komma vor den Konjunktionen *und, oder, sowie*	49
2.10.10	Das Komma bei *d. h.* und *z. B.*	50
2.10.11	Das Komma in Verbindung mit Anführungszeichen und Einschüben	50
3	**Tipps für Ihren Briefstil**	51
3.1	**Wortwahl**	51
3.1.1	Das Substantiv	51
3.1.2	Das Verb	52
3.1.3	Das Adjektiv	55
3.1.4	Das Partizip	56
3.1.5	Das Adverb	57
3.1.6	Die Präposition	57
3.1.7	Die Konjunktion	58
3.1.8	Das Pronomen	60
3.1.9	Andere Tipps zur Wortwahl	60
3.2	**Satzbau**	62
3.2.1	Wortstellung	62
3.2.2	Häufige Satzbaufehler	64
3.3	**Textaufbau**	66
3.3.1	Verknüpfung der Sätze	67
3.3.2	Möglichkeiten für Satzverbindungen	67
3.3.3	Thema-Rhema-Struktur	68
3.3.4	Rhythmus und Klang	70
4	**Privater Schriftverkehr**	72
4.1	**Zehn Hinweise für Ihre Korrespondenz**	72
4.2	**Musterbriefe und Aufgaben**	72

5   Einkauf und Verkauf von Gütern 81

5.1   Ungestörte Abwicklung des Kaufvertrages 81
5.1.1   Anfrage 81
5.1.2   Angebot 85
5.1.3   Bestellung 89
5.1.4   Bestellungsannahme (Auftragsbestätigung) 93
5.1.5   Besondere Kaufgeschäfte 96
5.1.6   Rechnung (Lieferanzeige) 98
5.1.7   Sicherung der Kaufpreisforderung 98

5.2   Gestörte Abwicklung des Kaufvertrages 102
5.2.1   Nicht-Rechtzeitig-Lieferung (Lieferungsverzug) 102
5.2.2   Annahmeverzug 106
5.2.3   Schlechtleistung (Mängelrüge) 110
5.2.4   Nicht-Rechtzeitig-Zahlung (Zahlungsverzug) 115
5.2.5   Erlöschen eines Angebots
            Widerruf/Ablehnung einer Bestellung 120

6   Werbung 124

6.1   Werbeziele und Werbearten 124

6.2   Ermittlung der Adressaten von Werbesendungen 124

6.3   Der Briefaufbau 124
6.3.1   Die AIDA-Formel 125
6.3.2   Sprachliches zum Werbebrief 125
6.3.3   Möglichkeiten für Ihren Briefanfang 126

6.4   Nachfassbriefe 131

6.5   Der unlautere Wettbewerb 132

7   Schriftwechsel zwischen Betrieb und Mitarbeitern 135

7.1   Berufsplanung 135

7.2   Stellenbewerbung 135

7.3   Internetstellenmarkt (Jobbörsen) 135

7.4   Bewerbungsunterlagen 136
7.4.1   Bewerbungsschreiben 136
7.4.2   Konventioneller Lebenslauf 144
7.4.3   Europäischer Lebenslauf 145
7.4.4   Erinnerungsschreiber 149
7.4.5   Stellengesuch 152

7.5	**Bearbeitung von Bewerbungen**	154
7.6	**Innerbetrieblicher Schriftverkehr**	154
7.6.1	Akten-, Gesprächs- und Telefonnotizen	154
7.6.2	Aktenvermerke	156
7.6.3	Rundschreiben	156
8	**Elektronische Korrespondenz**	159
8.1	**Internet**	159
8.2	**Elektronische Post (E-Mail)**	159
8.2.1	Bestandteile einer E-Mail	159
8.2.2	E-Mail-Muster: Absender ist eine Privatperson	162
8.2.3	E-Mail-Muster: Absender ist ein Unternehmen (hier: GmbH)	163
8.2.4	Tipps für Ihren E-Mail-Stil	164
9	**Aufgaben zur Vorbereitung auf Prüfungen**	165
10	**Standardisierte Geschäftsbriefe (Textbausteine)**	173
10.1	**Texthandbuch: Anfragen**	174
10.2	**Texthandbuch: Angebote**	175
10.3	**Texthandbuch: Bestellungen**	177
10.4	**Texthandbuch: Schlechtleistungen (Mängelrügen)**	178
10.5	**Texthandbuch: Beantwortung von Mängelrügen**	179
10.6	**Texthandbuch: Nicht-Rechtzeitig-Zahlungen (Mahnungen)**	181
10.7	**Texthandbuch: Antworten auf Bewerbungen**	182
11	**Standardisierte Geschäftsbriefe (Serienbriefe)**	191
11.1	**Serienbrief ohne Abfrageoptionen**	191
11.2	**Serienbrief mit Abfrageoptionen**	192
11.3	**Serienbrief mit Bedingungsfeldern**	192
	Sachwortverzeichnis	197
	Grammatische Fachausdrücke	200

1   Einführung

Der kaufmännische Schriftverkehr dient dem Austausch geschäftlicher Informationen

– innerhalb eines Unternehmens (zwischen einzelnen Abteilungen und Sachbearbeitern[1]) und
– mit externen Partnern (Kunden, Lieferanten, Behörden, Banken, Versicherungen usw.).

Informationsträger bzw. -medien sind Briefe, Postkarten, Vordrucke, Telefax und E-Mail. Statt Schriftverkehr kann man auch den Ausdruck *Korrespondenz* benutzen (frz. *correspondre* bzw. lat. *correspondere* = übereinstimmen). Der Schriftverkehr erfüllt dabei zwei Aufgaben:

– Er ergänzt das gesprochene Wort in persönlichen Gesprächen oder Telefongesprächen und
– er legt Willenserklärungen und Vereinbarungen eindeutig fest.

Um eine positive Kundenresonanz zu erreichen, soll der Schriftverkehr eine ansprechende äußere Form, eine klare, eindeutige Ausdrucksweise, einen folgerichtigen Aufbau und gründliche Sachkenntnis aufweisen.

1.1.1   Vollmitteilungen

Je nach dem Verhältnis der Briefpartner zueinander unterscheidet man private Briefe und Geschäftsbriefe.

Der private Brief enthält persönliche (keine geschäftlichen) Mitteilungen. Oft kennen sich Schreiber und Empfänger schon persönlich. Ein guter Privatbrief ist ganz auf die Person des Empfängers abgestimmt, nicht austauschbar und für den Absender typisch und unverwechselbar.

Der private Brief betrifft auch den Schriftverkehr in „offiziellen" Angelegenheiten. Dazu gehört z. B. der Schriftwechsel zwischen dem Auszubildenden und seinem Ausbilder, seinem Klassenlehrer, der Berufsschule, zwischen Mieter und Vermieter u. Ä. Auch private Schreiben haben nur dann den gewünschten Erfolg, wenn sie sich auf den Empfänger (Vorgesetzten, Behörde, Firma) einstellen, aber nicht unterwürfig abgefasst sind.

Der Geschäftsbrief beinhaltet schriftliche Mitteilungen, die im Gewerbebetrieb zwischen Kaufleuten untereinander oder mit ihren Kunden, Lieferanten, Behörden usw. sowie zwischen Angehörigen freier Berufe und ihren Kunden, Mandanten oder Patienten erforderlich sind.

1.1.2   Andere Mitteilungen

Die Kosten für individuelle Briefe sind hoch. Etwa 80 % sind Personalkosten. Es gibt viele Möglichkeiten, diesen hohen Anteil zu verringern: Telefon, Telefax und E-Mail können das Schreiben eines Briefes ersetzen. Weitere Möglichkeiten sind:

Blitzantwort. Dabei schreibt der Empfänger seine Antwort (meist handschriftlich) auf den Originalbrief, kopiert diesen für seine Unterlagen und schickt oder faxt ihn an den Absender zurück. Dieses Verfahren ist zwar rationell, eignet sich aber nur für kurze, innerbetriebliche Antworten oder in der Korrespondenz mit vertrauten Partnern. Ein Absender könnte sich gekränkt fühlen, wenn er statt eines „richtigen" Briefes sein eigenes Schreiben zurückbekommt.

---

[1] Aus Gründen der besseren Lesbarkeit wird auf die zusätzliche Nennung der jeweils weiblichen Form verzichtet.

Kurzmitteilung. Sie eignet sich besonders als „Anschreiben" beim Versand von Unterlagen oder als Empfangsbestätigung. Meist im Format ⅓-A4 sind Absender, Anschriftfeld, Bezugzeichen und Betreff sowie mehrere Ankreuzfelder mit Stichwörtern vorgedruckt. Der Sachbearbeiter kreuzt nur an, was er mitteilen will. Zusätzliche Kurzinformationen können auf den vorgesehenen Linien vermerkt werden.

Die beigefügten Unterlagen erhalten Sie

❏ mit Dank zurück ❏ zum Verbleib

mit der Bitte um

❏ Anruf ❏ Entscheidung ❏ Erledigung
❏ Kenntnis ❏ Prüfung ❏ Rückgabe
❏ Rücksprache ❏ Stellungnahme ❏ Zustimmung

....

....

Unterschrift

Auswahltext. Hier können auf der Rückseite einer Postkarte (also im Format A6) zutreffende Kurzinformationen angekreuzt werden. Auswahltexte eignen sich besonders als Antwort auf Bestellungen, die nicht oder nicht sofort ausgeführt werden können.

Das Buch .... ist

❏ nicht bei uns erschienen.
❏ erst in 3 bis 4 Wochen lieferbar. Wir haben Ihre Bestellung vorgemerkt.
❏ noch nicht erschienen. Ein Termin ist unbestimmt. Ihre Bestellung ist nicht vorgemerkt.
❏ vergriffen. Das Werk erscheint nicht mehr.
❏ vergriffen. Eine Neuauflage ist unbestimmt.

Freundliche Grüße

Vordruck. Die Lücken eines Drucktextes können je nach Bedarf hand- oder maschinenschriftlich oder mit Stempeln ausgefüllt werden. Beim Erstellen eigener Vordrucke sollten die folgenden Gestaltungsgrundsätze berücksichtigt werden:

Vollständig (alle benötigten Informationen werden abgefragt), **ablaufgerecht** (alle Informationen werden in der richtigen bzw. logischen Reihenfolge abgefragt), **schreibgerecht** (es ist ausreichend Platz für Eintragungen vorhanden, es werden einheitliche Fluchtlinien und Ankreuzkästchen verwendet), **maschinengerecht** (der Vordruck kann auch mit dem Textverarbeitungsprogramm ausgefüllt werden), **behandlungsgerecht** (der Vordruck kann weiterverarbeitet, d. h. kopiert gefalzt und versandt werden. Wichtig sind in diesem Zusammenhang auch Überlegungen zum Format, zur Druck- und Beschriftungsfarbe u. Ä.).

Textverarbeitungsprogramme bieten die Möglichkeit, vorgefertigte Vordrucke und Formulare zu verwenden oder individuell gestaltbare Vordrucke mithilfe von Ankreuzkästchen, Text- und Drop-down-Formularfeldern u. Ä. zu generieren.

Textbausteine. In jedem Betrieb gibt es Sachverhalte, die sich oft wiederholen. Es wäre daher nicht rationell, Routinepost immer wieder neu zu formulieren. Aufgrund einer Korrespondenzanalyse oder Befragungen von Sachbearbeitern werden Textbausteine (Betreff, Anrede, einzelne Absätze oder Briefteile, Grußformeln) sprachlich und grammatisch fehlerfrei formuliert und für bestimmte Sachgebiete (Anfragen, Angebote, Mahnungen u. Ä.) mit einem Textverarbeitungsprogramm zu Texthandbüchern zusammengefasst. Gut formulierte Briefe aus Textbausteinen sprechen den Empfänger ebenso individuell an wie ein konventioneller Brief. Weitere Informationen zu Textbausteinen enthält der Abschnitt 10 dieses Buches.

Serienbriefe. Serienbriefe unterschiedlichen Inhalts können für einen vollständigen oder ausgewählten (selektierten) Kundenkreis erstellt werden. Der Text wird mit einem Textverarbeitungsprogramm einmal erfasst oder aus vorhandenen Textbausteinen zusammengestellt. Nach einem bestimmten Ablauf wird das Hauptdokument (der Brieftext) mit den bereits erfassten Empfängeranschriften zusammengeführt und gedruckt. Durch das Einfügen einer individuellen Anschrift und einer persönlichen Anrede erhält der Empfänger ein scheinbar nur an ihn gerichtetes Schreiben. Weitere Informationen zu Serienbriefen enthält der Abschnitt 11 dieses Buches.

1.2 Aussehen des Briefes

1.2.1 Schriftverkehr und Normung

Für den Schriftverkehr gelten mehrere Normen. Das Deutsche Institut für Normung e. V. (DIN) informiert zum Thema „Norm":

„Eine Norm ist ein Dokument, das Anforderungen an Produkte, Dienstleistungen oder Verfahren festlegt. Die Norm schafft somit Klarheit über die Eigenschaften, erleichtert den freien Warenverkehr und fördert den Export. Die Norm unterstützt die Rationalisierung und Qualitätssicherung in Wirtschaft, Technik, Wissenschaft und Verwaltung. Sie dient der Sicherheit von Menschen und Sachen sowie der Qualitätsverbesserung in allen Lebensbereichen."

Träger der deutschen Normungsarbeit ist das DIN mit Sitz in Berlin, das als gemeinnütziger Verein deutsche Normen (DIN-Normen) erarbeitet. Die Ergebnisse der Normungsarbeit werden in Normblättern niedergelegt. Sie tragen das Kurzzeichen DIN und eine Nummer, z. B. DIN 5008. Für den kaufmännischen Schriftverkehr sind von Bedeutung:

DIN   476   Papier-Endformate
DIN   678   Briefhüllen
DIN   680   Fensterbriefhüllen; Formate und Fensterstellung
DIN   4991   Geschäftsvordrucke – Rahmenmuster für Handelspapiere – Anfrage, Angebot, Bestellung/Bestelländerung, Bestellantwort, Lieferschein und Rechnung
DIN   5007   Ordnen von Schriftzeichenfolgen (ABC-Regeln)

DIN   5008 Schreib- und Gestaltungsregeln für die Textverarbeitung
DIN   5009 Diktierregeln
DIN 16 511 Korrekturzeichen

Europäische Normen (EN) sind Dokumente, die von einer der drei europäischen Normungsorganisationen CEN, CENELEC oder ETSI ratifiziert wurden und von der NORM APNE in Brüssel getragen werden. Die weltweite Normungsarbeit obliegt der ISO (= International Organization for Standardization) mit Sitz in Genf.

1.2.2   Papierformate

Das Ausgangsformat der **Hauptreihe (A-Reihe)** ist A0 mit einer Größe von 841 x 1189 mm (= etwa 1 m^2). Durch Halbieren der jeweils längeren Seite erhält man das nächstkleinere Format. Das gebräuchlichste Format im kaufmännischen Schriftverkehr ist A4 mit einer Größe von 210 x 297 mm.

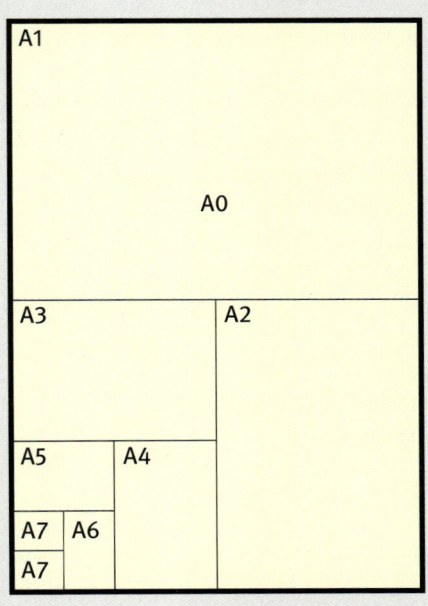

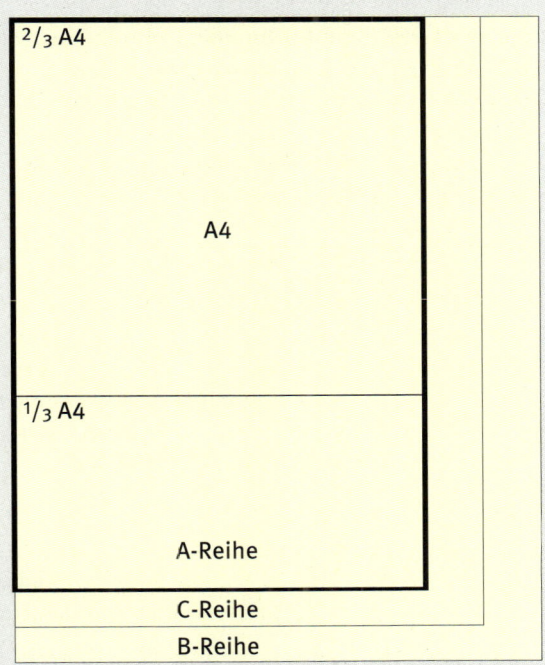

Format	Größe		Anwendungsbeispiele
A0	(841 x	1189 mm)	Landkarte
A1	(594 x	841 mm)	Fahrplan
A2	(420 x	594 mm)	Poster
A3	(297 x	420 mm)	Zeichenblock
A4	(210 x	297 mm)	Geschäftsvordruck (z. B. Rechnung), Kopierpapier, großes Schulheft
⅔ A4	(198 x	210 mm)	Geschäftsvordruck (z. B. Kurzmitteilung)
⅓ A4	(99 x	210 mm)	Geschäftsvordruck (z. B. Kurzmitteilung)
A5	(148 x	210 mm)	Geschäftsvordruck (z. B. Gesprächsnotiz), kleines Schulheft
A6	(105 x	148 mm)	Postkarte
A7	(74 x	105 mm)	Ausweis, Notiz- und Klebezettel
A8	(52 x	74 mm)	Notiz- und Klebezettel
A9	(37 x	52 mm)	Notiz- und Klebezettel

Die Formate der **Zusatzreihen (B- und C-Reihe)** werden bei Papiererzeugnissen benötigt, um Schriftstücke in Briefhüllen zu versenden oder in Schriftgutbehältern (Mappen, Aktendeckel usw.) abzulegen. *Briefhüllen* ist der Oberbegriff für *Briefumschläge* (Form U) und Taschen (Format T). Die wichtigsten Formate und Beispiele für die Anwendung sind:

Format	Größe	Anwendungsbeispiele	
B4	(250 x 353 mm)		
C4	(229 x 324 mm)		je nach Gewicht: Maxi- oder Großbrief
B5	(176 x 250 mm)	Briefhülle mit oder ohne Sichtfenster	
C5	(162 x 229 mm)		
B6	(125 x 176 mm)		je nach Gewicht: Standard- oder Kompaktbrief
C6	(114 x 162 mm)		
DL	(110 x 220 mm)		

Ist eine **Beschriftung der Briefhülle** erforderlich, soll diese automationsgerecht nach den Vorgaben der Deutschen Post AG vorgenommen werden:

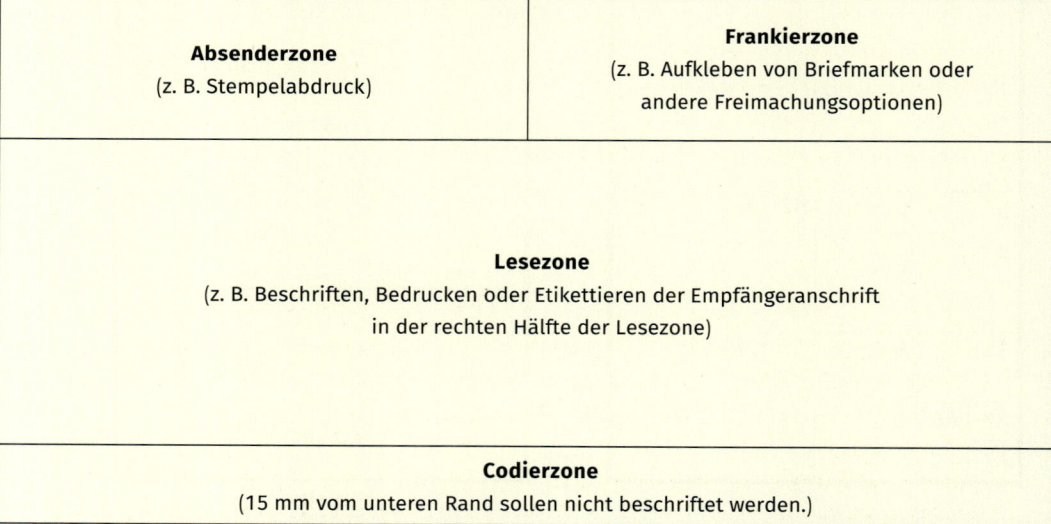

Absenderzone
(z. B. Stempelabdruck)

Frankierzone
(z. B. Aufkleben von Briefmarken oder andere Freimachungsoptionen)

Lesezone
(z. B. Beschriften, Bedrucken oder Etikettieren der Empfängeranschrift in der rechten Hälfte der Lesezone)

Codierzone
(15 mm vom unteren Rand sollen nicht beschriftet werden.)

1.2.3 Briefblatt A4 mit Aufdruck (Geschäftsbrief)

Die Vordrucke für das Briefblatt A4 nach DIN 5008 sind auf den Seiten 15 und 16 dargestellt. Maßgebend für das Briefblatt A4 war früher die DIN 676. Seit April 2011 ist die DIN 676 Bestandteil der DIN 5008. Nach der aktuellen Norm DIN 5008 (2019) ist die Bezugszeichenzeile weggefallen. Der Informationsblock hat sich durchgesetzt. Es gibt den Standardinformationsblock (s. S. 15) und den gestalteten Informationsblock (s. S. 16). Die **Bestandteile der Vordrucke** für den Geschäftsbrief A4 sind:

– **Briefkopf.** Er reicht über die gesamte Blattbreite (Höhe Bei Form A = 27 mm, bei Form B = 45 mm).

– **Anschriftfeld.** Es ist nach wie vor 45 mm hoch und 85 mm breit. Der obere Teil des Anschriftfeldes enthält die Zusatz und Vermerkzone. Die Anschriftzone schließt sich nach unten an.

In der Zusatz- und Vermerkzone steht die jeweils oberste Zeile für die einzeilige Rücksendeangabe (Absenderangabe), für andere Angaben und Vermerke stehen die vier folgenden Zeilen zur Verfügung. Die Anschriftzone besteht aus 6 Zeilen.

Die Angaben in der Zusatz- und Vermerkzone schreiben Sie in Schriftgröße 8 Punkt (p) – die Anschrift wie gewohnt mindestens in Schriftgröße 10.

```
5
4
3 ↑ Beschriftung aufwärts
2 Einzeilige Rücksendeangabe
1 ggf. gefolgt von Zusatzangaben und Vermerken

1 Anschriftzone
2 ↓ Beschriftung abwärts
3
4
5
6
```

- **Standardinformationsblock.** Die Leitwörter des Standardinformationsblocks heißen: Ihr Zeichen, Ihre Nachricht vom; Unser Zeichen, Unsere Nachricht vom; Name, Telefon; Telefax; E-Mail; Datum. Das 1. Leitwort beginnt in der Höhe der 2. Zeile des Anschriftfeldes: 100 mm vom linken Rand oder 125 mm von der linken Blattkante.

Alle Angaben werden durch je eine Leerzeile in drei Blocks aufgeteilt:
1. Block: Ihr Zeichen: – Ihre Nachricht vom: – Unser Zeichen: – Unsere Nachricht vom:
2. Block: Name: – Telefon: – Telefax: – E-Mail:
3. Block: Datum:

oder:

- **Gestalteter Informationsblock.** Hier sollten die Angaben in einer neuen Fluchtlinie geschrieben und durch Leerzeilen gruppiert werden. Einzelne Angaben (z. B. die E-Mail-Adresse) dürfen Sie bei Platzmangel in kleinerer Schriftgröße schreiben, mindestens jedoch 8 p.

Leitwörter dürfen ergänzt, weggelassen oder verändert werden. Für die Leitwörter des gestalteten Informationsblocks dürfen Sie eine kleinere Schrift verwenden, mindestens jedoch 8 p.

- **Geschäftsangaben.** Am unteren Ende des Vordrucks (Fußzeile) werden je nach Gesellschaftsform die Leitwörter *Geschäftsräume, Geschäftszeiten, Rechtsform und Sitz der Gesellschaft, Inhaber bzw. Geschäftsführer oder persönlich haftende(r) Gesellschafter, das zuständige Registergericht mit Handelsregister-Nummer, weitere Kommunikationsmöglichkeiten und Bankverbindungen,* bei Rechnungsvordrucken auch die Steuer- bzw. Umsatzsteuer-ID-Nr. aufgeführt. Bei Kapitalgesellschaften (AG = Aktiengesellschaft, KGaA = Kommanditgesellschaft auf Aktien, GmbH = Gesellschaft mit beschränkter Haftung) sind außerdem folgende Angaben erforderlich: *Name des Aufsichtsratsvorsitzenden, Namen des Vorsitzenden und aller Mitglieder des Vorstandes der Gesellschaft bzw. Namen aller Geschäftsführer einer GmbH.* Die Rechtsform der Gesellschaft kann auch im Briefkopf als Bestandteil der Firma angegeben werden. Die Pflichtangaben enthält das am 1. Januar 2007 in Kraft getretene „Gesetz über elektronische Handelsregister und Genossenschaftsregister sowie das Unternehmensregister (EHUG)".

- **Heftrand.** Auf dem Heftrand (20 mm breit) sind zwei Faltmarken und die Lochmarke eingedruckt.

13

1.2.4   Beschriften des Briefblattes A4

Für die Beschriftung gelten die „Schreib- und Gestaltungsregeln für die Textverarbeitung" (DIN 5008). Diese Regeln sollen dazu beitragen, die Dateneingabe zu erleichtern, Schreibarbeit einzusparen, eine Verarbeitung der Informationen zu ermöglichen und die Übertragung der Daten zwischen unterschiedlichen Geräten sicherzustellen.

Zwischenräume. Je ein Leerzeichen (einmaliges Betätigen der Leertaste) folgt nach ausgeschriebenen Wörtern und nach Abkürzungen, nach Zeichen, die ein Wort vertreten, nach ausgelassenen Textstellen, die durch Auslassungspunkte angedeutet sind, nach Zahlen und nach Satzzeichen.

Wir können ab einer Menge von 75 000 Stück zu diesem Preis produzieren.
Vordrucke, Vordrucksätze, Formulare usw. dienen der Rationalisierung des Schriftverkehrs.
Ihren Auftrag über 15.750,00 EUR führen wir innerhalb der nächsten 10 Tage aus.
Unsere Mitarbeiterin hat alle Kunden, Lieferanten, … angeschrieben.

Satzzeichen. Alle Satzzeichen folgen unmittelbar nach einem Wort oder einem Schriftzeichen ohne Leerzeichen. Der Abkürzungspunkt am Satzende schließt den Satzschlusspunkt mit ein. Klammern und Anführungszeichen werden ohne Leerzeichen vor und nach den Textteilen, die von ihnen eingeschlossen sind, geschrieben. Halbe Anführungszeichen sind innerhalb einer Anführung mit dem Apostroph (nicht mit der Akzenttaste) zu schreiben.

Sie erhalten heute Aufsteller, Plakate, Prospekte usw.
Bitte beachten Sie auch die beigefügte Broschüre „Verkaufsschulung – leicht gemacht".
Ihr Kunde schreibt: „Ihr Sondermodell ‚Mailand' gefällt der Kundschaft."
Der Firmensitz ist in Marburg (Lahn).

Zahlengliederungen. Zahlen mit mehr als vier Stellen sollten durch je ein Leerzeichen in 3er-Gruppen von rechts nach links gegliedert werden. Aus Sicherheitsgründen wird empfohlen, Geldbeträge mit Punkt zu gliedern. Jahres- und Postleitzahlen werden nicht gegliedert.

Das Unternehmen beschäftigt 12 010 : 2010 Mitarbeiter.
Wir haben Ihnen 5.050 EUR überwiesen.
Die Firma wurde bereits 1924 gegründet.
Ihr Hauptsitz ist in 50825 Köln.

14

Einteilung des Briefblattes A4 mit Standardinformationsblock (verkleinerte Wiedergabe)

Heftrand	**Schreibrand**	
		Feld für Briefkopf

125 mm[1]

5
4
3 ↑ *Beschriftung aufwärts*
2 Einzeilige Rücksendeangabe
1 ggf. gefolgt von Zusatzangaben und Vermerken

1 Anschriftzone
2 ↓ Beschriftung abwärts
3
4
5
6

Ihr Zeichen:
Ihre Nachricht vom:
Unser Zeichen:
Unsere Nachricht vom:

Name:
Telefon:
Telefax:
E-Mail:

Datum:

Faltmarke

Lochmarke

Faltmarke

Feld für Geschäftsangaben
Bei Kapitalgesellschaften Feld für gesellschaftsrechtliche Angaben

[1] Zeilenanfang für alle Schriftarten in Millimeter von der linken Blattkante

Normvordruck A4 nach Form A, DIN 5008

15

Einteilung des Briefblattes A4 mit gestaltetem Informationsblock (verkleinerte Wiedergabe)

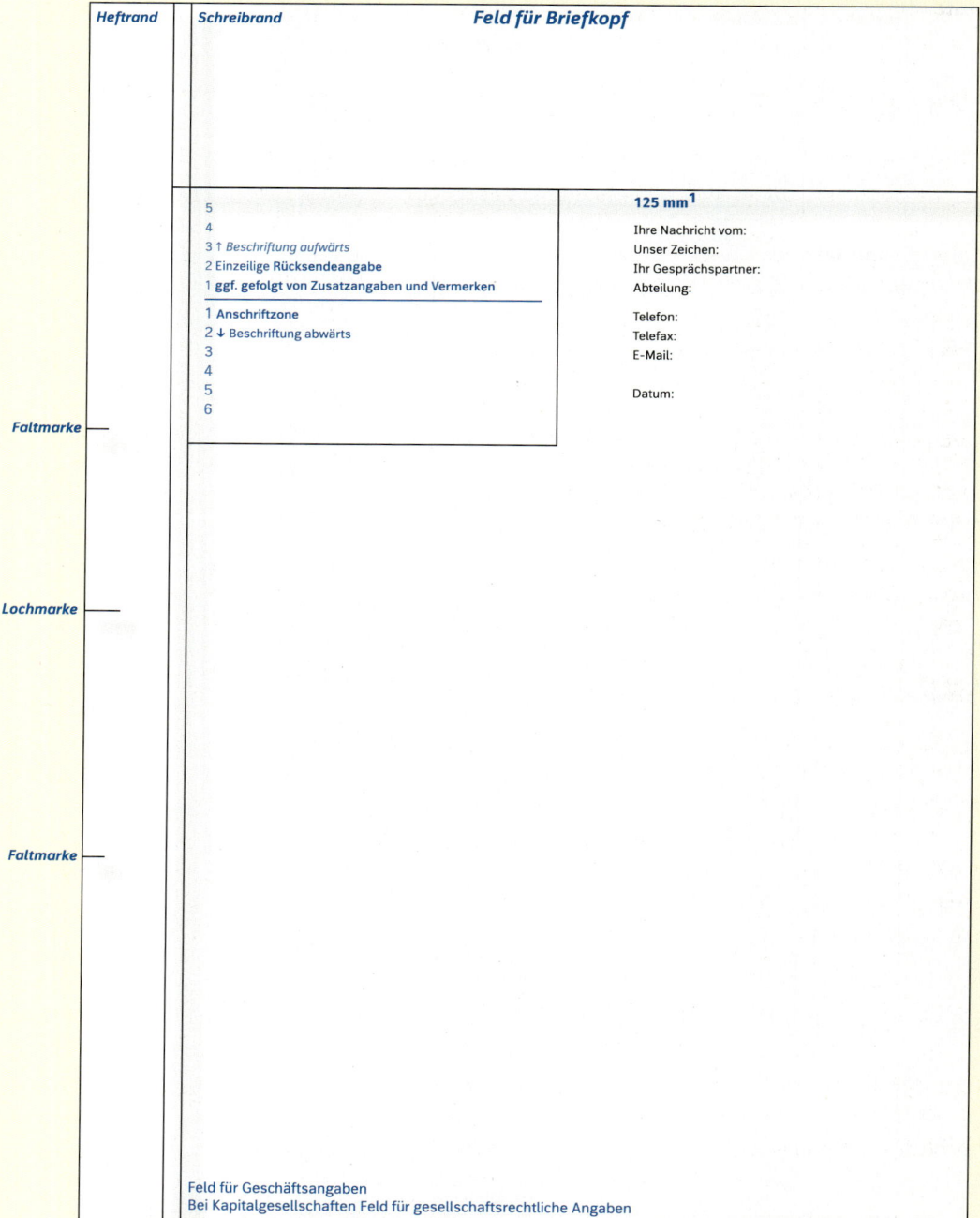

Heftrand

Schreibrand

Feld für Briefkopf

5
4
3 ↑ *Beschriftung aufwärts*
2 Einzeilige Rücksendeangabe
1 ggf. gefolgt von Zusatzangaben und Vermerken

1 Anschriftzone
2 ↓ Beschriftung abwärts
3
4
5
6

125 mm[1]

Ihre Nachricht vom:
Unser Zeichen:
Ihr Gesprächspartner:
Abteilung:

Telefon:
Telefax:
E-Mail:

Datum:

Faltmarke

Lochmarke

Faltmarke

Feld für Geschäftsangaben
Bei Kapitalgesellschaften Feld für gesellschaftsrechtliche Angaben

[1] Zeilenanfang für alle Schriftarten in Millimeter von der linken Blattkante

Normvordruck A4 nach Form B, DIN 5008

Besondere Zahlengliederungen

Kalenderdatum (Datumsangaben)

numerisch	20..-09-07
	07.09.20..
alphanumerisch	7. September 20..

Uhrzeit

08:30 Uhr, 11:30:45 Uhr

aber: 8 Uhr

Telefon- und Telefaxnummer

Einzelanschluss mit Vorwahl:	02231 7250
Durchwahlanlage	
– Telefonzentrale:	02231 458-0; 05122 351-1
– Durchwahlanschluss:	02231 7250-**319**
– Sondernummern:	

Wird in Sondernummern nach der Nummer des Anbieters eine Ziffer für die Gebührenzählung angegeben, bleibt davor und dahinter ein Leerzeichen. Zur besseren Lesbarkeit dürfen funktionsbezogene Teile von Telefon- und Telefaxnummern durch Fettschrift oder Farbe hervorgehoben werden.	0180 **2** 64801
	0800 **3** 74350
	0900 **7** 68304
International	+49 2231 7250

E-Mail-Adresse

info@name.de

Internetadresse

www.name.de

Geldbetrag

1.250 EUR, 12.500,00 EUR

Bankleitzahl

national (BLZ)	BLZ 370 400 44
international (IBAN)	IBAN DE89 3704 0044 0532 0130 00
BIC	COBADEFFXXX

Postfachnummer

Postfach 1 23 45

Postleitzahl

35037 Marburg

sonstige Gliederung

1250 Stück, 75 000 Einwohner, 1 250 000 Exemplare

Hervorhebungen sind möglich durch Einrücken, Zentrieren, Anführungszeichen, Wechsel der Schriftart und -größe, Fettschrift, Kursivschrift, Großbuchstaben und Farbe. Verschiedene Hervorhebungsmöglichkeiten können kombiniert werden.

– *Einrückungen* sind vom vorausgehenden und folgenden Text durch je eine Leerzeile abzusetzen. Beginnen Sie mit der Einrückung 50 mm von der linken Blattkante bzw. 25 mm vom linken Rand.

Auf der beigefügten Karte sind die Grenzen Ihres Verkaufsbezirks Nürnberg I eingezeichnet.
Zu diesem Bezirk gehören:

> 910 . . Erlangen (mit 91083 Baiersdorf)
> 91413 Neustadt (mit 91438 Bad Windsheim)

Wie Sie schon wissen, wird der Verkaufsbezirk Nürnberg II von mehreren Untervertretern betreut.
Die Anschriften werden wir Ihnen so bald wie möglich mitteilen.

– *Unterstreichen.* Nach der neuen DIN 5008 ist diese Hervorhebungsart nicht mehr vorgesehen.

– *Fettschrift.*

Der Kunde hat die Sendung **nicht** erhalten.
Der Kunde hat die Sendung **immer noch nicht** erhalten.
Der Bewerber heißt nicht Peter Stein, sondern Peter **Fein**.

– *Fettschrift und/oder Farbe* dürfen Sie z. B. für den Wortlaut des Betreffs und den Teilbetreff verwenden. – Die Wörter Anlage(n) und Verteiler dürfen Sie ebenfalls durch Fettschrift und/oder Farbe
hervorheben. Voraussetzung ist jedoch, dass Sie den Betreff und – falls vorhanden – den Teilbetreff fett geschrieben haben.

Wir hoffen, dass Sie wieder gute Verkaufserfolge erzielen.

Werbematerial. Anfang nächster Woche senden wir Ihnen neues Dekorations- und anderes Werbematerial.

– *Kursivschrift* kann oft die Anführungszeichen ersetzen.

Die neuen Modelle *Genf* und *Zürich* gefallen vielen Kunden.

Ausrichten der Vordrucke. Richten Sie den Vordruck so aus, dass ein bei 25 mm von der linken Blattkante geschriebenes Schriftzeichen an der Fluchtlinie steht. Die Fluchtlinie ist durch den Beginn des
ersten Leitwortes der Bezugszeichenzeile bestimmt.

Seitenränder. Beachten Sie die in DIN 5008 empfohlenen Seitenränder: links 25 mm, rechts 10 mm
(jeweils von der Blattkante). Den Brieftext sollten Sie um 10 mm von rechts einziehen, sodass sich für
diesen Teil Ihres Briefes ein rechter Seitenrand von 20 mm ergibt.

Zeilenabstand. Schreiben Sie (in der Regel) mit einfachem Zeilenabstand. Für Schriftstücke mit hoch-
oder tiefgestellten Schriftzeichen nehmen Sie ggf. einen größeren Zeilenabstand. Auch Briefe besonderer Art (z. B. Glückwünsche) schreiben Sie am besten mit größerem Zeilenabstand. Entwürfe
und Manuskripte sollten Sie mindestens mit Zeilenabstand 1,5 schreiben.

Informationsblock. Die Angaben stehen neben den Leitwörtern. Wenn Sie Aufgaben lösen, gilt es,
die Wechselwirkung der Leitwörter zu beachten.

❖ **Situation:** Als Sachbearbeiterin Paula Meier (Zeichen: me) sind Sie in einer Elektrogroßhandlung
tätig und diktieren Frau Marion Klein (Zeichen: kl) am 8. Juni d. J. eine Anfrage an Ihren Lieferer (eine
Lampenfabrik). Sie haben die Telefondurchwahl 412. Frau Klein schreibt die Angaben im Standardinformationsblock und die Betreffangabe wie folgt:

Ihr Zeichen:
Ihre Nachricht vom:
Unser Zeichen: me-kl
Unsere Nachricht Vom:
Name: Paula Meier
Telefon: 06151 37351-412

Datum: 20..-06-08

Anfrage nach Tischlampen

❖ **Situation:** Die Lampenfabrik schickt Ihnen 2 Tage später ihr Angebot. Sachbearbeiter ist Kurt Peters (Zeichen: pt), Schreiberin Frau Melissa Hof (Zeichen: ho). Telefondurchwahl der Verkaufsabteilung 1214. Frau Hof schreibt die Bezugszeichenzeile und Betreffangabe wie folgt:

Ihr Zeichen: me-kl
Ihre Nachricht vom: 20..-06-08
Unser Zeichen: pt-ho
Unsere Nachricht vom:
Name: Kurt Peters
Telefon: 0621 48311-1214

Datum: 20..-06-10

Angebot über Tischlampen

❖ **Situation:** Sie bestellen 3 Tage später bei der Lampenfabrik. Da die Briefreihe nicht unterbrochen wurde (jeder hat geantwortet), genügt es, unter dem Leitwort „Unser Zeichen, unsere Nachricht vom" nur die Diktatzeichen anzugeben:

Ihr Zeichen: pt-ho
Ihre Nachricht vom: 20..-06-10
Unser Zeichen: me-kl
Unsere Nachricht vom:
Name: Paula Meier
Telefon: 06151 37351-412

Datum: 20..-06-13

Bestellung über Tischlampen

❖ **Situation:** Sie schicken einem Elektrofachgeschäft auf dessen Anfrage vom 12. Juli d. J. am 14. Juli d. J. ein Angebot:

Ihr Zeichen: af-bu
Ihre Nachricht vom: 20. .-07-12
Unser Zeichen: me-kl
Unsere Nachricht vom:
Name: Paula Meier
Telefon: 06151 37531-412
Telefax: 06151 37531-420

Datum: 20. .-07-14

Vertriebsunion **Albert Schäfer GmbH**

Ihr Zeichen:
Ihre Nachricht vom:
Unser Zeichen: bo-lo
Unsere Nachricht vom:

Vertriebsunion A. Schäfer · Postfach 23 12 04 · 90402 Nürnberg
Einschreiben Einwurf
Herrn
Jens Kunstmann
Theodor-Heuss-Straße 15 // W 307
91126 Schwabach

Name: Ralf Bode
Telefon: 0911 182044-288
Telefax: 0911 182044-6433
E-Mail: info@vertrieb-schaefer-wvd.de

Datum: 20..-02-20

Übernahme unserer Vertretung

Sehr geehrter Herr Kunstmann,

Sie erhalten heute Ihren Vertretervertrag in dreifacher Ausfertigung. Bitte unterschreiben Sie alle Exemplare; senden Sie das Original und eine Durchschrift recht bald zurück.

Auf der beigefügten Karte sind die Grenzen Ihres Verkaufsbezirks Nürnberg I eingezeichnet. Zu diesem Bezirk gehören:

      910 . . Erlangen (mit 91083 Baiersdorf)
      91413 Neustadt (mit 91438 Bad Windsheim)

Wie Sie schon wissen, wird der Verkaufsbezirk Nürnberg II von folgenden Untervertretern betreut:

      91126 Schwabach, Frau Eva-Marie Schneider
      91301 Forchheim, Herr Wolfgang Weißhaupt

Den Stadtbezirk 90... Nürnberg und die Bezirke 907.. (Fürth), 91207 (Lauf) und 91257 (Pegnitz) betreuen wir direkt.

Wir begrüßen Sie als neuen Mitarbeiter und hoffen auf eine gute Zusammenarbeit. Für Ihre Tätigkeit wünschen wir Ihnen schon heute viel Erfolg.

Freundliche Grüße

Vertriebsunion
Albert Schäfer GmbH

ppa.

Jürgen Schmengler

Anlagen
3 Vertragsexemplare
1 Karte

Geschäftsräume
Schillerstraße 48 – 50, 90409 Nürnberg
Sitz der Gesellschaft
Nürnberg
Geschäftsführer
Albert Schäfer, Gisela Schäfer

Registergericht
Nürnberg HRB 9876

Kommunikation
Internet: www.vertrieb-schaefer-wvd.de

Bankverbindung
Sparkasse Nürnberg
IBAN: DE63 7605 0101 0785 0010 27
BIC: SSKNDE77XXX

Betreff und Teilbetreff sind stichwortartige Inhaltsangaben; Teilbetreffe bezeichnen besondere Abschnitte des Briefes; sie schließen mit einem Punkt, der Text wird unmittelbar angefügt. Lassen Sie nach der Datumsangabe 2 Leerzeilen. Die Betreffangabe beginnt an der Fluchtlinie und wird bei längerem Text sinngemäß auf mehrere Zeilen verteilt. Hinter der Betreffangabe steht kein Schlusspunkt (dagegen dürfen etwaige Frage- und Ausrufezeichen nicht fehlen). Die Betreffangabe darf durch Fettschrift und/oder Farbe hervorgehoben werden, ebenso der Teilbetreff.

Die Anrede schreiben Sie zwei Leerzeilen unter die Betreffangabe. Vom folgenden Text wird sie durch eine Leerzeile abgesetzt.

Den Text gliedern Sie durch je eine Leerzeile in Absätze. Jeder neue Gedanke erfordert einen neuen Absatz.

Den Gruß schreiben Sie nach einer Leerzeile unter dem Brieftext. Verwenden Sie veraltete Grußformeln (*Hochachtungsvoll, Mit vorzüglicher Hochachtung* u. Ä.) nur in begründeten Ausnahmefällen.

Briefabschluss. Die Bezeichnung der Firma, Behörde usw. wird mit einer Leerzeile vom Gruß abgesetzt. Die maschinenschriftliche Angabe des Unterzeichners kann innerbetrieblich geregelt werden. Die Zahl der Leerzeilen vor dieser Angabe richtet sich nach Notwendigkeit und Möglichkeit; sie wird (in der Regel) durch drei Leerzeilen und von den Zusätzen *ppa. (= per procura), i. V. (= in Vertretung, in Vollmacht)* oder *i. A. (= im Auftrag)* durch eine Leerzeile abgesetzt. Zusätze dürfen auch vor der Namenswiedergabe in derselben Zeile stehen.

Anlagen- und Verteilvermerke beginnen an der Fluchtlinie oder bei 125 mm von der linken Blattkante bzw. bei 100 mm vom linken Rand. Sie werden vom vorausgehenden Text mit einer Leerzeile abgesetzt; die Wörter „Anlage(n)" und „Verteiler" dürfen durch Fettschrift hervorgehoben werden, wenn der Betreff oder Teilbetreff fett geschrieben wurde. In diesem Buch werden beide Möglichkeiten gezeigt.

Seitennummerierung. Umfangreiche Briefe erfordern Fortsetzungsblätter. Daher ist es ratsam, in der Fußzeile am rechten Rand durch drei Punkte auf eine Folgeseite hinzuweisen. Der Abstand zwischen Textende und den drei Punkten beträgt mindestens 1 Leerzeile. Die Seitennummerierung (z. B. – 2 –) sollte vorzugsweise zentriert in der Kopfzeile stehen. Bei Textverarbeitungssystemen ist es zulässig, die Seiten mit „Seite … von …" zu kennzeichnen. Diese Kennzeichnung beginnt bei Seite 1 und sollte rechtsbündig in der Fußzeile stehen. Dann entfällt der Hinweis auf Folgeseiten.

1.2.5   Empfängeranschrift

Anschriften werden im Anschriftfeld aller Schriftstücke und auf Briefhüllen in gleicher Anordnung geschrieben.

Das Anschriftfeld wird aufgeteilt in eine Zusatz- und Vermerkzone (Zeile 5 – 1) und eine Anschriftzone (Zeile 1 – 6). Die Zusatz- und Vermerkzone nimmt elektronische Frankiervermerke auf; sie steht ferner für Ordnungsmerkmale und postalische Vermerke zur Verfügung.

Postalische Vermerke (z. B. *Einschreiben Einwurf*) stehen in der Zusatz- und Vermerkzone unter der einzeiligen Rücksendeangabe. Die Empfängerbezeichnung beginnt in der 1. Zeile der 6-zeiligen Anschriftzone. Es folgen Postfach mit Nummer (Abholangabe) bzw. Straße mit Hausnummer (Zustellangabe) sowie Postleitzahl und Bestimmungsort.

Muster für Inlandsanschriften (1)

Die Punkte an der Fluchtlinie (Zeilenanfang von der linken Blattkante = 25 mm) markieren die Leerzeilen. Das Zeilenende für Empfängeranschriften ist 105 mm von der linken Blattkante bzw. 80 mm vom linken Rand.

1

```
5
4
3
2
1  E. Heimbach bei Becher, Leo-Tolstoi-Straße 5, 18106 Rostock
1 Herrn
2 Kurt Schwarz
3 Birkenweg 24 b
4 09114 Chemnitz
5
6
```

2

```
5
4
3
2
1  Kurt Schwarz · Birkenweg 24 b · 09114 Chemnitz
1 Frau
2 Eva Heimbach
3 bei Familie Becher
4 Leo-Tolstoi-Straße 5
5 18106 Rostock
6
```

3

```
5
4
3
2
1  Rita Christ · Anemonenstraße 5 // 3. Stock · 42369 Wuppertal
1 Frau Petra Müller
2 Herrn Richard Müller
3 Husumer Straße 12 // W 407
4 28219 Bremen
5
6
```

4

```
5
4
3
2
1  P. und R. Müller, Husumer Straße 12 // W 407, 28219 Bremen
1 Frau Rita Christ
2 Herrn Alex Schäfer
3 Ortsteil Ronsdorf
4 Anemonenstraße 5 // 3. Stock
5 42369 Wuppertal
6
```

5

```
5
4
3
2
1  Dr. Luise Schneider · Am Alten Schulgarten 3 · 55131 Mainz
1 Herrn Bürgermeister
2 Alfred Roth
3 Weberstraße 39
4 39112 Magdeburg
5
6
```

6

```
5
4
3
2
1  Alfred Roth · Weberstraße 39 · 39112 Magdeburg
1 Frau Notarin
2 Dr. Luise Schneider
3 Am Alten Schulgarten 3
4 55131 Mainz
5
6
```

7

```
5
4
3
2
2 Petra Fröhlich · Danziger Straße 12 D · 48161 Münster
1 Einschreiben
1 Frau
2 Beate Vogt
3 Straßburger Straße 48
4 66115 Saarbrücken
5
6
```

8

```
5
4
3
2
2 Beate Vogt · Straßburger Straße 48 · 66115 Saarbrücken
1 Einschreiben Einwurf
1 Frau Direktorin
2 Dipl.-Hdl. Petra Fröhlich
3 Danziger Straße 12 D
4 48161 Münster
5
6
```

9

```
5
4
3
2
1  May & Stark KG, Postfach 12 04, 86992 Landsberg
1 Motorenwerke
2 Kühn & Pfeifer AG
3 Frau Ilse Fuchs
4 Postfach 70 02 93
5 81302 München
6
```

10

```
5
4
3
2
1  Kühn & Pfeifer AG · Postfach 70 02 93 · 81302 München
1 Herrn
2 Klaus Seifert
3 May & Stark KG
4 Postfach 12 04
5 86992 Landsberg
6
```

Erläuterungen zu den Mustern für Inlandsanschriften (1)

1 Die Empfängerbezeichnung (hier: *Herrn*) steht im Akkusativ (4. Fall) und in der 1. Zeile der Anschrift-zone. – Zwischen der Hausnummer und dem Unterscheidungsbuchstaben steht ein Leerzeichen. Der Unterscheidungsbuchstabe darf – je nach postalischen Gegebenheiten – auch großgeschrieben wer-den (siehe Anschrift 8 und Absendeangabe 7).

2 Bei Untermietern muss der Name des Wohnungsinhabers **unter** den Namen des Empfängers ge-schrieben werden.

3 In Anschriften an Eheleute empfiehlt es sich aus Höflichkeit, zuerst den Namen der Frau und dann (in der nächsten Zeile) den des Mannes zu nennen. Die Bezeichnung *Eheleute* ist zwar ebenfalls korrekt, doch sollte sie nur von behördlichen Stellen (z. B. vom Amtsgericht) verwendet werden. – Bei der Zu-stellangabe darf zusätzlich die Wohnungsnummer, abgetrennt durch zwei Schrägstriche, angegeben werden.

4 Auch in Anschriften an Lebenspartner wird zuerst der Name der Frau angegeben. – Orts- oder Stadt-teilnamen (hier: *Ronsdorf*) dürfen in einer besonderen Zeile oberhalb der Zustell- oder Abholangabe ohne Postleitzahl vermerkt werden, nicht aber als Zusatz zum Bestimmungsort. – Die Angabe des Stockwerks (hier: *3. Stock*) wird nach zwei Schrägstrichen geschrieben.

5 Berufs- und Amtsbezeichnungen (hier: *Bürgermeister*) werden **neben** *Frau* oder *Herrn* geschrieben.

6 Akademische Grade (hier: *Dr.*) stehen **unmittelbar vor** dem Namen. Andere akademische Grade sind: *Dipl.* (Diplom), *Prof.* (Professor), *B. Sc.* (Bachelor of Science = Bachelor der Naturwissenschaften), *M. Sc.* (= Master of Science: Master der Naturwissenschaften).

7 Postalische Vermerke (*Einschreiben, Einschreiben Einwurf, Päckchen, Blindensendung* usw.) stehen in der Zusatz- und Vermerkzone des Anschriftenfeldes unter der einzeiligen Rücksendeangabe. Das Einschreiben wird nur **gegen Quittung** ausgehändigt.

8 Beim Versand unter *Einschreiben Einwurf* wird der Einwurf der Sendung (Briefe, Postkarten, Blin-densendung) in den Briefkasten oder das Postfach des Empfängers von der Deutschen Post AG **do-kumentiert**.

9 Der Brief wird in der Posteingangsabteilung **geöffnet**, dann aber direkt an Frau Fuchs weitergeleitet (*z. H., z. Hd. = zu Händen* gilt als veraltet). – Postfachnummern werden – von rechts beginnend – in Zweiergruppen gegliedert.

10 Der Brief wird Herrn Seifert **ungeöffnet** ausgehändigt. Die Abkürzungen *i. H.* (= *im Hause*) und *i. Fa.* (= *in Firma*) sind veraltet. Im Ausland wird oft auch *c/o* (*care of* = wohnhaft bei) verwendet.

Muster für Inlandsanschriften (2)

11

5
4
3
2
1 Luise Frey e. Kffr. · Stormstraße 4 – 6 · 25336 Elmshorn
1 Zeitschriftenvertrieb
2 Horst Maier e. K.
3 Postfach 14 66
4 79014 Freiburg
5
6

12

5
4
3
2
1 Horst Maier e. K. · Postfach 14 66 · 79104 Freiburg
1 Tapetengroßhandel
2 Luise Frey e. Kffr.
3 Stormstraße 4 – 6
4 25336 Elmshorn
5
6

13

5
4
3
2 Bundesagentur für Arbeit · 90910 Nürnberg
1 7 305012/da/st 23/4414 gG
1 Frau
2 Elke Hofmeister
3 Sturzstraße 22 b
4 64285 Darmstadt
5
6

14

5
4
3
2
1 Elke Hofmeister, Sturzstraße 22 b, 64285 Darmstadt
1 Bundesagentur für Arbeit
2 90910 Nürnberg
3
4
5
6

Muster für Auslandsanschriften

15

5
4
3
2
1 Peter Fischer, Forstweg 18 b, 08056 Zwickau, Deutschland
1 Frau
2 Dr. Anita Klein
3 c/o Büromaschinen GesmbH
4 Wiener Straße 7/1/3
5 3100 ST. PÖLTEN
6 ÖSTERREICH

16

5
4
3
2
1 Christa Bauer · Finkenweg 3 · 74245 Löwenstein · Deutschland
1 Monsieur François Duvernoy
2 45 rue Foch
3 34430 MONTPELLIER
4 FRANKREICH
5
6

17

5
4
3
2
1 Tina Chirver, Peter-Altmeier-Allee 36, 55116 Mainz, Deutschland
1 Prof. Alberto Rossi
2 Casella Postale 4561
3 16121 GENOVA GE
4 ITALIEN
5
6

18

5
4
3
2
1 Horst Seifert · Gartenstraße 14 · 02826 Görlitz · Deutschland
1 Delegación Provinciale de
2 I.C.O.N.A.
3 25071 LERIDA
4 SPANIEN
5
6

19

5
4
3
2
1 Max Eckert, Schützenwiese 15, 47179 Duisburg, Deutschland
1 Ms E Taylor
2 c/o Imperial Hotel
3 24 Cambridge Road
4 CARLISLE
5 CA5 1MP
6 GROßBRITANNIEN

20

5
4
3
2
1 M. Hoffmann · Alemannenstraße 36 · 78224 Singen · Deutschland
1 DR F P DANA
2 ST LOUIS HOSP
3 2500 CLARK ST
4 ST LOUIS MO 63121-1247
5 USA
6

24

Erläuterungen zu den Mustern für Inlandsanschriften (2)

11 Von Männern geführte Einzelunternehmen erhalten den Zusatz *e. K.* oder *e. Kfm.* (eingetragener Kaufmann).

12 Von Frauen geführte Einzelunternehmen erhalten ebenfalls den Zusatz *e. K.* oder *e. Kffr.* (eingetragene Kauffrau).

13 In das Anschriftfeld (Zusatz- und Vermerkzone) dürfen auch Ordnungsbezeichnungen des Absenders aufgenommen werden; sie dienen der innerbetrieblichen Organisation. Diese Bezeichnungen stehen in der Zusatz- und Vermerkzone.

14 Großempfänger (hier: *Bundesagentur für Arbeit*) haben eine eigene Postleitzahl. Dann werden weder Postfach noch Straße und Hausnummer angegeben.

Erläuterungen zu den Mustern für Auslandsanschriften
Allgemeines: Auslandsanschriften müssen in lateinischer Schrift und arabischen Ziffern, Bestimmungsort und Bestimmungsland in Großbuchstaben (Versalien) geschrieben werden. Der Bestimmungsort ist (nach Möglichkeit) in der Sprache des Bestimmungslandes anzugeben, das Bestimmungsland jedoch in deutscher Sprache. – Die Anordnung der Bestandteile der Anschrift und deren Schreibung sind (wenn möglich) der Absenderangabe des Partners zu entnehmen.

Postalische Vermerke sollten in Auslandsanschriften nicht geschrieben, sondern durch Aufklebezettel markiert werden, z. B. *Mit Luftpost – PAR AVION*. Aufklebezettel erhalten Sie in jeder Postfiliale.

15 Die Angabe *c/o* (*care of = wohnhaft bei ..., per Adresse*) ist in Österreich noch üblich – im Gegensatz zu deutschen Inlandsanschriften (siehe Hinweis zu Muster 10). *Gesellschaft mit beschränkter Haftung* wird in Österreich *GesmbH* abgekürzt (in Deutschland: *GmbH*). – Die Wohnungsangabe *Wiener Straße 7/1/3* bedeutet *Haus Nummer 7, Stiege 1, 3. Stock* (jeweils durch Schrägstrich gegliedert).

16 In Frankreich (und in vielen anderen Ländern) schreibt man die Hausnummer vor den Straßennamen, und zwar ohne Komma.

17 Berufs- und Amtsbezeichnungen stehen in Italien (und in manchen anderen Ländern) vor dem Vor- und Zunamen in derselben Zeile. *Casella Postale* (Postfach) darf auch abgekürzt werden: *C.P.* (ohne Leerzeichen nach dem Abkürzungspunkt). – Hinter dem Bestimmungsort ist die italienische Provinz abgekürzt anzugeben = 2 Großbuchstaben (hier: *GE* = *Genova* für Genua).

18 Hinter Abkürzungspunkten steht in Spanien (und in den meisten anderen Ländern) kein Leerzeichen.

19 Die meisten britischen Anschriften enthalten nach dem Ortsnamen eine Zeile mit näherer geografischer Eingrenzung des Bestimmungsortes (hier: *CA5 1MP*).

20 Die US-Postverwaltung empfiehlt, in der Empfängeranschrift nur Großbuchstaben ohne Abkürzungspunkte zu verwenden. Hinter dem Bestimmungsort steht abgekürzt der Bundesstaat (hier: *MO* = *Missouri*). Es folgt die mehrstellige Postleitzahl.

25

1.2.6 Briefblatt A4 (Privatbrief)

Vorlagen für Privatbriefe werden mehr und mehr mit Textverarbeitungssystemen selbst gestaltet.

Die Absenderangabe steht in einer Kopfzeile, die 50,8 mm hoch ist. Zur Absenderangabe gehören der Name, die Straße oder das Postfach, PLZ und Ort (im internationalen Schriftverkehr auch das Land) sowie Telefonnummer (ggf. auch Telefaxnummer und E-Mail-Adresse). Diese Angaben werden nicht durch Leerzeilen getrennt.

Petra Schreiber
Essener Straße 23
45899 Gelsenkirchen
Telefon: 0209 467189
E-Mail: info@petra.schreiber.wvd.de

.
.

.

Petra Schreiber · Essener Straße 23 · 45899 Gelsenkirchen

Einschreiben Einwurf

Vereinigte Metallwerke
Steinbeck & Hafner AG
Postfach 10 03 44
46003 Oberhausen

.
.

20..-07-04

.
.

Rhetorikseminar in Ihrem Hause
.

Sehr geehrte Damen und Herren,
.

für Ihre Anfrage danke ich Ihnen. Gern bin ich dazu bereit, in ...

> Das Datum schließt rechtsbündig mit dem Brieftext ab (20 mm von der rechten Blattkante).

Die Absenderangabe darf auch zentriert oder rechtsbündig und in verschiedenen Schriftgrößen und/oder Schriftarten geschrieben werden.

Informationsblock. Sollen außer Telefon und Telefax noch andere Kommunikationsmöglichkeiten angegeben werden, fasst man diese Angaben in einem Informationsblock zusammen. Beachten Sie die Leerzeilen innerhalb des Informationsblocks. Nach dem Briefdatum folgen bis zur Betreffangabe zwei Leerzeilen.

Petra Schreiber
Essener Straße 23
45899 Gelsenkirchen

.
.
.
Petra Schreiber · Essener Straße 23 · 45899 Gelsenkirchen
Einschreiben Einwurf
Vereinigte Metallwerke
Steinbeck & Hafner AG
Postfach 10 03 44
46003 Oberhausen
.
.
.
.

Ihr Zeichen: gr-ba
Ihre Nachricht vom: 20 .-03-30
.
Telefon: 0209 467189
Telefax: 0209 34221
E-Mail: info@petra.schreiber.wvd.de
Internet: www.petra.schreiber.wvd.de
.
Datum: 20..-07-04

Rhetorikseminar in Ihrem Hause
.

Sehr geehrte Damen und Herren,
.
für Ihre Anfrage danke ich Ihnen. Gern bin ich dazu bereit, in ...

27

Leitwörter in kleinerer Schriftgröße. Für Leitwörter im gestalteten Informationsblock darf auch eine kleinere Schriftgröße gewählt werden, mindestens aber 8 Punkt. Die Leitwörter sollten in einer Fluchtlinie untereinander stehen. Auch beim gestalteten Informationsblock sollten die Angaben durch Leerzeilen gruppiert werden.

Petra Schreiber
Essener Straße 23
45899 Gelsenkirchen

.
.
.
Petra Schreiber · Essener Straße 23 · 45899 Gelsenkirchen
Berufsbildungswerk
des Landkreises Elmshorn
Frau Dipl.-Päd. Heick-Frenssen
Peter-Meyn-Straße 11/13
25337 Elmshorn
.
.
.

Ihr Zeichen: hf-dg
Ihre Nachricht vom: 20..-09-05
.
Ihre Ansprechpartnerin: Tina Baum
Telefon: 0209 467189
Telefax: 0209 34221
E-Mail: t.baum@petra.schreiber.wvd.de
Internet: www.petra.schreiber.wvd.de
.
Datum: 20..-09-06

Rhetorikseminar in Ihrem Hause
.

Guten Tag, Frau Heick-Frenssen,
.
für Ihren gestrigen Anruf danke ich Ihnen. Gern sind meine Mitarbeiterin, Frau Tina Baum, und ich dazu bereit, ...

1.3 Tipps für Ihren Briefentwurf

1.3.1 Briefaufbau

Mit Ihrem Brief wollen Sie dem Empfänger etwas mitteilen, z. B. Namen und Anschriften von Vertragshändlern und Außendienstmitarbeitern. Oder Sie erkundigen sich bei einem Hersteller, was eine Ware kostet und wann sie geliefert werden kann. Ob Sie dem Empfänger etwas mitteilen oder Fragen stellen, immer haben Sie es mit einem Sachverhalt zu tun, den Sie vor der Niederschrift *(oder vor dem Diktat)* durchdenken müssen. Üben Sie die Kunst, sich in die Situation Ihres Briefpartners zu versetzen, empfangen Sie sozusagen Ihren eigenen Brief. Dann fällt es Ihnen leichter, die richtigen Worte in der entsprechenden Reihenfolge zu finden.

❖ **Situation:** Sie sind Angestellter der Großhandlung Ackermann & Stein GmbH und bearbeiten dort Reklamationen. Ein Stammkunde hat sich soeben bitter darüber beschwert, dass er von Ihrer Buchhaltung gemahnt wurde, obwohl er den fälligen Rechnungsbetrag längst überwiesen hat. Der Kunde ist so verärgert, dass er die Geschäftsverbindung abbrechen will.

Der Briefanfang. Beginnen Sie nach Möglichkeit mit dem Gedankengang oder Argument Ihres Briefpartners. Sagen Sie ihm etwas Positives, vermeiden Sie einen negativen Briefanfang.

Für Ihren Brief danken wir Ihnen. Wir sind froh darüber, dass Sie uns so offen und deutlich Ihre Meinung gesagt haben.

Der Briefkern. Wie der Hauptteil eines Aufsatzes, so soll auch Ihr Brief gut gegliedert sein. Kennzeichen für jeden Hauptgedanken ist ein Absatz. Erläutern Sie den Sachverhalt, indem Sie das Wesentliche klar und kurz, aber lückenlos mitteilen.

Ihre Zuschrift ermöglicht es uns, dem Fehler nachzugehen.

Es ist schade, dass Sie trotz unserer langen und guten Geschäftsbeziehung keine Waren mehr von uns beziehen wollen.

Unsere Buchhaltung hat Sie nur irrtümlich aufgefordert, angebliche Rückstände zu begleichen. Auch die beste Organisation schließt nicht aus, dass Fehler vorkommen. Wie Sie wissen, können sich selbst beim Einsatz ausgereifter EDV-Anlagen Fehler einschleichen.

Wenn Sie unseren Irrtum in Ruhe betrachten, werden Sie ihn sicherlich entschuldigen können. Der Fehler ist übrigens auch bei anderen Stammkunden gemacht worden.

Inzwischen haben wir unser Programm korrigiert, und wir hoffen zuversichtlich, dass ein solches Versehen nicht mehr vorkommt.

Der Briefschluss enthält meist eine Aufforderung an den Briefpartner, etwas zu tun, z. B. schnell zu antworten, etwas zu erklären oder zu entschuldigen, Unterlagen zu senden. Schließen Sie mit einer Grußformel, die Ihrem Verhältnis zum Briefpartner und dem Sachverhalt entspricht.

Heute bitten wir Sie in aller Form, unseren Fehler zu entschuldigen und uns Ihr Vertrauen wieder zu schenken.

Freundliche Grüße

1.3.2 Briefentwurf

Nur geübte Briefschreiber schaffen es, individuelle Briefe gleich ins Reine zu schreiben. Denn es ist nicht einfach, einen Sachverhalt zu durchdenken, ihn treffend zu formulieren und dabei auch noch auf Orthografie, Interpunktion und normgerechte Form zu achten. Um einen Entwurf kommt man also in vielen Fällen nicht herum. Sie können Ihre Briefe handschriftlich entwerfen oder maschinell eingeben und am Bildschirm redigieren.

Kritisch prüfen. Prüfen Sie Ihren Entwurf nach der ersten Niederschrift sorgfältig auf sachliche Richtigkeit. Dann feilen Sie stilistisch: Straffen Sie Ihre Ausführungen, ersetzen Sie schwache Ausdrücke durch treffendere. Lesen Sie Ihre Niederschrift laut, streichen Sie nicht schöne Wort- und Klangwiederholungen. Achten Sie auch auf ein rhythmisches Gleichmaß Ihrer Sätze.

Einheitliche Korrekturzeichen verwenden. Damit die Niederschrift auch nach umfangreicher Korrektur noch übersichtlich bleibt, empfiehlt es sich, nicht wild zu korrigieren, sondern für die sog. Autorenkorrektur nur die genormten Korrekturzeichen zu verwenden. Sie finden sie im Duden-Band 1: Rechtschreibung im Kapitel „Textkorrektur" oder in der Norm DIN 16 511 „Korrekturzeichen".

Die Hauptregeln der Norm DIN 16 511. Wiederholen Sie jedes im Text eingezeichnete Korrekturzeichen auf dem rechten Rand (in der Korrekturspalte, etwa $^1/_3$ des A4-Blattes). Vermerken Sie neben dem Korrekturzeichen auch die erforderliche Änderung (falls das Zeichen nicht für sich selbst spricht). Ergeben sich in einer Zeile mehrere Korrekturen gleicher Art, sind unterschiedliche Korrekturzeichen anzuwenden. Bitte vergleichen Sie hierzu Seite 30.

1.3.3 Zehn goldene Regeln für Ihre Briefe

1. Schreiben Sie so freundlich wie möglich, aber hüten Sie sich vor falscher Höflichkeit. *(Wir erlauben uns die höfliche Bitte ...)*
2. Formulieren Sie verständlich und informativ, aber knapp und prägnant.
3. Sagen Sie öfter *Sie* und *Ihre,* weniger oft *wir* und *unsere.*
4. Vergessen Sie nicht *bitte* und *danke.*
5. Versuchen Sie nicht, Ihren Briefpartner zu überreden, sondern überzeugen Sie ihn.
6. Behandeln Sie Ihren Briefpartner fair und tolerant. Entschuldigen Sie sich für Ihre Versehen und Versäumnisse.
7. Versprechen Sie nur, was Sie halten können. Halten Sie, was Sie versprochen haben.
8. Bevorzugen Sie die positive Formulierung Ihrer Gedanken, Vorschläge und Entscheidungen.
9. Bleiben Sie ruhig und sachlich, auch wenn der Briefpartner ausfallend geworden ist.
10. Beantworten Sie die Eingangspost rasch oder geben Sie – falls dies nicht möglich ist – einen Zwischenbescheid.

1.4 Postbearbeitung und Schriftgutverwaltung

Trotz des seit Langem angekündigten papierlosen Büros wächst das Postaufkommen in Unternehmen und Behörden ständig. Rationalisierung ist daher oberstes Gebot. Die Bearbeitung der Eingangspost sowie der unterschriftsreifen Ausgangspost, deren Ordnung, Aufbewahrung und Verwaltung sind zentrale Themen der Bürowirtschaft, Sekretariatstechnik und Organisationslehre. Wir verweisen auf die einschlägigen Lehrwerke der Westermanngruppe.

Korrekturzeichen für die Autorenkorrektur

Falsche Buchstaben *werden senkrecht durchgestrichen und auf dem Rand durch die richtigen ersetzt. Sind in einer Zeile mehrere Buchstaben zu korrigieren, dann erhalten die senkrechten Striche noch Querstriche.*

Grundregel: Jedes Korrekturzeichen auf den Rand wiederholen; Änderung rechts daneben schreiben.

Falsche Wörter *werden mit dem großen H durchgestrichen und auf dem Rand durch die richtigen ersetzt: Die Größe des H-Querbalkens richtet sich dabei nach der Länge des* betreffenden *Wortes.*

Überflüssige Buchstaben, Satzzeichen und Wörter *werden durchgestrichen und auf dem Rand durch das Tilgungszeichen angezeichnet:*
Das Tilgungszeichen ist ein verschnörkeltes „d" und steht für „deleatur" (lat.) = „es werde getilgt".

Fehlende Buchstaben und Satzzeichen *werden angezeichnet, indem der vorangehende oder folgende Buchstabe durchgestrichen und zusammen mit dem fehlenden wiederholt wird. Es kann auch das ganze Wort oder die Silbe durchgestrichen und auf dem Rand berichtigt werden.*

Die Korekturzeichen sind ganz einfach. Doch es ist sehr wichtig sich damit zu beschäftigen.

Verstellte Buchstaben *werden durchgestrichen und am Rand richtig angegeben:*
Schreben Sie immer gleichmäßig und ruhig.

Verstellte Zahlen *sind immer ganz zu durchstreichen und in der richtigen Reihenfolge an den Rand zu schreiben:*
Erst seit 1794 gibt es Mikroprozessoren.

Zwischenräume: *Fehlender Wortzwischenraum wird durch ein spiegelbildliches Absatzzeichen gekennzeichnet. Der Doppelbogen gibt an, dass der Zwischenraum wegfallen soll. Zu enger Zwischenraum wird durch einen senkrechten Strich mit Halbbogen, zu weiter Zwischenraum durch einen Pfeil nach oben angezeichnet.*

Ruhiges Schreiben ist für Sie sehr wichtig. Diese 1. Regel werden Sie bestimmt kennen lernen.

Fehlende Wörter *werden in der Lücke durch Winkelzeichen kenntlich gemacht und auf dem Rand angegeben.*
Dieses Zeichen eigentlich für sich selbst.

Verstellte Wörter *werden durch das Umstellzeichen gekennzeichnet. Bei größeren Umstellungen werden die Wörter beziffert.*
Bei Umstellungen kleinen nur Umstellzeichen. Anfang aller schwer ist. Das gilt auch hier.

Ein Absatz *wird durch das Absatzzeichen im Text und am Rand gekennzeichnet. Das Anhängen eines Absatzes wird durch eine verbindende Schleife gekennzeichnet.*
… mit guter Übersicht. Absätze sind durch eine Leerzeile zu trennen.

Man muss dann also zweimal die Enter- bzw. Returntaste betätigen.

Hervorhebungen. *Fehlende Einrückung wird durch das Absatzzeichen und den Zusatz „und einrücken" gekennzeichnet.*

Hervorzuhebende Textstellen *werden unterstrichen; am Rand wird die Hervorhebungsart vermerkt.*

Wenn Sie die Korrekturzeichen richtig verwenden, arbeiten Sie bei der Autorenkorrektur rationell.

Korrekturzeichen sind wichtig. Man muss sie aber beherrschen. Bitte beachten Sie diesen Rat.

2 Rechtschreibung

Wer Briefe zu entwerfen, zu diktieren oder zu schreiben hat, muss neben dem Inhalt und der äußeren Form auch viele orthografische Erfordernisse beachten. Dieses Buch zeigt Ihnen vor allem Schreibungen, die bei der Rechtschreibreform geändert wurden.

Schreibvarianten. Für manche Wörter gibt es zwei zulässige Schreibungen. Bei diesen Varianten können Sie also entscheiden. Doch sollten Sie die gewählte Schreibung innerhalb eines Textes beibehalten. Am einfachsten ist es, wenn Sie die Empfehlungen der Dudenredaktion übernehmen. In diesem Buch sind die Dudenempfehlungen stets zuerst genannt.

Grammatische Fachausdrücke. Die Rechtschreibregeln enthalten viele grammatische Fachausdrücke; sie werden in diesem Buch lateinisch bezeichnet. Die deutschen Bezeichnungen dafür finden Sie auf den Seiten 200 und 201.

2.1 Laut-Buchstaben-Zuordnungen

Die gleiche Schreibung eines Wortes wird nach Möglichkeit in allen Wörtern einer Wortfamilie beibehalten.

a) **Umlautschreibung.** Band, Bändel; blau, verbläuen; Gams, Gämse; Hand, behände (flink, gewandt); Lamm, belämmert (eingeschüchtert, betreten); Quantum, Quäntchen; Schnauze, großschnäuzig; Stange, Stängel; Überschwang, überschwänglich

b) **Schreibungen nach kurzem, betontem Vokal.** Karamelle, Karamell; moppen, Mopp (Staubbesen mit langen Fransen); aber: mobben, Mobbing (Arbeitskollegen schikanieren); Nummer, nummerieren; aber: numerisch; Platz, platzieren; Stuck, Stuckateur; toll, Tollpatsch

c) **Erhalt der Stammschreibung in Zusammensetzungen.** Schiff + Fahrt = Schifffahrt; Schnell + Läufer = Schnellläufer; Schwimm + Meister = Schwimmmeister; Kenn + Nummer = Kennnummer; Geschirr + Reiniger = Geschirrreiniger; Schluss + Satz = Schlusssatz

✖ **Bitte beachten Sie:** Nicht als Zusammensetzung empfunden werden *dennoch, Drittel, Mittag.*

d) **Stamm-h vor -heit – selbstständig/selbständig.** roh, Rohheit; zäh, Zähheit; selbst, selbstständig/selbständig

e) **Einzelfälle.** rau, rauer, raues (wie: grau, schlau usw.); Känguru (wie: Gnu, Kakadu usw.); Differenz, Differenzial/Differential; Essenz, essenziell/essentiell; Potenz, Potenzial/Potential; Substanz, substanziell/substantiell

2.2 ss oder ß?

a) **Grundregel.** Nach kurzem, betontem Vokal wird *ss* geschrieben, nach langem, betontem Vokal *ß*. Diese Regel sichert die gleiche Schreibung der Wortstämme im Singular und Plural:

Kurzer, betonter Vokal: Fluss, Flüsse; Kuss, Küsse. **Langer, betonter Vokal**: Fuß, Füße; Gruß, Grüße

b) **Wechsel innerhalb der Wortfamilie.** Die Grundregel gilt auch, wenn sich dadurch die Schreibung innerhalb der Wortfamilie ändert:

Kurzer, betonter Vokal: Biss, ein bisschen; Genuss, Genüsse, genossen; lassen, lässt; Riss, gerissen; Schloss, geschlossen, Schluss. **Langer, betonter Vokal**: beißen; genießen; ließen; reißen; schließen

c) **Fremdwörter mit ss nach kurzem, betontem Vokal.** Die Regel, dass nach kurzem, betontem Vokal *ss* zu schreiben ist, gilt auch für alle Fremdwörter:

Adressbuch, Express, Regress, Kongress, Stress; Boss

d) **das : dass.** *Das* steht für: den sächlichen Artikel (1); das Relativpronomen *welches* (2); das Demonstrativpronomen *dies(es)* (3):

(1) Wer führt das Geschäft? (2) Er leitet ein Unternehmen, das bekannt ist. (3) Wir begrüßen das sehr.

Dass ist eine Konjunktion; sie lässt sich nicht durch *welches* oder *dies(es)* ersetzen:

Wir hoffen, dass Ihnen der Prospekt gefällt. Dass Ihnen der Prospekt gefällt, freut uns. Wir hoffen, dass Ihnen das Angebot zusagt, das wir Ihnen heute vorlegen.

e) **sodass/so dass – ohne dass.** Die Konjunktion *sodass* kann zusammengeschrieben oder getrennt geschrieben werden (1). Die Konjunktion *ohne dass* ist eine mehrteilige Fügung, die jedoch als Einheit empfunden wird; deshalb steht dazwischen kein Komma (2):

(1) Die Ware ist verdorben, sodass/so dass wir sie nicht verkaufen können. (2) Ihr Vertreter hat uns besucht, ohne dass wir darum gebeten hatten.

f) **Großschreibung von ß** Bei Schreibung mit Großbuchstaben schreibt man SS. Außerdem ist die Verwendung des Großbuchstabens ß möglich: *STRASSE – STRAẞE*

In Ihrem Textverarbeitungsprogramm geben Sie zunächst *1E9E* ein, dann die Tastenkombination *Alt + C*.

2.3 Fremdwörter

Für zahlreiche Fremdwörter ist die fremdsprachliche oder die integrierte (eingedeutschte) Schreibung zulässig. Der Duden empfiehlt meist die fremdsprachliche Schreibung, jedoch u. a. nicht bei vielen Fremdwörtern mit ph (dafür: f, z. B. Fotograf).

Laute	fremdsprachliche Schreibung	integrierte Schreibung
ai	Portemonnaie	Portmonee
c	Facette	Fassette
ch	Ketchup	Ketschup
é	Exposé	Exposee
gh	Joghurt	Jogurt
ph	quadrophon	empfohlen: quadrofon
qu	Kommuniqué	Kommunikee
rh	Katarrh	Katarr
th	Thunfisch	Tunfisch

2.4 Getrennt- und Zusammenschreibung

Die Getrennt- und Zusammenschreibung gehört auch nach der Reform zu den schwierigsten Kapiteln der deutschen Rechtschreibung. Dies liegt vor allem daran, dass Sie zwischen Wortgruppen und Zusammensetzungen unterscheiden müssen.

Wortgruppe. Eine *Wortgruppe* besteht aus zwei oder mehr grammatisch selbstständigen Wortformen: *Auto fahren, in Betracht ziehen.*

Zusammensetzung. Eine Zusammensetzung bildet als Ganzes eine einzige Wortform: *brandmarken, fernsehen.*

Regel. Wortgruppen schreiben Sie getrennt, Zusammensetzungen schreiben Sie zusammen.

Hinweis: Einige Regeln für die Getrennt- und Zusammenschreibung betreffen naturgemäß auch die Groß- und Kleinschreibung. Bitte beachten Sie deshalb auch den Abschnitt 2.6.

2.4.1 Verbindungen mit einem Verb als zweitem Bestandteil

a) **Verbindungen von Verb und Verb sowie Verb und Partizip**

Haben bei der Verbindung von zwei Verben beide noch ihre eigene Bedeutung, schreiben Sie getrennt. Dies gilt auch für die Verbindung von Verb und Partizip:

Es sollen auch Spezialisten arbeiten kommen. Sie werden unsere Infos noch schätzen lernen. Bisher haben einige Kunden unsere Infos noch nicht schätzen gelernt.

b) **Verbindungen von Verben mit *bleiben* oder *lassen***

In wörtlicher Bedeutung wird das Verb vom folgenden *bleiben* oder *lassen* getrennt. Dies gilt auch für die Verbindung von Verb und Partizip:

Auf diesem bequemen Sessel möchte jeder sitzen bleiben. Während der Abstimmung sind alle sitzen geblieben.

Bei übertragener Bedeutung kann getrennt oder zusammengeschrieben werden. Es ist also auch bei übertragener Bedeutung nicht falsch, getrennt zu schreiben:

Sein unbegabter Sohn wird wiederum sitzenbleiben (nicht versetzt werden)/sitzen bleiben. Dann ist er zum zweiten Mal sitzengeblieben/sitzen geblieben. Der Redner ist mitten im Satz steckengeblieben/stecken geblieben. Trotz sorgfältiger Korrektur sind doch noch zwei Fehler stehengeblieben/stehen geblieben. Üble Anschuldigungen wurden diesmal aber bleibengelassen/bleiben gelassen.

Getrenntschreibung empfohlen:

Wir haben Dr. Berger auf einer Ausstellung kennen gelernt. : Die Konkurrenz, die uns nicht ernst nimmt, wird uns noch kennenlernen (als Drohung).

c) **Verbindungen mit dem Verb *sein***

Verbindungen mit dem Verb *sein* müssen Sie immer getrennt schreiben; hierzu gehört auch *gewesen* (eine Ableitung von *sein*):

33

Die Besprechung war erst abends aus gewesen (beendet). Wir möchten zur Messeeröffnung pünktlich da sein (eintreffen). Dr. Becker ist auch dabei gewesen (war auch anwesend). Später wollen wir im Restaurant noch gemütlich zusammen sein (beieinandersitzen).

✖ **Bitte beachten Sie:** Bei substantiviertem Gebrauch ist selbstverständlich zusammen- und großzuschreiben. – Doch ist in *die Dabeigewesenen* auch Worttrennung möglich:

Er führt ein bescheidenes Dasein. Wichtig ist das Dabeisein. – Alle Dabeigewesenen/dabei Gewesenen waren zufrieden.

d) Verbindungen von Partizip und Verb

Bei Verbindungen von Partizip und Verb **können** Sie zwischen konkreter und übertragener Bedeutung unterscheiden:

Dürfen wir Sie mit Herrn Frey bekannt machen/bekanntmachen? Das Gesetz wird im Bundesanzeiger bekannt gemacht/bekanntgemacht. Der Wortlaut ist inzwischen bekannt geworden/bekanntgeworden. Er wurde im Ausland gefangen genommen/gefangengenommen und dort mehrere Monate gefangen gehalten/gefangengehalten. Inzwischen ist viel Vertrauen verloren gegangen/verlorengegangen.

e) Verbindungen von Adjektiv und Verb

Unterscheidungen. Schreiben Sie zusammen, wenn Adjektiv und Verb eine neue Bedeutung bilden. Bei wörtlicher Bedeutung schreiben Sie getrennt:

Die Richterin hat den Angeklagten freigesprochen. Es ist wichtig, dass Sie frei sprechen können. Kundendienst wurde in unserem Unternehmen schon immer großgeschrieben (wichtig genommen). Die Lehrerin hat sich daran gewöhnt, an der Tafel groß zu schreiben (in großer Schrift). Die Antwort ist uns nicht leichtgefallen. Einige Aktienkurse sind leicht gefallen. Wir hoffen, dass wir bald einer Lösung näherkommen. Die beiden Schiffe sind sich immer näher gekommen. Es ist wichtig, dass wir die falsche Behauptung richtigstellen. Achten Sie darauf, die Möbel im Arbeitszimmer richtig zu stellen.

✖ **Bitte beachten Sie:** In Verbindung mit einem adjektivisch gebrauchten Partizip kann bei nicht übertragener Bedeutung getrennt oder zusammengeschrieben werden:

Der Dieb ist durch das offen gebliebene/offengebliebene Fenster eingestiegen. Der Wagen konnte durch das offen stehende/offenstehende Tor einfahren.

Nur Zusammenschreibung möglich. Die Zusammensetzungen *sich bereitfinden, heimlichtun, krankschreiben* werden stets zusammengeschrieben:

Die meisten Einzelhändler haben sich dazu bereitgefunden. Warum muss sie immer so heimlichtun (geheimnisvoll)? Der Arzt hat ihn sofort krankgeschrieben.

Getrennt- oder Zusammenschreibung nach Wahl. Sie können getrennt oder zusammenschreiben, wenn das Adjektiv das Ergebnis eines Geschehens bezeichnet *(leer essen/leeressen).* – Getrennt- oder Zusammenschreibung ist immer möglich, wenn sich nicht klar entscheiden lässt, ob ein neuer Begriff vorliegt:

Leider konnten wir uns noch nicht dazu bereit erklären/bereiterklären. Das Gerät war schon nach kurzem Gebrauch kaputt gegangen/kaputtgegangen. Das Kind hat seinen Teller wieder nicht leer gegessen/leergegessen. Mit dem neuen Mopp lässt sich der Boden leicht trocken wischen/trockenwischen. Man sollte seine Mitmenschen nicht gleich schuldig sprechen/schuldigsprechen. Was wird uns anderes übrig bleiben/übrigbleiben? Sie haben uns nichts anderes übrig gelassen/übriggelassen.

34

Zusammenschreibung empfohlen:

Unsere Gäste sollen sich im Hotel wohlfühlen/wohl fühlen. Jeder Verkäufer möchte seine Kunden zufriedenstellen/zufrieden stellen. Wir hoffen, diesen anspruchsvollen Kunden zufriedengestellt/zufrieden gestellt zu haben. Auch in der vergangenen Saison haben wir wieder zufriedenstellende/zufrieden stellende Umsätze erzielt.

f) **Verbindungen mit Adverb und Verb**

Ist das Adverb eine Präposition und ein Substantiv (*bei* + *Seite* = *beiseite*) oder aus einer Präposition und einem Adjektiv (*zu* + *gut* = *zugute*) zusammengesetzt, schreiben Sie Adverb und Verb zusammen:

Es ist Ihnen anheimgestellt, Beschwerde einzulegen. Wir sollten die schwierige Arbeit nicht einfach beiseitelegen. Es ist kein Geheimnis, dass die Reklamationen überhandgenommen haben. Die Umsatzsteigerung konnte nur allmählich vonstattengehen. Wollen Sie wirklich mit einer anderen Lösung vorliebnehmen? Ihre Vorschläge werden unseren Kunden zugutekommen.

Unterscheidungen. Hat das Adverb noch seine ursprüngliche Bedeutung (selbstständiges Adverb), schreiben Sie vom Verb getrennt. Entsteht durch die Verbindung ein neuer Begriff, schreiben Sie zusammen. (Bei der Zusammensetzung liegt die Betonung auf dem Adverb):

Es erfordert viel Kraft, wenn man den steilen Pfad aufwärts geht. Wir sind überzeugt, dass es mit dem Export weiter aufwärtsgeht. Im Konferenzraum sollten wir uns nicht zu weit auseinander setzen. Wir müssen uns mit den Kriterien auseinandersetzen. Die deutsche Elf hat auch diesmal wieder gewonnen. Zum Glück hatte sie ihr Selbstvertrauen wiedergewonnen. Die Möbelpacker mussten die schwere Kiste zusammen tragen (gemeinsam tragen). Briefe und Prospekte müssen beim Postausgang zusammengetragen werden (vereinigt werden).

Zusammen- oder Getrenntschreibung nach Wahl. Wenn nicht klar ist, ob das Adjektiv noch seine Selbstständigkeit hat, dürfen Sie zusammenschreiben oder getrennt schreiben:

Es war nicht leicht, die andersdenkenden/anders denkenden Teilnehmer zu überzeugen. Für die anderslautende/anders lautende Information sind wir nicht verantwortlich. Sollen wir unsere Entscheidung publikmachen/publik machen? Wir zweifeln, ob die beiden je zueinanderfinden/zu einander finden werden.

g) **Verbindungen von Adverb und adjektivisch gebrauchtem Partizip**

In Verbindungen mit einem adjektivisch gebrauchten Partizip kann getrennt geschrieben oder zusammengeschrieben werden:

Der oben erwähnte/obenerwähnte Bewerber war zwei Jahre bei uns tätig. Die unten stehende/untenstehende Aufstellung ist nur für Sie bestimmt. Die viel befahrene/vielbefahrene Straße muss ausgebessert werden.

Zusammenschreibung empfohlen:

Den Antrag hat eine alleinerziehende/allein erziehende Mutter gestellt.

Getrenntschreibung empfohlen:

Den meisten Gästen hat der selbst gebackene/selbstgebackene Kuchen am besten geschmeckt.

h) **Verbindungen von Substantiv und Verb**

In festen Gefügen schreiben Sie das Substantiv vom Verb getrennt:

Auf ärztliche Anordnung muss er wieder Diät leben. Seit Monaten hatte er nicht mehr Diät gelebt. Im Februar wird Prinz Karneval wieder Hof halten. Im Vorjahr hatte Paul Müller als Prinz Hof gehalten. Auch für Frauen ist es ein beliebter Sport, Kegel zu schieben. Viele Frauen haben bereits erfolgreich Kegel geschoben. Kleinkinder sollten besonders vorsichtig Rad fahren. Nach polizeilichem Training sind alle korrekt Rad gefahren. Können Sie rationell Maschine schreiben? Haben Sie heute schon Maschine geschrieben?

Hat das Substantiv seine Selbstständigkeit weitgehend verloren, schreiben Sie es mit dem Verb zusammen. Bei getrennter Stellung ist auch der nichtverbale Teil kleinzuschreiben:

In der neuen Sporthalle kann man gut eislaufen. Es macht Freude, dort eiszulaufen. Auch meine Freundinnen sind dort schon eisgelaufen. Heike läuft jetzt mit einem neuen Partner eis.

Beim nächsten Turnier werden die Fans wieder kopfstehen. Sie haben die Neigung, bei jedem Sieg kopfzustehen. Nach dem Sieg unseres Teams hat sogar die ganze Stadt kopfgestanden. Vor Begeisterung standen alle kopf.

Das wird Ihnen bestimmt leidtun. Das hat schon manchem leidgetan. Dieser Vorfall braucht Ihnen nicht leidzutun. Es tut mir wirklich sehr leid.

Der Politiker begründete, warum Reformen nottun. Um Schulden abzubauen, tun rigorose Einsparungen not.

Zusammen- oder Getrenntschreibung nach Wahl. Einige Verbindungen von Substantiv und Verb kann man als Wortgruppe oder als Zusammensetzung auffassen. Bei solchen Verbindungen ist daher die Zusammen- oder Getrenntschreibung möglich:

Jeder Kaufmann muss achtgeben/Acht geben, dass er richtig wirbt. Auf wirksame Werbung haben wir stets achtgegeben/Acht gegeben. Es lohnt sich, darauf achtzugeben/Acht zu geben. Er gibt acht/Acht.

Künftig wird unser Kundendienstwagen dienstags und freitags in Mainz haltmachen/Halt machen. Bisher hat er dort nur mittwochs haltgemacht/Halt gemacht. Mittwochs macht er in Mainz nicht mehr halt/Halt.

Wein kann gesund sein, wenn man maßhält/Maß hält. Genießer haben schon immer maßgehalten/Maß gehalten. Auch für Biertrinker ist es selbstverständlich, maßzuhalten/Maß zu halten. Wer vernünftig ist, hält maß/Maß.

2.4.2 Verbindungen mit Adjektiven oder adjektivisch gebrauchten Partizipien

a) **Verbindungen mit einem ungebeugten Adjektiv**

Verbindungen mit einem ungebeugten Adjektiv können Sie zusammenschreiben oder getrennt schreiben:

Zusammenschreibung empfohlen:

eine allgemeingültige/allgemein gültige Richtlinie, ein weitverbreiteter/weit verbreiteter Irrtum

Getrenntschreibung empfohlen:

ein blau gestreiftes/blaugestreiftes Kleid, mehrere eng bedruckte/engbedruckte Seiten, ein neu eröffnetes/neueröffnetes Geschäft

✖ Bitte beachten Sie: Ist der erste Bestandteil erweitert oder gesteigert, schreiben Sie getrennt:

eine **besonders** schwer verständliche Formulierung, eine noch **schwerer** verständliche Formulierung

b) **Verbindungen mit** *nicht(s)*
   Bei Verbindungen mit *nicht* wird Getrenntschreibung empfohlen:

eine nicht amtliche/nichtamtliche Meldung, jede nicht berufstätige/nichtberufstätige Frau, eine nicht öffentliche/nichtöffentliche Sitzung, garantiert nicht rostender/nichtrostender Stahl, die nicht selbstständigen/nichtselbstständigen Handwerker

Zusammenschreibung empfohlen:

eine nichtssagende/nichts sagende Erklärung

Getrenntschreibung empfohlen:

ein nichts ahnender/nichtsahnender Käufer

c) **Verbindungen mit einem adjektivisch gebrauchten Partizip**
   In Verbindung mit einem adjektivisch gebrauchten Partizip können Sie *oben*, *unten* und *viel* getrennt
   schreiben oder zusammenschreiben:

der oben erwähnte/obenerwähnte Bewerber, die unten stehende/untenstehende Anschrift, die viel befahrene/vielbefahrene Straße

2.4.3   Verbindungen mit Substantiv und adjektivisch gebrauchten Partizipien
Ist in der Verbindung ein Artikel oder eine Präposition erforderlich, schreiben Sie zusammen.

Nur Zusammenschreibung, weil ein Artikel oder eine Präposition erforderlich ist:

ein atemraubender Film (ein Film, der **den** Atem raubt), eine freudestrahlende Gewinnerin (eine Gewinnerin, die **vor** Freude strahlt)

Getrennt- oder Zusammenschreibung, weil kein Artikel oder keine Präposition erforderlich.

Getrenntschreibung empfohlen:

die Daten verarbeitende/datenverarbeitende Abteilung, die Erdöl exportierenden/erdölexportierenden Staaten, ein Gefahr bringender/gefahrbringender Engpass, Wasser abstoßende/wasserabstoßende Materialien

37

Zusammenschreibung empfohlen:

ein aufsehenerregender/Aufsehen erregender Erfolg, der aufsichtführende/Aufsicht führende Lehrer, krebs-erregende/Krebs erregende Stoffe

2.4.4   Andere Wortarten

a) *dessen ungeachtet.* **Dieses Adverb ist stets getrennt zu schreiben:**

Wir haben dessen ungeachtet doch noch einen Ausweg gefunden.

b) *ebenso gut, ebenso sehr; genauso gut.* Schreiben Sie *ebenso* und *genauso* vom folgenden Adjektiv oder Adverb immer getrennt:

Den Auftrag könnten wir ebenso gut ausführen. Die Lieferzeit für Artikel Nr. 400 dauert ebenso lange. Wir haben uns ebenso oft darum bemüht. Im Mai konnten wir ebenso viel umsetzen. Die Konkurrenz war ebenso wenig dazu in der Lage. Unsere Werkstatt arbeitet genauso gut.

38

c) **Alle Verbindungen mit** *irgend-* **werden zusammengeschrieben:**

Hatten Sie an unserer Sendung irgendetwas auszusetzen? Vielleicht hat Ihnen irgendjemand einen Tipp gegeben.

d) **Verbindungen mit** *Mal*:
Wenn *Mal* durch die Beugung des davorstehenden Wortes als Substantiv erkennbar ist, schreiben Sie getrennt und groß. Wenn *Mal* adjektivisch gebraucht wird, schreiben Sie zusammen:

Darüber wurde schon manches Mal : manchmal diskutiert. Den Markennamen „Prinz" haben wir zum ersten Mal vor zwei Jahren verwendet. Die Serie „Rom" wird in dieser Saison zum letzten Mal produziert.

e) **Verbindungen mit** *viel* **und** *wenig*. Schreiben Sie die Adverbien *wie viel, so viel, zu viel, wie wenig,*
zu wenig getrennt:

Wie viel Mitarbeiter werden beschäftigt? Er hat sich so viel Mühe gegeben. Es wäre zu viel Aufwand erforderlich. Leider wird viel zu viel Material verschwendet. Besser zu viel als zu wenig werben. Es war erstaunlich, wie wenig der Prüfling wusste.

✖ **Unterscheiden Sie** die Adverbien *so viel, so wenig* von den Konjunktionen *soviel, sowenig.*

Adverbien (Getrenntschreibung):

So viel für heute. Leider verfügen wir über so wenig Lagerraum, dass wir nur kleine Mengen bestellen können.

Konjunktionen (Zusammenschreibung):

Soviel uns bekannt ist, hat die Konkurrenz noch längere Lieferzeiten. Sowenig wir auch damit rechneten, der Hersteller will keinen Ersatz liefern.

2.5 Bindestrich

a) **Bei Verbindungen aus Ziffern, Zahlen oder Einzelbuchstaben** setzen Sie einen Bindestrich, wenn eine Stammsilbe folgt (1). In Zusammensetzungen mit Einzelbuchstaben setzen Sie immer einen Bindestrich (2). Wenn Ziffern und Zahlen mit einem Suffix verbunden sind, setzen Sie keinen Bindestrich (3).

(1) 3-teilig, 12-seitig, 6-Zylinder, keine 100-prozentige Lösung, 20-jährig, der 20-Jährige; (2) x-mal da gewesen, x-beliebige Leute, der x-te Tag; (3), nur ein 10tel Millimeter

b) **In Jahreszahlen in Ziffern auf *-er*** können Sie einen Bindestrich setzen (1). Den Wortteil *-fach* können Sie ohne oder mit Bindestrich an die Ziffer oder Zahl anhängen (2):

(1) in den 90er-Jahren/90er Jahren; in Buchstaben: in den Neunzigerjahren/neunziger Jahren; (2) eine 5-fache/5fache Bereifung, das 5-Fache/5fache berechnen

c) **In substantivisch gebrauchten Zusammensetzungen (Aneinanderreihungen)** setzen Sie einen Bindestrich und schreiben nur das erste Wort und die Substantive groß (1). In übersichtlichen Zusammensetzungen mit Infinitiv wird kein Bindestrich gesetzt (2):

(1) Hier gibt es nur ein Entweder-oder. Es wurde lang und breit das Sowohl-als-auch diskutiert. Mit einem Teils-teils können wir nichts anfangen. Das Von-der-Hand-in-den-Mund-Leben ist nicht unser Ziel. Mancher liebt das In-den-Tag-Hineinträumen. Das An-den-Haaren-Herbeiziehen störte; (2) das Autofahren, beim Fußballspielen, das Inkrafttreten, beim Tangotanzen

d) **Zur Hervorhebung und Verdeutlichung kann** ein Bindestrich gesetzt werden, nämlich zur Hervorhebung einzelner Bestandteile (1); in unübersichtlichen Zusammensetzungen (2); in mehrgliedrigen Wörtern aus dem Englischen (3); um Missverständnisse zu vermeiden (4):

(1) Aha-Erlebnis/Ahaerlebnis, zu viele dass-Sätze/Dasssätze; (2) Leichtathletik-Länderkampf/Leichtathletikländerkampf, Lotto-Annahmestelle/Lottoannahmestelle; aber (weil übersichtlich): Umsatzsteuertabellen/Umsatzsteuer-Tabellen; (3) Shoppingcenter/Shopping-Center; (4) Druck-Erzeugnis (Erzeugnis einer Druckerei) : Drucker-Zeugnis (Zeugnis eines Druckers)

e) **Beim Zusammentreffen von drei gleichen Buchstaben** in Zusammensetzungen **kann** ein Bindestrich gesetzt werden. Dies empfiehlt sich bei drei gleichen Vokalen (1); bei drei gleichen Konsonanten rät die amtliche Regelung der deutschen Rechtschreibung zur Zusammenschreibung (2):

(1) Kaffee-Ersatz/Kaffeeersatz, Hawaii-Insel/Hawaiiinsel, Zoo-Orchester/Zooorchester; (2) grifffest/grifffest, Rollladen/Roll-Laden, Kammmacher/Kamm-Macher, Gewinnnummer/Gewinn-Nummer, Krepppapier/Krepp-Papier, Sperrriegel/Sperr-Riegel, Flusssand/Fluss-Sand, Wettturnen/Wett-Turnen

39

2.6   Groß- und Kleinschreibung

Die meisten Rechtschreibprobleme ergeben sich dadurch, dass auch andere Wortarten als Substantive gebraucht werden können und manche Substantive in festen Gefügen verblasst sind.

2.6.1   Substantive in festen Gefügen

Ist das Substantiv verblasst, können Sie sowohl klein- (und zusammen) als auch groß- (und getrennt) schreiben. Gefüge dieser Art enthalten stets eine Präposition.

Zusammenschreibung empfohlen:

aufgrund/auf Grund der Aussagen, sich außerstande/außer Stande sehen, nicht infrage/in Frage kommen, mithilfe/mit Hilfe neuer Verfahren, zugunsten/zu Gunsten des Einzelhandels, sich eine Erfahrung zunutze/zu Nutze machen.

Getrenntschreibung empfohlen:

nach Hause/nachhause gebracht, zu Hause/zuhause geblieben

Hinweis: Vergleichen Sie hierzu auch die Abschnitte 2.4.1 f) *beiseitelegen* usw. und 2.4.1 h) *acht geben/Acht geben* usw.

2.6.2   „Elendswörter" in festen Gefügen

Die sog. „Elendswörter" *Angst, Bange, Gram, Pleite, Schuld* schreiben Sie in Verbindung mit den Verben *sein* und *werden* klein (1), in Verbindung mit anderen Verben dagegen groß (2). Dies gilt nicht nur für die Infinitive, sondern auch für alle anderen Formen dieser Wörter (*sein: bin, bist, ist, sind, seid, war, warst, wäre, gewesen; werden: wirst, wird, wurde, würde, geworden*):

(1) Deswegen muss Ihnen nicht angst und bange sein. Oder wurde Ihnen doch angst und bange? Er ist uns lange gram gewesen. Ist diese Firma tatsächlich pleite? Wer könnte schuld daran sein? Vielleicht ist der Kunde schuld gewesen. (2) Bestimmt lassen Sie sich nicht so leicht Angst und Bange machen. Wann hat die Firma Pleite gemacht? (Aber: Wann ist sie pleitegegangen?) Wem muss man die Schuld geben?

2.6.3   *Recht* und *Unrecht* – *Bitte* und *Danke* in Verbindung mit Verben

Klein- oder großschreiben können Sie *recht/Recht, unrecht/Unrecht* in Verbindung mit Verben wie *behalten, bekommen, geben, haben, tun* (1). Groß- oder Kleinschreibung gilt auch für *Bitte/bitte, Danke/danke* in Verbindung mit *sagen* (2):

(1) In diesem Fall müssen wir Ihnen recht/Recht geben. Sie haben wieder einmal recht/Recht behalten. Jeder soll recht/Recht bekommen. Diesmal hatte der Kunde unrecht/Unrecht. Der Mitarbeiter hat unrecht/Unrecht bekommen. Man tut ihm damit aber unrecht/Unrecht. (2) Vergessen Sie nicht, Bitte/bitte und Danke/danke zu sagen.

2.6.4 Tageszeiten

Nach den Adverbien *vorgestern, gestern, heute, morgen, übermorgen* schreiben Sie die Bezeichnung von Tageszeiten groß (1). Klein- und Großschreibung ist möglich in *morgen früh/morgen Früh* (2). Verbindungen von Wochentag und Tageszeit, die Adverbien sind, schreiben Sie klein (3) Sie können aber auch getrennt schreiben, dann erhält auch der Wochentag die Endung *-s* (4):

(1) vorgestern Abend, gestern Mittag, heute Morgen, morgen Nachmittag;
(2) bis morgen früh/morgen Früh liefern;
(3) morgens, mittags, abends; montagabends, dienstagmorgens, dienstagnachmittags, dienstagnachts;
(4) montags abends, dienstags morgens, dienstags nachmittags, dienstags nachts

2.6.5 Substantivisch gebrauchte Adjektive und Partizipien

Wenn Adjektive und Partizipien als Substantive gebraucht werden, sind sie oft durch einen „Begleiter" angekündigt. Solche Begleiter sind entweder Artikel (1) oder Präpositionen (2). Nach einem Begleiter schreiben Sie Adjektive und Partizipien groß:

(1) vor dem Ärgsten bewahren, nur das Beste wollen, nicht das Geringste versäumen, den Kürzeren gezogen, des Längeren und Breiteren dargelegt, der Nächste, bitte!, des Näher(e)n erläutern; (2) im Allgemeinen bestätigen, um ein Beträchtliches erhöht, vorerst im Dunkeln tappen, bis ins Einzelne gehen, nicht im Entferntesten daran gedacht, von Folgendem ausgehend, im Großen und Ganzen zufrieden, sich darüber im Klaren sein, bis ins Kleinste durchdacht, auf dem Laufenden bleiben, sein Schäfchen ins Trockene bringen, im Trüben fischen, im Wesentlichen übereinstimmen

41

✖ **Bitte beachten Sie:** In Verbindungen aus Präposition und dekliniertem Adjektiv ohne vorangehenden Artikel können Sie das Adjektiv groß- oder kleinschreiben:

vor Kurzem/kurzem erschienen, von Neuem/neuem versuchen, bei Weitem/weitem nicht erreicht, von Weitem/weitem beobachtet, bis auf Weiteres/weiteres zurückgestellt

Verbindungen ohne Begleiter. *Folgendes* und *Ähnliches* schreiben Sie groß, obwohl sie keine Begleiter haben:

Für uns ist Folgendes wichtig: … Beachten Sie bitte noch Folgendes: … Wir sollten Folgendes herausstellen: … Wir liefern Ihnen aktuelle Kalender, Notizbücher oder Ähnliches (Abk.: o. Ä.).

2.6.6 Adverbiale Wendungen mit Superlativen *aufs/auf das*

Bei Superlativen mit *aufs (auf das)* können Sie das Adjektiv groß- oder kleinschreiben:

bis aufs (auf das) Äußerste/äußerste gespannt, aufs (auf das) Beste/beste geregelt, aufs (auf das) Dringendste/dringendste empfohlen, aufs (auf das) Eindringlichste/eindringlichste gewarnt, aufs (auf das) Eingehendste/eingehendste untersucht, aufs (auf das) Genaueste/genaueste prüfen, aufs (auf das) Schärfste/schärfste zurückweisen

2.6.7 Adjektive in Paarformeln

Schreiben Sie Adjektive in Paarformeln immer groß, wenn sie Personen bezeichnen:

für Jung und Alt bestimmt, bei Arm und Reich beliebt, Gleich und Gleich gesellt sich gern für Groß und Klein geeignet. – Aber: Die Oldtimer kamen von nah und fern.

2.6.8   Adjektive in Eigennamen und festen Gefügen

Adjektive, die Teil eines geografischen Begriffs sind, schreiben Sie groß (1). Bei Benennungen für besondere Anlässe und Kalendertage wird das Adjektiv klein- oder großgeschrieben (2). Ergibt die Verbindung von Adjektiv und Substantiv eine neue Gesamtbedeutung oder eine begriffliche Einheit, können Sie das Adjektiv auch großschreiben (3):

(1) der Blaue Planet (die Erde), das Schwarze Meer; (2) die goldene/Goldene Hochzeit, das neue/Neue Jahr; (3) der Blaue/blaue Brief (Mahnschreiben der Schule), die Erste/erste Hilfe, der Goldene/goldene Schnitt (Mathematik), die Große/große, die Kleine/kleine Anfrage (im Parlament), der Letzte/letzte Wille (Testament), der Weiße/weiße Sport (Tennis, Skisport)

✖ **Bitte beachten Sie:** In einigen festen Gefügen gilt aber nur Großschreibung:

das Hohe Haus (Parlament) : auf hoher See; die Hohe Messe in h-Moll (von J. S. Bach)

2.6.9   Bezeichnungen für Sprachen

Schreiben Sie Sprachbezeichnungen in Verbindung mit Präpositionen groß:

Der Kunde hat seine Meinung **auf** gut Deutsch gesagt. Das Handbuch ist **in** Deutsch und Englisch geschrieben. Wissen Sie, was „Ankunft" **auf** Italienisch heißt? Der Prospekt liegt jetzt auch **in** Französisch und Spanisch vor. **In** Englisch (Unterrichtsfach) hat sie eine Zwei. Könnten Sie den Text auch **auf** Schwedisch wiedergeben?

✖ **Bitte beachten Sie:** Groß- und Kleinschreibung ist möglich, wenn Sie mit WAS? (= Großschreibung) oder mit WIE? (= Kleinschreibung) fragen können:

Seine Muttersprache ist (was?) Deutsch, aber jetzt spricht er (wie?) französisch.

2.6.10   Substantivisch gebrauchte Zahlwörter

a) **Großschreibung.** Substantivisch gebrauchte Zahlwörter schreiben Sie groß:

Wer war der Dritte im Weitsprung? Über diese Entscheidung hat sich fast jeder Dritte beschwert. Zum Dritten muss noch Folgendes gesagt werden: …

b) **Wahlweise Groß- oder Kleinschreibung.** Wenn Sie hervorheben wollen, dass ein Zahladjektiv nicht als unbestimmtes Zahlwort zu verstehen ist, können Sie es auch großschreiben. Dies gilt auch für das Possessivpronomen in Wendungen wie *jedem das Seine*:

Die Zustimmung der vielen/Vielen (der breiten Masse) war zu erwarten. Diesmal wollten wir eigentlich etwas ganz anderes/Anderes. Die meisten/Meisten waren unserer Meinung. – „Jedem das Seine/seine" geht auf den römischen Staatsmann Cicero zurück.

c) **Kardinalzahlen unter einer Million** schreiben Sie klein (1). Bei Substantivierung gilt selbstverständlich Großschreibung (2). Wenn mit *Hundert, Tausend* oder *Dutzend* unbestimmte (nicht in Ziffern schreibbare) Mengen angegeben werden, können Sie groß- oder kleinschreiben (3):

(1) Der Seniorchef ist schon über siebzig. Die Post trifft meist gegen elf hier ein. (2) Ich tippe diesmal die Dreizehn. (3) Es wurden ein paar Hundert/hundert Bewohner obdachlos. Viele Hunderte/hunderte mussten evakuiert werden. An der Demonstration beteiligten sich Tausende/tausende. Zum Vorstellungsgespräch wurden mehrere Dutzend/dutzend Bewerber eingeladen.

d) **Verbindungen mit *viertel*.** Steht *viertel* **unmittelbar** vor einer Ziffer oder Zahl, schreiben Sie *viertel* in Uhrzeitangaben klein (1). In Verbindung mit Substantiven können Sie *viertel* groß- oder klein- schreiben (2):

(1) Das Referat soll um viertel acht beginnen. : Einlass ist schon um Viertel nach sieben. (2) Die Abstimmung dauerte eine Viertelstunde/viertel Stunde. Die Bedienung servierte ein(en) Viertelliter/viertel Liter Wein.

2.6.11 Substantivisch gebrauchte Adverbien – Anredepronomen *du* und *ihr*

a) **Substantivisch gebrauchte Adverbien.** Schreiben Sie auch die substantivierten Adverbien *im Voraus, im Nachhinein, des Öfter(e)n* groß:

Für Ihre Zusage danken wir Ihnen im Voraus. Es ist einfach, im Nachhinein alles besser gewusst zu haben. Dieses Thema wurde schon des Öfter(e)n erörtert.

Hinweis: Vergleichen Sie zur Schreibung von substantivisch gebrauchten Zusammensetzungen (An einanderreihungen) – z. B. *Entweder-oder* – Abschnitt 2.5 c).

b) **Anredepronomen *du* und *ihr*.** In Briefen können Sie die Anredepronomen der 2. Person Singular und Plural mit den entsprechenden Possessivpronomen auch großschreiben:

43

Liebe Doris, du/Du hast mir aus Berlin geschrieben. Wir wünschen dir/Dir einen schönen Urlaub. – Mein Mann und ich hoffen, dass ihr/Ihr euch/Euch in München gut eingelebt habt. Wie lange bleibt euere/ Euere Tochter noch in Amerika?

2.7 Worttrennung am Zeilenende

2.7.1 Deutsche Wörter

a) **Mehrere Konsonantenbuchstaben.** Von mehreren Konsonantenbuchstaben schreiben Sie nur den letzten auf die neue Zeile (1); *ck* wird (wie *ch*) nicht getrennt (2); dagegen wird *st* getrennt (3):

(1) den- ken, Has- pel, emp- fiehlt Strümp- fe; (2) ba- cken, Ste- cker, Bü- cher; (3) Las- ten Leis- tung, Lis- ten, Kos- ten, Schus- ter

b) **Einzelne Vokalbuchstaben** am Wortanfang (1) oder Wortende (2) dürfen Sie nicht abtrennen; dies gilt selbstverständlich auch für Fremdwörter (3):

(1) aber, äsen, eben, Ofen, Öfen, Ufer, Übel; (2) graue, freie, Reue; aber: (Diphthonge) Au- to, äu- ßern, Ei- sen, Eu- len; (3) akut, Elan, Ozon; Boa, Deo, Radio

c) **Unübersichtliche Zusammensetzungen.** In einigen zusammengesetzten Adverbien wird die Zu- sammensetzung nicht mehr erkannt oder empfunden. Dann dürfen Sie entweder nach Sprech- oder nach Sprachsilben trennen:

da- ran/dar- an, da- rauf/dar- auf, da- raus/dar- aus; he- rauf/her- auf, he- rein/he- ein; hi- nab/hin- ab, hi- nüber/hin- über; vo- raus/vor- aus, vo- rüber/vor- über; wo- ran/wor- an, wo- rüber/wor- über

d) **Leseablauf nicht stören.** Vermeiden Sie Worttrennungen, die den Leseablauf stören (1). Trennen Sie zusammengesetzte Wörter nach Möglichkeit an der Wortfuge (2):

(1) bein- halten, beste- hend, Gehörner- ven, Spargel- der, Urin- stinkt

(2) be- inhalten, be- stehend, Gehör- nerven, Spar- gelder, Ur- instinkt

2.7.2 Fremdwörter

a) **Fremdwörter, deren Einzelteile klar zu erkennen sind,** trennen Sie (wie deutsche Wörter) nach Sprachsilben:

Des- infektion, Dis- ziplin, Kon- trolle, non- verbal, Prä- dikat

b) **Konsonantengruppen mit *l, n, r*** können Sie in Fremdwörtern trennen oder ungetrennt lassen:

Dip- lom/Di- plom, Sig- nal/Si- gnal, Hyd- rant/Hy- drant

c) **Undurchsichtige Zusammensetzungen.** Fremdwörter, deren Einzelteile Sie nicht klar erkennen können, sollten vorzugsweise so getrennt werden, dass die folgende Silbe nur mit **einem** Konsonannten beginnt:

Chi- rurg/Chir- urg, He- li- kop- ter/He- li- ko- pter, In- te- res- se/In- ter- es- se, Mik- ros -kop/Mi- kro- skop, Pä- da- go- ge/Päd- ago- ge, pa- ral- lel/par- al- lel, Pul- lo- ver/Pull- over, Vi- ta- min/Vit- amin

2.8 Abkürzungen

a) **Abkürzungen mit Punkt.** Einen Punkt schreibt man nach Abkürzungen, die gewöhnlich im vollen Wortlaut gesprochen werden (1). Der Punkt steht aber auch nach einigen wenigen Abkürzungen, die nicht mehr im vollen Wortlaut gesprochen werden (2):

(1) bzw. (beziehungsweise), e. Kffr. (eingetragene Kauffrau), e. Kfm. (eingetragener Kaufmann), s. u. (siehe unten), sog. (sogenannt/so genannt), u. Ä. (und Ähnliches), usf. (und so fort), usw. (und so weiter), z. T. (zum Teil), zz./zzt. (zurzeit), z. Z./z. Zt. (zur Zeit, z. B. Karls d. Gr.)

(2) a. D. (außer Dienst), i. V. (in Vertretung, in Vollmacht), pp./ppa. (per procura)

b) **Abkürzungen ohne Punkt.** Kein Punkt steht bei Abkürzungen von Maßeinheiten in Naturwissenschaft und Technik (1), für Himmelsrichtungen und für einige Währungseinheiten (2). Wenn nur Buchstaben zu sprechen sind, wird im Allgemeinen kein Punkt geschrieben (3):

(1) 100 m (Meter), 10 g (Gramm), 1 t (Tonne), s (Sekunde), W (Watt), MHz (Megahertz)

(2) NW (Nordwest), SO (Südost), CAD (Kanadischer Dollar), EUR (Euro), sfr (Schweizer Franken)

(3) AG (Aktiengesellschaft), BLZ (Bankleitzahl), Co. (Compagnie/Kompanie; seltener ohne Punkt: Co), GmbH (Gesellschaft mit beschränkter Haftung), HGB (Handelsgesetzbuch), Lkw/LKW (Lastkraftwagen), MdL (Mitglied des Landtages), StPO (Strafprozessordnung)

c) **Fachsprachliche Abkürzungen.** Das Benennen von Institutionen, Gesetzen und Verordnungen führt meist zu langen mehrgliedrigen Zusammensetzungen, wobei oft Groß- und Kleinbuchstaben wechseln:

AllgDTranspVersBed (Allgemeine Deutsche Transportversicherungsbedingungen), JArbSchG/JASchG (Jugendarbeitsschutzgesetz), VGebO (Verwaltungsgebührenordnung)

2.9   Straßennamen

a) **Zusammenschreibung.** Man schreibt zusammen, wenn zum Grundwort (*-straße, -platz, -allee, -weg* usw.) ein Substantiv (1), ein Name (2) oder ein **ungebeugtes** Adjektiv (3) tritt:

(1) Poststraße, Marktplatz, Birkenallee, Finkenweg; (2) Ludwigstraße, Goetheplatz, Beethovenallee; (3) Langgasse, Neustraße, Altmarkt

b) **Getrenntschreibung.** Man schreibt getrennt, wenn zum Grundwort ein gebeugtes Adjektiv (1) oder eine Ableitung von Orts- und Ländernamen auf -e(r) tritt (2):

(1) Alter Markt, Breite Straße, Kleine Braugasse; (2) Darmstädter Straße, Bad Homburger Allee; Französischer Wall

c) **Schreibung mit Bindestrich.** Man schreibt mit Bindestrichen, wenn zum Grundwort Vor- und Zuname (1) oder Titel/Berufsbezeichnung und Name treten (2):

(1) Paul-Ehrlich-Weg; (2) Heinrich-von-Kleist-Straße/Heinrich-v.-Kleist-Straße, Von-Gahlen-Platz, Sankt-Augustiner-Straße, Dr.-Jacoby-Straße, Graf-Zeppelin-Straße, Pfarrer-Kneipp-Allee, Bürgermeister-Müller-Steg

d) **Großschreibung.** Adjektive werden in Straßennamen großgeschrieben (1). Am Anfang von Straßennamen werden auch Präpositionen großgeschrieben (2). Dagegen werden Artikel kleingeschrieben (3):

(1) Große Bleiche, Neue Kölner Straße; (2) Am Tiergarten, Am Unteren Tor, Im Schwarzen Grund; (3) An der Alten Brücke, In den Erlen, Hinter der Aue, Unter den Linden, Vor dem Holstentor

e) **Zusammenfassung mehrerer Straßennamen.** Man setzt einen Ergänzungsstrich, wenn ein Teil einer Zusammensetzung erspart wird:

Ecke (der) Burg- und Weberstraße, Ecke (der) Post- und Frankfurter Straße, Ecke (der) Hof- und Paul-Klee-Straße, Kreuzung (der) Dr.-Stein- und Uhlandstraße : Kreuzung (der) Mainzer und Bahnhofstraße

45

2.10 Das Komma

Das Komma hat die Aufgabe, den Satz grammatisch zu gliedern, Aufzählungen von Wörtern, Wortgruppen und aneinandergereihten Sätzen zu unterteilen, Einschübe und Zusätze kenntlich zu machen, Haupt- und Nebensatz zu trennen. In diesem Buch werden nur neue Regeln aufgeführt und erläutert, soweit sie für den Schriftverkehr wichtig sind. Von den unverändert gebliebenen Regeln sind diejenigen aufgenommen, gegen die oft verstoßen wird.

2.10.1 Sätze ohne Komma

Sätze, in denen die gewöhnlichen Satzglieder nur einmal und ohne nachgestellte Zusätze auftreten, erhalten **kein** Komma:

Im Gegensatz zum Vorjahr hat uns die Firma Frank & Wagner bisher noch keinen größeren Auftrag erteilt.

2.10.2 Vergleichende Konjunktionen *als* und *wie*

Vor den vergleichenden Konjunktionen *als* und *wie* steht **kein** Komma, wenn sie nur Satzteile verbinden (1). Ist der Vergleich in Satzform formuliert, **muss** ein Komma gesetzt werden, weil die Konjunktion einen Nebensatz einleitet (2). Leiten *als* und *wie* eine Infinitivgruppe ein, wird sie durch ein Komma abgetrennt (3). Ein Vergleich in Satzform liegt auch vor, wenn der Vergleichssatz nur durch sein Prädikat mit nachgestellter Personalform erkennbar ist (4):

(1) Mein Freund würde lieber in der freien Wirtschaft als bei einer Behörde arbeiten. Unsere Umsätze sind jetzt wieder so hoch wie im August v. J.

(2) Wir haben die Produktion dieses Artikels eingestellt, als die Nachfrage stark zurückging. Die Bestellungen waren nicht so umfangreich, wie wir erhofft hatten.

(3) Wir konnten nichts Besseres tun, als dem Kunden entgegenzukommen. Nichts ist für uns so wichtig, wie Stammkunden zu gewinnen.

(4) Wir hatten viel mehr Waren bestellt, als benötigt wurden. Ihre Zeitschrift ist ebenso aktuell, wie sie nützlich ist.

2.10.3 Aufgezählte Adjektive (Attribute)

Wenn von zwei (oder mehr) aufgezählten Adjektiven das letzte mit dem zugehörigen Substantiv einen Gesamtbegriff bildet, steht **kein** Komma (1). Aufgezählte gleichrangige Adjektive werden durch Komma getrennt (2). Sind die gleichrangigen Adjektive durch *und* bzw. *sowie* (ebenso durch *oder, bzw., sowohl – als auch, weder – noch, entweder – oder*) verbunden, steht **kein** Komma (3). Manchmal können Sie entscheiden, ob Sie die beiden Attribute als gleichwertig kennzeichnen möchten oder nicht (4):

(1) Inzwischen haben wir auch kostspielige wissenschaftliche Versuche erfolgreich abgeschlossen.

(2) Seit Mai v. J. wurden kostspielige, umfangreiche Versuche durchgeführt.

(3) Wir haben aufwendige und kostspielige sowie umfangreiche Versuche durchgeführt.

(4) In der Gaststube stehen wuchtige, eichene Möbel. (Aufzählung zweier gleichwertiger Eigenschaften: Die Möbel sind wuchtig und bestehen aus Eichenholz). – In der Gaststube stehen wuchtige eichene Möbel (Gesamtbegriff: Die Eichenmöbel sind wuchtig.)

2.10.4 Mehrteilige Orts- und Wohnungsangaben – Aufzählungen von Stellenangaben in Büchern u. dgl.

Die einzelnen Bezeichnungen werden durch Komma getrennt (1). Sind die Glieder einer mehrteiligen Orts- und Wohnungsangabe mit einer Präposition angeschlossen, dann steht vor der Präposition **kein** Komma (2). Geht der Satz weiter, ist das Komma nach dem letzten Bestandteil freigestellt (3). Bei Aufzählungen von Stellenangaben in Büchern oder Zeitschriften werden die einzelnen Bezeichnungen durch Komma getrennt (4). Bei mehrteiligen Hinweisen auf Gesetze oder Verordnungen steht **kein** Komma (5):

(1) Die Bewerberin ist Frau Ute Höfer, Bonn, Hohenzollernplatz 15.

(2) Frau Ute Höfer wohnt **in** Bonn **am** Hohenzollernplatz 15.

(3) Ihre Eltern besitzen in Troisdorf, Hermann-Löns-Weg 2(,) ein schönes Ferienhaus. Frau Höfer wird am Sonntag, dem 3. August, gegen 12 Uhr(,) nach Troisdorf fahren.

(4) Der Referent zitierte einen Artikel aus der Zeitschrift „Der Hundefreund", 20. Jahrgang, Heft 6, S. 42.

(5) Artikel 3 Absatz 2 des Grundgesetzes lautet: …

2.10.5 Infinitivgruppen

Das Komma muss gesetzt werden

Mit Komma werden Infinitivgruppen abgetrennt: Infinitivgruppen, die mit *als, (an)statt, ohne* oder *um* eingeleitet werden (1). Ist die Infinitivgruppe eingeschoben, wird ein paariges Komma gesetzt (2). Das Komma steht auch in Infinitivgruppen, die von einem Substantiv abhängen (3), oder durch ein hinweisendes Wort (z. B. *daran, darum, darauf; es, das, dies*) angekündigt werden (4).

(1) Uns blieb nichts anderes übrig, als die Reklamation des Hamburger Kunden anzuerkennen. Herr Bayer hat die Möbelgeschäfte in Wiesbaden besucht, anstatt zuerst nach Mainz zu fahren.

(2) Wir haben den neuen Kunden, ohne eine Auskunft einzuholen, sofort beliefert. Besser hätten wir, um ganz sicherzugehen, zuerst eine Auskunft eingeholt.

(3) Wir haben die Absicht, ihm einen 15-prozentigen Nachlass zu gewähren.

(4) Wir freuen uns schon darauf, bald wieder einen Auftrag zu erhalten. Haben Sie schon daran gedacht, neue Prospekte anzufordern? Wir bitten darum, recht bald Ersatz zu liefern. Es ist vielleicht besser, die Anzeige im „Kurier" aufzugeben. Eine Anzeige im „Kurier" aufzugeben, das ist vielleicht besser. Unsere Kunden zuverlässig zu beraten, dies gehört zu unseren wichtigsten Aufgaben.

Das Komma ist freigestellt

Wird die Infinitivgruppe weder mit *als, (an)stelle, ohne, um* eingeleitet oder hängt sie nicht von einem Substantiv ab oder wird sie nicht durch ein hinweisendes Wort eingeleitet, so ist das Komma freigestellt.

✖ **Tipp:** Es ist jedoch ratsam, auch dieses freigestellte Komma zu setzen, weil dadurch die Gliederung des Satzes deutlich wird.

Wir können Ihnen nur empfehlen(,) so bald wie möglich zu bestellen. Der Großhändler hat sich bereit erklärt(,) die Behälter zurückzunehmen. Wir bitten Sie(,) unseren Auftrag zu bestätigen.

Das Komma ist auch freigestellt, wenn die Infinitivgruppe in Spitzenstellung das Subjekt vertritt (1). Verpflichtend ist das Komma aber, wenn ein hinweisendes Wort auf den Infinitiv zurückweist (2). Wenn man sich für das Setzen des freigestellten Kommas entscheidet, dann muss man auf die eingeschobene Wortgruppe achten, also entweder zwei Kommas oder gar keine (3):

(1) Die Kunden zuverlässig zu beraten(,) gehört zu unseren wichtigsten Aufgaben.

(2) Die Kunden zuverlässig zu beraten, das gehört zu unseren wichtigsten Aufgaben.

(3) Wir hoffen, Ihnen diesmal geholfen zu haben, und wünschen Ihnen guten Erfolg. Oder: Wir hoffen Ihnen diesmal geholfen zu haben und wünschen Ihnen guten Erfolg.

Das Komma darf nicht gesetzt werden
Das Komma darf nicht gesetzt werden, wenn der Infinitiv zwischen den Bestandteilen eines mehrteiligen Prädikats steht (1); wenn die Infinitivgruppe einen Hauptsatz umschließt (2); wenn sie mit dem Begleitsatz verschränkt ist (3); wenn sie von einem Hilfsverb abhängt (4) oder von Verben, die nur in bestimmter Bedeutung als Hilfsverben gebraucht werden (5):

(1) Wir wollen den Fall zu klären versuchen (wollen – versuchen).

(2) Diese Möglichkeit beschloss die Geschäftsleitung sofort wahrzunehmen. Diese Verluste sollten wir zu begrenzen versuchen. Wir sollten diese Verluste zu begrenzen versuchen.

(3) Diesen Fall zu erklären (*Infinitiv* mit *zu*) wollen wir versuchen (Hauptsatz).

(4) Auch wir **haben** uns an diese Vorschrift zu halten. Das Leergut **ist** unverzüglich zurückzusenden. Der Mitarbeiter **war** nicht aus der Fassung zu bringen.

(5) Der Kunde **brauchte** nur die Karte zu unterschreiben und zurückzusenden. Aber er **pflegt** kritisch zu sein und zu reklamieren. Er **scheint** sich mit unserer Entscheidung nicht abzufinden. Hier **gibt es** kaum Lösungen zu finden.

2.10.6   Partizipgruppen
Werden Partizipien mit einer näheren Bestimmung verbunden, bilden sie eine Partizipgruppe. Wird eine Partizipgruppe direkt dem Bezugssatz nachgestellt (1) oder steht sie am Ende des Satzes (2), muss man durch Komma abtrennen. Ist die Partizipgruppe dem Bezugswort nicht direkt nachgestellt, **kann** man ein Komma setzen (3). Es ist ratsam, bei formelhaften Partizipien **kein** Komma zu setzen (4):

(1) Der junge Mann, schüchtern lächelnd, entschuldigte sich.

(2) Der junge Mann entschuldigte sich, schüchtern lächelnd.

(3) Wir haben ihn(,) Ihrer Anregung entsprechend(,) nicht zur Rede gestellt.

(4) Ihr Mitarbeiter war im Grunde genommen nicht im Recht. So gesehen hat uns Ihre Aufforderung überrascht.

2.10.7   Das Komma zwischen gleichrangigen Teilsätzen
Zwischen Hauptsätzen steht ein Komma (1). Eingeschobene Hauptsätze (Schaltsätze) werden in Kommas eingeschlossen (2). Das Komma steht zwischen gleichrangigen Nebensätzen, wie sie bei der indirekten Rede häufig vorkommen (3). Sind die gleichrangigen Teilsätze durch die mehrteiligen Konjunktionen *entweder – oder, sowohl – als auch, weder – noch* verbunden, setzt man **kein** Komma (4):

(1) Wir wollten den Drucker austauschen, der Kunde war jedoch dagegen.

(2) Er benutzt, das wissen wir genau, ein sehr altes Modell.

(3) Der Chef erkundigte sich, was es Neues gäbe, ob Buchhalterin Berger wieder gesund sei.

(4) Am Messestand wird Sie entweder Frau Winter betreuen oder Herr Stein in technischen Fragen beraten. Die Bewerberin soll sowohl die Termine führen als auch die Besucher empfangen. Ihr Außendienstmitarbeiter hat uns weder neue Muster vorgelegt noch attraktives Werbematerial angeboten.

2.10.8 Das Komma bei Nebensätzen

Nebensätze grenzt man mit Komma ab. Der Nebensatz kann am Satzanfang stehen (1) oder am Satzende (2) oder eingeschoben sein (3):

(1) Wie Sie wissen, beraten wir Sie auch bei der Gestaltung Ihrer Schaufenster. Dass wir auch das geeignete Dekomaterial liefern, ist selbstverständlich. Obwohl uns zurzeit viele Anforderungen vorliegen, werden Sie das gewünschte Material recht bald erhalten.

(2) Wir wissen noch nicht, wie der Kunde reagieren wird. Wir empfehlen Ihnen den neuen Kopierer, der sofort lieferbar ist. Wir hätten nicht gedacht, dass wir so viele Nachbestellungen erhalten.

(3) Die Kopierer, die wir Ihnen angeboten haben, sind sehr erfolgreich. Die Annahme, dass es zu Lieferschwierigkeiten käme, erfüllte sich nicht. Die Frage ist nur, ob sich das, was Sie vorschlagen, auch realisieren lässt.

2.10.9 Das Komma vor den Konjunktionen *und, oder, sowie*

Geht eine Apposition voraus, steht vor diesen Konjunktionen ein Komma (1). Geht ein untergeordneter Schaltsatz (2) oder eine wörtliche Wiedergabe (3) voraus, dann werden diese Konjunktionen mit einem Komma angeschlossen. Geht eine Infinitivgruppe voraus, die man in Kommas einschließen muss oder bei der man sich für ein freigestelltes Komma entschieden hat, steht vor der Konjunktion ein Komma (4).

(1) Frau Reif, unsere Verkaufsleiterin, und Herr Baum werden den Messestand betreuen. Frau Reif, unsere Verkaufsleiterin, oder ihr Stellvertreter wird den Messestand betreuen. Am Messestand werden alle Neuheiten gezeigt, die verbesserten Gartenbaugeräte, sowie praktisches Zubehör.

(2) Wir wissen, was die jungen Leute wünschen, und bemühen uns um ihre Gunst. Wir mussten den Kopierer reparieren, weil die Papierführung defekt war, und die Reklamation anerkennen. Wiederholen wir die Anzeigen, die im Januar erschienen sind, oder wollen wir ein größeres Inserat aufgeben?

(3) Herr Neumann sagte uns: „Ich eröffne morgen eine Buchhandlung", und wir wünschten ihm viel Erfolg.

(4) Wir hoffen, Ihnen geholfen zu haben, und wünschen Ihnen viel Erfolg. Der Großhändler denkt nicht daran, die Reklamation anzuerkennen, und der Fabrikant auch nicht.

Wenn *und* eine nachgestellte Erläuterung oder einen Schaltsatz einleitet, steht vor der Konjunktion ein Komma (5). Sind gleichrangige Wortgruppen durch die Konjunktionen *und/oder* verbunden, wird **kein** Komma gesetzt (6). Vor *und* steht **kein** Komma, wenn es Hauptsätze miteinander verbindet, die ein Satzglied gemeinsam haben, das nur einmal genannt wird (7). Wenn *und/oder* gleichrangige Teilsätze verbinden, **kann** man ein Komma setzen, um die Gliederung des Ganzsatzes deutlich zu machen (8):

(5) Unser Kundendienst kommt wöchentlich zweimal, und zwar montags und donnerstags. Die Buchhandlung, und das ist kaum bekannt, wurde schon 1960 gegründet. Erst im vorigen Jahr, und dies verwundert, wurden die Geschäftsräume modernisiert. Der Besitzer, und der Pächter erst recht, freute sich darüber. Die Kunden, und vor allem deren Kinder, sind zu einer Ausstellung für Jugendliche eingeladen.

(6) Das Textverarbeitungsprogramm ist leistungsfähig und dabei doch leicht zu handhaben. Die meisten Fachgeschäfte haben auf unsere Werbung reagiert und größere Mengen bestellt.

(7) Der Geschäftsführer wohnt in Bonn und sein Stellvertreter in Siegburg.

(8) Bis zum Jahreswechsel sind es nur noch wenige Wochen(,) und Sie überlegen, was Sie Ihren treuen Kunden schenken sollen. Wollen Sie wieder Wandkalender verschenken(,) oder denken Sie auch an Notizbücher, die sicherlich gern angenommen werden?

2.10.10 Das Komma bei *d. h.* und *z. B.*

Vor *d. h.* steht immer ein Komma (1). Folgt nur ein erläuternder Satzteil, dann steht nach *d. h.* **kein** Komma (2). Folgt jedoch ein Neben- oder Hauptsatz, **muss** auch nach *d. h.* ein Komma stehen (3):

(1) Wir liefern recht bald, d. h. spätestens am nächsten Dienstag.

(2) Im Februar und März, d. h. nach der Saison, geht die Nachfrage stark zurück.

(3) Wir werden den Vorfall nicht weitermelden, d. h., wir haben kein Interesse an einer Strafanzeige.

Die nachgestellte Erläuterung *z. B.* wird durch Komma abgetrennt (1) bzw. in Kommas eingeschlossen, wenn der Satz weitergeht (2). Am Satzanfang werden Abkürzungen nicht verwendet (3):

(1) Wir mussten große Verluste hinnehmen, z. B. in den Niederlanden und Belgien.

(2) Unsere Verluste, z. B. in den Niederlanden und Belgien, waren beträchtlich.

(3) Zum Beispiel in den Niederlanden und in Belgien mussten wir große Verluste hinnehmen.

2.10.11 Das Komma in Verbindung mit Anführungszeichen und Einschüben

Folgt nach der Anführung ein Begleitsatz (oder ein Teil von ihm), so setzt man nach dem schließenden Anführungszeichen ein Komma (1). Ist der Begleitsatz in die Anführung eingeschoben, so schließt man ihn mit paarigem Komma ein (2). Das Komma steht auch, wenn die Wiedergabe mit einem Frage- oder Ausrufezeichen endet (3):

(1) „Der Prospekt gefällt mir", sagte Frau Becker.

(2) „Der Prospekt", sagte Frau Becker, „gefällt mir."

(3) „Wie gefällt Ihnen der Prospekt?", fragte der Werbeleiter. „Der neue Katalog wird ein Hit!", meinte Frau Fischer.

Einschübe. Im Begleitsatz müssen die Satzzeichen genauso stehen, wie wenn der Einschub nicht vorhanden wäre:

Ihre Mitarbeiterin betonte – wir wissen es noch genau –, dass Sie für den Erfolg garantieren. Das Unternehmen, mit dem wir zusammenarbeiten – übrigens eine bekannte italienische Firma –, hat im vergangenen Jahr mehr als 100 neue Artikel auf den Markt gebracht.

3   Tipps für Ihren Briefstil

Wer einen guten Brief schreiben will, muss über den Sachverhalt nachdenken. Erst dann wird ihm klar, WAS er sagen muss und WIE er es am besten formuliert.

– Versetzen Sie sich in die Lage des Empfängers, stellen Sie sich ganz auf ihn ein.
– Beginnen Sie mit den Fragen und Argumenten Ihres Briefpartners, nicht mit Ihren eigenen Problemen.
– Üben Sie die Kunst, auch das Unangenehme möglichst angenehm zu sagen.
– Schreiben Sie kein Papierdeutsch, sondern lebendige Menschensprache, doch nicht – wie im saloppen Gespräch – ungenau und weitschweifig, sondern sorgfältig und knapp (aber nicht kurz angebunden).
– Lesen Sie Ihren Briefentwurf laut, prüfen Sie ihn auf Klang und Wirkung.

Die folgenden Hinweise können keine Stilkunde ersetzen. Aber sie zeigen Stilfehler, die beim Formulieren von Geschäftsbriefen häufig auftreten.

3.1   Wortwahl

Aus dem großen Wortschatz unserer Sprache gilt es, das jeweils richtige Wort zu wählen. Das richtige Wort ist immer auch das treffende Wort: angemessen, dem Empfänger und der Sache; in der Aussage klar und deutlich; so anschaulich und lebendig wie möglich. Dabei hat jede Wortart ihre besondere Aufgabe. Der Briefschreiber muss also wissen, was eine Wortart leisten kann, und wie er sie richtig verwendet.

3.1.1   Das Substantiv

Substantive benennen Personen und Sachen, Gegenständliches (Konkretes) ebenso wie Gedachtes (Abstraktes).

Bevorzugen Sie einfache Substantive. Im sogenannten „Kaufmannsdeutsch" – das ist keine Fachsprache, sondern nur schlechtes Deutsch – und in der Amtssprache finden sich viele aufgeblähte Substantive und Substantivverbindungen. Hier eine kleine Auswahl:

statt so:	besser so:
Einflussnahme	Einfluss
Sorgfältigkeit	Sorgfalt
Zahlungsleistung	Zahlung
im Bedarfsfall	bei Bedarf
zur Kenntnisnahme	zur Kenntnis

Besonders beliebt sind überflüssige Grundwörter mit *-gründe, -verhältnisse* und *-zwecke*:

statt so:	besser so:
aus Ersparnisgründen	zur Ersparnis
Einkommensverhältnisse	Einkommen
für Werbezwecke	für die (Ihre) Werbung

Auch altmodische, verstaubte und ungewöhnliche Substantive halten sich hartnäckig:

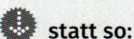 statt so:	besser so:
Anerbieten	Angebot
Einvernahme	Vernehmung
Weiterungen	Schwierigkeiten, unangenehme Folgen
Zuwiderhandlung gegen	Verstoß gegen; Verletzung von

Schränken Sie den Nominalstil ein. Ein Hindernis auf dem Weg zum lebendigen Brief ist der Nominalstil – die Vorliebe für Substantive, auch „Hauptwörterei" genannt. Der Nominalstil arbeitet oft mit Streckverben, z. B. *bringen, geben, machen, erlangen, nehmen, finden, durchführen, herbeiführen:*

statt so:	besser so:
zur Kenntnis bringen	mitteilen, informieren
Kenntnis geben von	mitteilen, informieren
Mitteilung machen	mitteilen, informieren
Kenntnis erlangt haben	erfahren haben, wissen
in Angriff nehmen	einleiten, angehen, beginnen
Anwendung finden	gelten
eine Beratung durchführen	beraten
eine Klärung herbeiführen	(etwas) klären

Der Nominalstil betrifft nicht nur die Wortwahl, sondern beeinflusst auch den Satzbau. Wenn Sie Streckverben vermeiden, werden Ihre Sätze kürzer und anschaulicher:

statt so:	besser so:
Eine Übereinstimmung der an beiden Maschinen festgestellten Beschädigungen ist nicht gegeben.	Die an beiden Maschinen festgestellten Schäden stimmen nicht überein.

statt so:	besser so:
Wir konnten Ihre Adresse durch einen Kölner Geschäftsfreund in Erfahrung bringen.	Wir haben Ihre Anschrift von einem Kölner Geschäftsfreund erfahren.

3.1.2 Das Verb

Das Verb sagt, was geschieht oder was ist. Das Prädikat wird mit Verben gebildet. Darum sind sie in ihrer Form veränderbar, sie werden konjugiert. Das Verb ist das Rückgrat des Satzes. Es macht Ihre Briefe anschaulich, lebendig und frisch. Darum sollten Sie ganz besonders darauf achten, dass Sie in Ihren Briefen immer die jeweils treffendsten Verben wählen.

Bevorzugen Sie das Aktiv. Anschaulich ist nur das Aktiv. Blass und kraftlos hingegen wirkt das Passiv.

statt so:	besser so:
Es wird gebeten, die Zeugniskopien an unsere Zentrale zu senden.	Bitte senden Sie die Zeugniskopien an unsere Zentrale.
Die neuen Muster sind uns von Frau Schneider vorgelegt worden.	Frau Schneider hat uns Ihre neuen Muster vorgelegt.

Richtig ist das Passiv, wenn der Täter unwichtig ist:

Unser Lager wird freitags um 14 Uhr geschlossen.

Manchmal wählt man das Passiv auch, wenn der Name des Handelnden (aus Höflichkeit oder aus anderen Gründen) nicht erwähnt werden soll:

Eine Einladung zu der gestrigen Besprechung ist uns nicht zugegangen.

Das klingt weniger vorwurfsvoll als:

Sie haben uns zu der gestrigen Besprechung keine Einladung geschickt.
Oder: Sie haben uns zu der gestrigen Besprechung nicht eingeladen.

✖ **Bitte beachten Sie:** Der anschauliche Brief lebt vom Aktiv. Zu viele Passivformen machen ihn schwerfällig und schleppend.

Bilden Sie den Konjunktiv richtig. Der Indikativ sagt, was wirklich ist. Der Konjunktiv drückt aus, was geschehen könnte, oder er bezeichnet Irreales (nur Vorgestelltes). Typisch ist der Konjunktiv in der indirekten Rede (vor allem im Protokoll):

Herr Müller führt aus, er **habe** sich schon immer für diese Lösung eingesetzt, **sei** aber deshalb oft angegriffen worden. Nun **müsse** die Diskussion über dieses Thema endlich abgeschlossen und wirksame Beschlüsse **müssten** gefasst werden, sonst **würden** die Anhänger dieser Idee nie ihr Ziel erreichen und **blieben** unzufrieden.

Viele Briefschreiber missachten den Konjunktiv, vor allem in Konditionalsätzen, insbesondere nach *wenn,* indem sie mit *würde* + Infinitiv umschreiben.

statt so:	besser so:
Ein noch höherer Preisnachlass würde einem Verlust gleichkommen.	Ein noch höherer Preisnachlass **käme** einem Verlust gleich.
Dann würde uns keine andere Wahl bleiben, als auf den Auftrag zu verzichten.	Dann **bliebe** uns keine andere Wahl, als auf den Auftrag zu verzichten.
Eine solche Lösung würde auch für Sie unbefriedigend sein.	Eine solche Lösung **wäre** auch für Sie nicht annehmbar.
Wir würden uns freuen, wenn Sie unserer Anregung folgen würden.	Wir würden uns freuen, wenn Sie unserer Anregung **folgten**.

✖ **Bitte beachten Sie:** Nach *wenn . . .* kein *würde*.

53

Wichtige Konjunktivformen

	sein	haben	werden	gehen[1]
Konjunktiv I				
ich/er/sie/es	sei	habe	werde	gehe
sie (Mehrzahl)	seien	haben	werden	gehen
Konjunktiv II				
ich/er/sie/es	wäre	hätte	würde	ginge
sie (Mehrzahl)	wären	hätten	würden	gingen

	legen[2]	folgen[3]	dürfen	können
Konjunktiv I				
ich/er/sie/es	lege	folge	dürfe	könne
sie (Mehrzahl)	legen	folgen	dürfen	können
Konjunktiv II				
ich/er/sie/es	läge	folgte	dürfte	könnte
sie (Mehrzahl)	lägen	folgten	dürften	könnten

	mögen	müssen	sollen	wollen
Konjunktiv I				
ich/er/sie/es	möge	müsse	solle	wolle
sie (Mehrzahl)	mögen	müssen	sollen	wollen
Konjunktiv II				
ich/er/sie/es	möchte	müsste	sollte	wollte
sie (Mehrzahl)	möchten	müssten	sollten	wollten

Streichen Sie unnötige Präfixe. Achten Sie bei Verben auf überflüssige Präfixe. Dies betrifft vor allem *ab-, an-, be-, ein-, nach-, ver-:*

⚙ statt so:	⬆ besser so:
die Angelegenheit abklären	die Sache (Angelegenheit) klären
den Plan abändern	den Plan ändern
Verkaufsräume anmieten	Verkaufsräume mieten
Büros beheizen	Büros heizen
Kosten einsparen	Kosten sparen
Vorschläge nachprüfen	Vorschläge prüfen (es sei denn, es wurde vorgeprüft)
Erfolge vermelden	Erfolge melden

Vermeiden Sie aufgeblähte und verstaubte Verben. Es ist nicht schwierig, sie durch einfache, verständliche Verben zu ersetzen.

⚙ statt so:	⬆ besser so:
den Vertrag unterfertigen	den Vertrag unterschreiben
Es handelt sich bei ihm um …	Er ist …
Wir befinden uns nicht …	Wir sind (können) nicht …
Wir können nicht bewerkstelligen …	Wir können nicht bewirken (erreichen) …

[1] Starkes Verb – Konjunktiv II **ohne** Umlaut; 2 Starkes Verb – Konjunktiv II **mit** Umlaut; 3 Schwaches Verb – Konjunktiv II gleich Indikativ Präteritum

Spalten Sie das Verb nicht auf in ein Gefüge aus Adverb und Verb.

statt so:	besser so:
ein Haus käuflich erwerben	ein Haus kaufen
Räume mietweise überlassen	Räume vermieten
Geräte leihweise überlassen	Geräte verleihen
Interessenten namhaft machen	Interessenten nennen
vorstellig werden	sich vorstellen, einfinden

3.1.3 Das Adjektiv

Das Adjektiv benennt Eigenschaften und Merkmale. Mit dem Adjektiv drückt der Briefschreiber aus, wie jemand oder etwas ist, wie etwas vor sich geht oder geschieht. Es gilt, das richtige Maß zu finden: Manchmal ist ein Adjektiv erforderlich, oft aber überflüssig oder gar unerträglich, besonders wenn es vor einem Substantiv gehäuft auftritt.

Vermeiden Sie unschöne Suffixe. Im „Kaufmannsdeutsch" halten sich hartnäckig unschöne Adjektive mit den Suffixen *-ig, -isch, -lich, -mäßig* und *-weise*. Man kann sie vermeiden: durch zusammengesetzte Substantive, einfachere Formen oder Umschreibungen.

statt so:	besser so:
nach dem derzeitigen Stand der Forschung	nach dem heutigen Stand der Forschung
unsere erstmalige Mahnung	unsere erste Mahnung
arbeitgeberische Interessen	Interessen des (der) Arbeitgeber(s)
eine zwischenzeitliche Lösung	eine Zwischenlösung
für werbliche Zwecke	für Werbezwecke (für die Werbung)
gezielte werbemäßige Aktionen	gezielte Werbeaktionen (Werbung)
eine teilweise Lieferung	eine Teillieferung

Hüten Sie sich vor übertreibenden Superlativen. Der Missbrauch des Superlativs zählt zu den häufigsten Stilfehlern. Vermeiden Sie doppelte Superlative (*höchstmöglichste*) und steigern Sie nicht das Wort *einzig* (*einzig – einziger – am einzigsten?*).

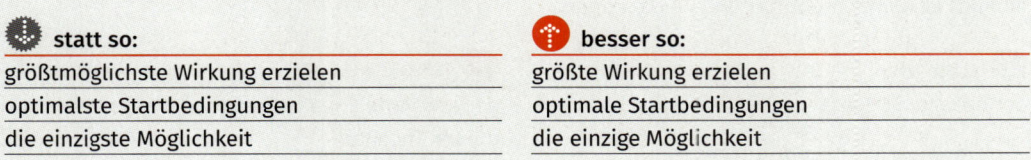

statt so:	besser so:
größtmöglichste Wirkung erzielen	größte Wirkung erzielen
optimalste Startbedingungen	optimale Startbedingungen
die einzigste Möglichkeit	die einzige Möglichkeit

Achten Sie auf die richtige Vergleichsform. Nach dem Komparativ steht immer *als* (nicht *wie*). Auch nach *anders, niemand, keiner, nichts, umgekehrt, entgegengesetzt* steht *als*.

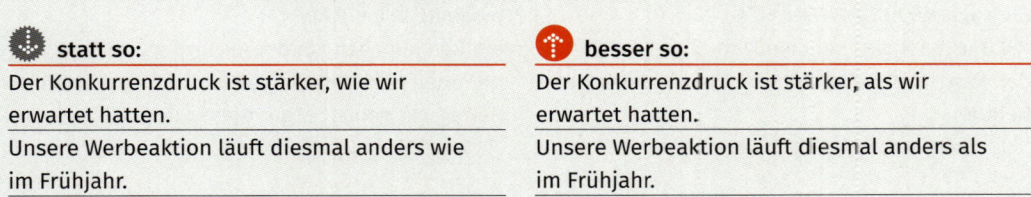

statt so:	besser so:
Der Konkurrenzdruck ist stärker, wie wir erwartet hatten.	Der Konkurrenzdruck ist stärker, als wir erwartet hatten.
Unsere Werbeaktion läuft diesmal anders wie im Frühjahr.	Unsere Werbeaktion läuft diesmal anders als im Frühjahr.

55

Dagegen gelten folgende Verbindungen als korrekt: *so bald wie möglich* oder *so bald als möglich, so wenig wie möglich* oder *so wenig als möglich, doppelt so hoch wie* oder *doppelt so hoch als im vorigen Monat*.

3.1.4 Das Partizip

Partizipien können wie Adjektive gebraucht werden. Es gibt zwei Arten: Das Partizip Präsens wird mit der Endung *-end* gebildet (*freibleibendes Angebot*), bei Verben mit der Endung *-eln* und *-ern* mit *-nd* (*regelnde Bestimmungen, sichernde Maßnahmen*). Das Partizip Perfekt der regelmäßigen Verben wird mit *-t* oder *-et* gebildet (*festgelegte Termine, gespendete Sachpreise*), das der unregelmäßigen Verben mit *-en* (*die entworfenen Briefe*).

Streichen Sie überflüssige Partizipien. Wenn sich ein Partizip in Ihren Text einschleichen will, prüfen Sie jedes Mal, ob es nötig ist. Streichen Sie alle überflüssigen Partizipien.

statt so:	besser so:
in der gestern stattgefundenen Sitzung	in der gestrigen Sitzung
nach der gemachten Erfahrung	nach der Erfahrung
wegen der getroffenen Feststellungen	wegen der Feststellungen
die durchgeführte Prüfung ergab	die Prüfung ergab

Achten Sie auf Beziehungsfehler. Beziehungsfehler entstehen, wenn Sie Partizipien „satzwertig" verwenden: *Beiliegend übersende ich Ihnen …* (indem Sie beiliegen?!).

statt so:	besser so:
beiliegend übersende ich Ihnen …	hiermit (anbei, mit diesem Brief) (über)sende ich Ihnen …
beigefügt erhalten Sie …	mit diesem Brief (hiermit, anbei) erhalten Sie …
selbstredend werden wir versuchen …	selbstverständlich werden wir versuchen …
Wir bitten Sie, uns postwendend mitzuteilen …	Wir bitten Sie, uns bis zum … mitzuteilen …

Verzichten Sie auf umständliche und ungewöhnliche Partizipien. Bevorzugen Sie, wo immer dies möglich ist, einfache Wörter und Wortgruppen.

statt so:	besser so:
der besagte Engpass	der erwähnte Engpass (oft genügt sogar **dieser** Engpass)
eine dahin gehende Überlegung	eine solche Überlegung
ein nicht einfach gelagerter Fall	ein schwieriger Fall
in einem lang andauernden Test	in einem langen Test
die nachstehenden Vorschläge	folgende Vorschläge
die umstehenden Bedingungen	die Bedingungen auf der Rückseite
der vorgenannte (vorstehende, oben stehende) Betrag	der oben bezeichnete (genannte, aufgeführte) Betrag. Oft genügt sogar **dieser** Betrag.

3.1.5   Das Adverb

Die Adverbien sind nach ihrer Form unveränderlich. Sie legen die besonderen Umstände fest, von denen das Verb etwas Allgemeines aussagt. Es gibt vier Gruppen: lokale Adverbien für den Raum (*dort*), temporale für die Zeit (*bald*), modale für die Art und Weise (*sehr*) und kausale für Begründungen (*deshalb*).

Wählen Sie die Adverbien sorgfältig. Das Adverb bezeichnet den Vorgang oder Zustand, um den es gerade geht – genauer, als es Verb und Substantiv allein vermögen. Darum hat das Adverb oft etwas Individuelles. Es zeigt, wie der Sprecher oder Schreiber die Dinge sieht und beurteilt. Vermeiden Sie veraltete Adverbien (*ansonsten*) ebenso wie umständliche (*zwischenzeitlich*) und vermeidbare Präpositionalgefüge: Verbindungen mit Verhältniswörtern (*in Bälde, zur Gänze*).

⚙ statt so:	❗ besser so:
sich anderweitig erkundigen	sich woanders erkundigen
ansonsten Abstand nehmen	sonst davon absehen
diesbezüglich Stellung nehmen	hierzu Stellung nehmen; sich hierzu äußern
letztendlich, letzten Endes dazu bereit sein	schließlich (letztlich) dazu bereit sein
zwischenzeitlich, in der Zwischenzeit erfahren haben	inzwischen, mittlerweile erfahren haben
zur Gänze, gänzlich davon überzeugt sein	ganz und gar (voll und ganz) davon überzeugt sein
aller Voraussicht nach	voraussichtlich
aller Wahrscheinlichkeit nach	wahrscheinlich, vermutlich
auf schriftlichem Wege	schriftlich

Achtung, modische Sprachunsitten! Immer wieder hört und liest man aufgeblähte Adverbien, die gerade in Mode gekommen sind und nun von vielen ständig gebraucht werden, weil sie dies für „schick" halten.

⚙ statt so:	❗ besser so:
Im Nachhinein sieht manches anders aus.	Hinterher (danach, später) sieht manches anders aus.
Gleich im Anschluss an Ihren Anruf haben wir die Ware zum Versand gebracht.	Gleich nach Ihrem Anruf haben wir die Ware abgeschickt.

3.1.6   Die Präposition

Präpositionen klären, in welchem Verhältnis eine Person oder ein Ding zu anderen Personen oder Dingen steht. In der Regel sind Präpositionen mit einem Substantiv oder Personalpronomen eng verbunden (*auf* der Bank, *in* der Firma, *über* Ihre Anfrage, *wegen* einer Reklamation; *mit* Ihnen, *für* Sie). Präpositionen kennzeichnen Raum und Ort (*an, auf, nach, zu*), die Zeit (*bis, seit, während*), die Art und Weise u. Ä. (*außer, gegenüber*) und die Begründung (*wegen, durch, trotz*).

✖ **Beachten Sie den Fall, den die Präposition „regiert".** Die meisten Präpositionen regieren immer denselben Kasus. Präpositionen mit dem Genitiv (2. Fall): **wegen** *Ihrer Reklamation;* Dativ (3. Fall): **nach** *unserer Erfahrung;* Akkusativ (4. Fall): **bis** *Ende Dezember.*
Die Präpositionen **an, auf, hinter, in, neben, über, unter, vor, zwischen** können den Dativ oder Akkusativ regieren. Der Dativ wird gebraucht, wenn die Dinge ruhen („statisch" sind). Der Akkusativ wird gebraucht, wenn die Dinge in Bewegung („dynamisch") sind.

57

Lage (wo?) – Dativ:	Richtung (wohin?) – Akkusativ:
Das Bild hängt **an der** Wand.	Wir hängen das Bild **an die** Wand.
Der Kalender liegt **auf dem** Tisch.	Legen Sie den Kalender **auf den** Tisch.
Der Wagen parkt **neben dem** Eingang.	Parke den Wagen **neben den** Eingang.
Das Schild stand **hinter der** Einfahrt.	Wir stellten das Schild **hinter die** Einfahrt.

Umgehen Sie umständliche und veraltete Präpositionen. Manche Schreiber „schmücken" ihre Briefe mit umständlichen und veralteten Präpositionen oder Präpositionalgefügen. Wer so schreibt, möchte sich gewählt ausdrücken. Entscheiden Sie sich für den einfachen und damit besseren Stil.

statt so:	besser so:
neue Aufgaben im Verwaltungsbereich	neue Aufgaben der Verwaltung
Dies betrifft auch unsere Anzeigen im Zeitungs- und Zeitschriftenbereich.	Die betrifft auch unsere Anzeigen in Zeitungen und Zeitschriften.
Keinerlei Verluste sind diesmal im Bereich des Buchhandels zu verzeichnen.	Keine Verluste hatte diesmal der Buchhandel.
anlässlich Ihres Besuches in unserem Hause	bei Ihrem Besuch in unserem Hause
seitens der Hauptverwaltung	von der Hauptverwaltung
ungeachtet Ihrer Bedenken	trotz Ihrer Bedenken
zwecks Erledigung	zur Erledigung
im Hinblick auf die Konkurrenz	wegen der Konkurrenz
unter Zuhilfenahme eines Programms	mit einem Programm
unter Weglassung (Verzicht) von Spezial-verpackung	ohne Spezialverpackung

Häufen Sie keine Präpositionen. Unschön – oft auch schwer verständlich – sind aufeinanderfolgende Präpositionen. Manchmal erleichtert schon der Artikel nach der ersten Präposition das Verständnis. Sonst hilft nur ein anderer Satzbau, meist ein Relativsatz.

statt so:	besser so:
für in letzter Zeit entstandene Verluste	für **die** in letzter Zeit entstandenen Verluste
in mit neuen Geräten ausgestatteten Büros	in Büros, die mit neuen Geräten ausgestattet sind
infolge von durch einen Kunden vorgebrachten Bedenken	infolge (besser: wegen) der Bedenken, die ein Kunde vorgebracht hat (noch besser: wegen der Bedenken eines Kunden)

3.1.7 Die Konjunktion

Konjunktionen verbinden Wörter, Wortgruppen und Sätze. Sie ermöglichen dem Sprecher und Schreiber, seine Aussagen aneinanderzureihen (*und*) oder zueinander in Gegensatz zu stellen (*aber*), sie voneinander abzuleiten (*daher*) oder ineinander übergehen zu lassen (*um – zu*). Deshalb sind die Konjunktionen für den Satzbau besonders wichtig, und sie beeinflussen ihn stark.

58

Leiten Sie Nebensätze nicht umständlich ein.

 statt so:

In den Fällen, in denen die Ware zurückge-schickt wird ...

Dadurch, dass der Kunde nicht zufrieden war, mussten wir ...

Nachdem dieser Artikel sich gut verkauft, wer-den wir ...

 besser so:

Wenn (falls) die Ware zurückgeschickt wird ...

Weil der Kunde nicht zufrieden war, mussten wir ...

Weil sich dieser Artikel gut verkauft, werden wir ...

Verzichten Sie auf unechte nebenordnende Konjunktionen.

 statt so:

Dessen ungeachtet behalten wir die Ware.

Des Weiteren ist zu sagen, dass ...

Darum müssen wir einerseits versuchen, den Einzelhändlern zu helfen und andererseits neue Großhändler zu gewinnen.

 besser so:

Dennoch (trotzdem, gleichwohl) behalten wir die Ware.

Ferner ist zu sagen, dass ...

Darum müssen wir sowohl den Einzelhändlern helfen, als auch neue Großhändler gewinnen.

Achten Sie bei *und* und *oder* auf Kongruenz.

 statt so:

Der Prospekt und der Katalog gefällt den Kun-den.

Der Prospekt oder der Katalog stellen Ihnen den neuen Artikel ausführlich vor.

 besser so:

Der Prospekt und der Katalog **gefallen** den Kun-den.

Der Prospekt oder der Katalog **stellt** Ihnen den neuen Artikel ausführlich vor.

Vermeiden Sie den unnötigen Ersatz von *und* durch *sowie*. Wenn nur zwei Glieder zu verbinden sind, genügt *und*. Nur wenn *und* im Satz schon vorkommt, ist *sowie* berechtigt.

 statt so:

Wir werden die Prospekte sowie den Katalog neu bearbeiten.

 besser so:

Wie werden die Prospekte und den Katalog neu bearbeiten.

Aber: Wir werden die Prospekte **und** den Katalog **sowie** alle Gebrauchsanleitungen neu bearbeiten.

Häufen Sie keine Konjunktionen. Wenn ein Zwischensatz in einen Nebensatz mit Konjunktion ein-geschaltet wird, dann sollte er nicht unmittelbar nach der Konjunktion stehen, sondern nach dem Satzglied, das der Konjunktion des Nebensatzes folgt.

 statt so:

Wir vermuten aber auch, dass, wenn dieser Feh-ler wieder auftritt, noch mehr Kunden abspringen.

 besser so:

Wir vermuten aber auch, dass noch mehr Kunden abspringen, wenn dieser Fehler wieder auftritt.

59

3.1.8   Das Pronomen

Pronomen können das Substantiv begleiten oder vertreten: **dieses** *Produkt,* **unser** *Auftrag; wir haben* **ihn** (den Auftrag) *sofort ausgeführt.*

Vermeiden Sie umständliche Pronomen.

statt so:	besser so:
Im Rundschreiben der Hauptverwaltung betont diese, dass …	Die Hauptverwaltung betont in **ihrem** Rundschreiben, dass …
Ihre Mängelrüge haben wir sorgfältig gelesen. Aus dieser (derselben) geht hervor …	Ihre Mängelrüge haben wir sorgfältig gelesen. **Daraus** geht hervor …
Der Kunde reklamierte sofort beim Händler, welch letzterem dies sehr peinlich war.	Der Kunde reklamierte sofort beim Händler. **Diesem** war das sehr peinlich.
Derjenige, welcher nicht sofort bestellt, erhält einen Nachfassbrief.	**Wer** nicht sofort bestellt, erhält einen Nachfassbrief.
Kunden, welche nicht zufrieden sind, …	Kunden, **die** nicht zufrieden sind, …
Jeder Vertreter, welcher Großhändler besucht, sollte …	Jeder Vertreter, **der** Großhändler besucht, sollte …

✖ **Bitte beachten Sie:** Manche Stilisten empfehlen *welcher, welche, welches,* wenn dadurch das Aufeinandertreffen von *der, die, das* vermieden wird:

Jeder Vertreter, welcher der Kundschaft … Alle Mitarbeiterinnen, welche die Prüfung … Ein Buch, welches das Thema …

3.1.9   Andere Tipps zur Wortwahl

Unentbehrliches nicht weglassen. Das Bestreben, Überflüssiges zu vermeiden, darf nicht dazu führen, auch Unentbehrliches wegzulassen.

statt so:	besser so:
Die Beanstandung wird anerkannt und die Ersatzteile geliefert.	Die Beanstandung wird anerkannt, und die Ersatzteile **werden** geliefert.
Mit Lieferung der Ersatzteile können Sie schon Anfang nächster Woche rechnen.	Mit **der** Lieferung der Ersatzteile können Sie schon Anfang nächster Woche rechnen.
Bitte besuchen Sie uns am nächsten Mittwoch und bringen die Unterlagen mit.	Bitte besuchen Sie uns am nächsten Mittwoch und bringen **Sie** die Unterlagen mit.
Bin mit Ihren Bedingungen einverstanden.	**Ich** bin mit Ihren Bedingungen einverstanden.

Vorsicht, weiße Schimmel! Auch geübten Briefschreibern unterläuft hin und wieder ein Pleonasmus. Darunter versteht man den inhaltlich überflüssigen Zusatz zu einem Wort oder einer Wendung. Streichen Sie die „weißen Schimmel" aus Ihrem Briefentwurf.

statt so:	besser so:
Wir haben unsere Kölner Verkaufsstelle neu renoviert.	Wir haben unsere Kölner Verkaufsstelle renoviert.
Wir sahen uns genötigt, diesen Kunden mehrmals mahnen zu müssen.	Wir sahen uns genötigt, diesen Kunden mehrmals zu mahnen. *Oder:* Wir mussten diesen Kunden mehrmals mahnen.

statt so:

Diese Angaben sind aus der Fachzeitschrift „Der Markt" entnommen.

Der Kunde hat bereits schon früher häufig reklamiert.

Zu unserem Bedauern haben Sie die Kopierer leider immer noch nicht geliefert.

 besser so:

Diese Angaben sind der Fachzeitschrift „Der Markt" entnommen.

Der Kunde hat schon (oder: bereits) früher häufig reklamiert.

Leider (oder: zu unserem Bedauern) haben Sie die Kopierer immer noch nicht geliefert.

Leicht verwechselbare Wörter unterscheiden. Die Zahl der leicht verwechselbaren Wörter ist groß. Hier einige Wortpaare, auf die Sie besonders achten sollten.

aufrecht halten/aufrechterhalten

 statt so:

Wir halten unsere Behauptung trotz Ihres Widerspruchs aufrecht.

(aufrecht halten = aufgerichtet, gerade halten)

 besser so:

Wir **erhalten** unsere Behauptung trotz Ihres Widerspruchs aufrecht.

(aufrechterhalten = beibehalten)

derselbe/der gleiche

 statt so:

Derselbe Wagen wird auch von Herrn Klein gefahren.

(derselbe sein = identisch sein)

die deutschsprachliche Bevölkerung der Schweiz

(deutschsprachig = die deutsche Sprache sprechend: deutschsprachlicher Unterricht = Unterricht **über** die deutsche Sprache)

 besser so:

Der **gleiche** Wagen wird auch von Herrn Klein gefahren.

(der Gleiche sein = einem anderen gleichen, ähneln)

die deutschsprachige Bevölkerung der Schweiz

(deutschsprachlich = die deutsche Sprache betreffend: deutschsprachiger Unterricht = Unterricht **in** deutscher Sprache)

scheinbar/anscheinend

 statt so:

Sie haben **scheinbar** unser Rundschreiben vom 12. Mai d. J. nicht gelesen.

(scheinbar = es scheint nur so, in Wirklichkeit ist es anders)

 besser so:

Sie haben **anscheinend** unser Rundschreiben vom 12. Mai d. J. nicht gelesen.

(anscheinend = wahrscheinlich, möglicherweise, offenbar)

✖ **Bitte beachten Sie:** In Briefen sollte weder „anscheinend" noch „scheinbar" verwendet werden. Besser ist es, wenn Sie das Partizip Präsenz „anscheinend" vermeiden und schreiben: Wir vermuten, dass Sie unser Rundschreiben vom 12. Mai nicht gelesen haben.

verbieten/verbitten

 statt so:

Der Kunde verbietet sich zu Recht diese Aufdringlichkeit.

 besser so:

Der Kunde **verbittet** sich zu Recht diese Aufdringlichkeit.

61

statt so:

Der Kunde verbot sich ein solches Verhalten.
(verbieten, verbot, verboten = untersagen)

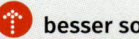 **besser so:**

Der Kunde **verbat** sich ein solches Verhalten.
(sich verbitten, verbat, verbeten = zurückweisen, tadeln, gegen etwas protestieren)

vierzehntägig/vierzehntäglich

 statt so:

Die neue Kulturzeitschrift erscheint vierzehntägig.
Frau Reichert ist auf einer vierzehntäglichen Besuchsreise.

besser so:

Die neue Kulturzeitschrift erscheint vierzehn**täglich**. (alle 14 Tage)
Frau Reichert ist auf einer vierzehn**tägigen** Besuchsreise. (Die Besuchsreise dauert 14 Tage.)

Worte/Wörter

 statt so:

Beachten Sie diese mahnenden Wörter.
(Wörter = etwas Geschriebenes)
In diesem Prospekt haben wir alle Fremdworte erläutert.

besser so:

Beachten Sie diese mahnenden **Worte**.
(Worte = etwas Gesprochenes)
In diesem Prospekt haben wir alle Fremd**wörter** erläutert.

3.2 Satzbau

Mit Sätzen drücken Sie aus, wie Sie über Personen oder Sachen denken, wofür Sie sich entscheiden, was Sie erwarten usw. An den Sätzen Ihrer Briefe erkennt der Leser Ihre Sach- und Sprachkompetenz. Die deutsche Sprache bietet Ihnen viele Möglichkeiten, Sätze zu bauen. Doch gerade diese Vielfalt führt leicht zu unschönen Sätzen und Satzbaufehlern.

3.2.1 Wortstellung

Im deutschen Satz kann man Vorfeld, Mitte und Nachfeld unterscheiden. Mit der Stellung in diesen Feldern geben Sie den Wörtern unterschiedliches Gewicht. Die größte Aufmerksamkeit findet das Vorfeld. Aber auch das Nachfeld hat Gewicht. Weniger Gewicht hat die Satzmitte: Im einfachen Satz ruht darin das Geschehen, das Verb.

Stellen Sie das jeweilige Sinnwort ins Vorfeld. Dabei kommt es darauf an, worauf Sie gerade den Nachdruck legen.

Frau Schneider besucht heute vier Kunden in Weimar. (nicht etwa Herr Weber)
Heute besucht Frau Schneider vier Kunden in Weimar. (nicht etwa morgen)
Vier Kunden besucht Frau Schneider heute in Weimar. (nicht etwa nur zwei oder gar zehn)
In Weimar besucht Frau Schneider heute vier Kunden. (nicht etwa in Erfurt)

Achten Sie auf die Stellung des Objekts. Der aus Subjekt und Prädikat bestehende einfache Satz kann erweitert werden, z. B. durch ein Objekt. Der Kasus des Objekts wird vom Prädikat bestimmt. Nur wenige Verben haben ein Genitivobjekt (Frage: *wessen?*): *Wir bedürfen dringend* **Ihrer** *Hilfe.* Das Dativobjekt (Frage *wem?*) ist der „Personenfall": *Dieses Auto gehört* **dem** *Großhändler.* Das Akkusativobjekt (Frage *wen/was?*) ist der „Sachfall": *Wir reparieren* **den** *Wagen.*

Beachten Sie, dass bei mehreren Objekten der Personenfall **vor** dem Sachfall steht.

statt so:	besser so:
Deshalb haben wir auch einige Muster Herrn Weber mitgegeben.	Deshalb haben wir Herrn Weber auch einige Muster mitgegeben.
Wir haben einen Fragebogen jedem Bewerber geschickt.	Wir haben jedem Bewerber einen Fragebogen geschickt.
Können Sie den beigefügten Prospekt Ihren Großhändlern senden?	Können Sie Ihren Großhändlern den beigefügten Prospekt senden?

Achten Sie bei mehreren adverbialen Bestimmungen auf die korrekte Reihenfolge: zuerst Zeit, dann Ort, dann Art und Weise.

statt so:	besser so:
Die Galerie eröffnet im Hotel „Zur Sonne" am nächsten Freitag eine Ausstellung.	Die Galerie eröffnet am nächsten Freitag im Hotel „Zur Sonne" eine Ausstellung.

Beachten Sie die korrekte Stellung von „nicht". Die Stellung von *nicht* bestimmt oft die Satzbedeutung: *Nicht alle Kunden sind zufrieden* (= nur ein Teil der Kunden ist nicht zufrieden). Aber: *Alle Kunden sind nicht zufrieden* (= alle Kunden sind nicht zufrieden). – Wenn *nicht* im Satz zu spät auftritt, erwartet der Leser zunächst eine andere (positive) Aussage.

63

statt so:	besser so:
Wir stimmen dem Vorschlag des Werbeleiters, Herrn Kurz mit der Vorbereitung der Messe zu beauftragen, nicht zu.	Wir stimmen dem Vorschlag des Werbeleiters nicht zu, Herrn Kurz mit der Vorbereitung der Messe zu beauftragen.
Wir verstehen den Plan, den Ihr Verkaufsleiter entworfen und jetzt erst vorgelegt hat, nicht.	Wir verstehen den Plan nicht, den Ihr Verkaufsleiter entworfen und jetzt erst vorgelegt hat.

Zerdehnen Sie nicht die Verneinung. Unnötig und ungeschickt ist die Verneinung mit *ein(e) – nicht* statt *kein(e).* – Oft lässt sich der Gedanke auch bejahend ausdrücken.

statt so:	besser so:
Für das Buch ist ein neuer Titel noch nicht vorgesehen.	Für das Buch ist noch **kein** neuer Titel vorgesehen.
Jedoch besteht noch nicht Klarheit darüber, wann die Produktion wieder aufgenommen werden kann.	Jedoch besteht noch **keine** Klarheit darüber, wann die Produktion wieder aufgenommen werden kann.
Mit dem Ausbleiben eines nicht unbeträchtlichen Verlustes wird wohl kaum gerechnet werden können.	Es ist wohl mit einem ziemlich hohen Verlust zu rechnen.

Ziehen Sie das Pronomen „sich" möglichst weit nach vorn. Der Satz wird dann „schlanker", und er liest sich auch besser.

statt so:	besser so:
Leider hat unser Kunde erst jetzt sich entschlossen, die beschädigten Teile zu behalten.	Jedoch hat **sich** unser Kunde erst jetzt entschlossen, die beschädigten Teile zu behalten.

statt so:

Der Werbetexter glaubt, in diesem Brief sich besonders treffend ausgedrückt zu haben.

Wir sind überzeugt, dass der Kunde sich genau an Ihre Anleitung gehalten hat.

 besser so:

Der Werbetexter glaubt, **sich** in diesem Brief besonders treffend ausgedrückt zu haben.

Wir sind überzeugt, dass **sich** der Kunde genau an Ihre Anleitung gehalten hat.

Vermeiden Sie den „Nachklapp". Bei den unfesten Verbzusammensetzungen steht der trennbare Teil (das Präfix) stets getrennt hinter dem Verb – in der Regel am Satzende. Dies führt in Verbindungen mit Nebensätzen zum oft irreführenden und unschönen „Nachklapp". Ziehen Sie den abzutrennenden Teil (das Präfix) so weit wie möglich nach vorn.

 statt so:

Wir lehnen Ihren Vorschlag, diese Artikel aus dem Programm zu nehmen, ab.

Unsere Werkstatt bessert die Maschine, die Ihr Kunde beanstandet hat, fachgerecht aus.

Wir schlagen Ihnen einen 5-prozentigen Nachlass, den wir für angemessen halten, und der in unserer Branche durchaus üblich ist, vor.

 besser so:

Wir lehnen Ihren Vorschlag ab, diese Artikel aus dem Programm zu nehmen.

Unsere Werkstatt bessert die Maschine fachgerecht aus, die Ihr Kunde beanstandet hat.

Wir schlagen Ihnen einen 5-prozentigen Nachlass vor, den wir für angemessen halten, und der in unserer Branche durchaus üblich ist.

3.2.2   Häufige Satzbaufehler

Ihre Sätze sind gut gebaut, wenn sie der Leser sofort versteht. Erschwert wird das Verständnis durch abgedroschene Formulierungen, falsche Bezüge und Schachtelsätze.

Verzichten Sie auf „Vorreiter". Umständliche und überflüssige Einleitungen („Vorreiter") drängen das Wesentliche in einen Nebensatz, meist in einen dass-Satz. Solche Vorreiter sind besonders beliebt am Anfang und Ende des Briefes, aber auch zu Beginn eines neuen Absatzes.

 statt so:

Auf Ihre Anfrage, die wir hiermit bestätigen, teilen wir Ihnen mit, dass der Schrank Nr. 15 bereits morgen zum Versand kommen wird.

Was den Besuch unserer Außendienstmitarbeiterin angeht, so freuen wir uns, Ihnen hiermit ankündigen zu können, dass sie Sie bereits am nächsten Mittwoch besuchen wird.

Wir möchten Sie nachdrücklich darauf hinweisen, dass unsere Preisliste Nr. 7 im kommenden Monat ihre Gültigkeit verlieren wird.

Wir sehen Ihrer Rückäußerung zu dem beigefügten Entwurf mit größtem Interesse entgegen und verbleiben mit freundlichen Grüßen

Bei dieser Gelegenheit können wir Ihnen auch mitteilen, dass wir Ihre Reklamation sofort an das infrage kommende Herstellerwerk weitergeleitet haben.

 besser so:

Für Ihre Anfrage danken wir Ihnen. Schon morgen werden wir den Schrank Nr. 15 abschicken.

Sie wünschen den Besuch unserer Außendienstmitarbeiterin. Frau Schneider wird Sie schon am nächsten Mittwoch besuchen.

Bitte beachten Sie: Die Preisliste Nr. 7 gilt nur noch in diesem Monat.

Wie gefällt Ihnen der beigefügte Entwurf? – Freundliche Grüße
Oder: Wie beurteilen Sie den beigefügten Entwurf? – Freundliche Grüße

Soeben haben wir Ihre Reklamation an den Hersteller weitergeleitet.

statt so:

Im Übrigen haben wir zu unserem größten Bedauern keinerlei Handhabe, Ihnen einen Nachlass von 25 % zu gewähren.

 besser so:

Es ist uns aber nicht möglich, Ihnen einen 25-prozentigen Nachlass zu gewähren.

Bauen Sie einfache Sätze. Der Leser erfasst einfache Sätze schneller als komplizierte. Nach der Sprachstatistik haben die meisten geschriebenen Sätze 12 bis 15 Wörter. Sätze mit weniger als 12 Wörtern sind kurz, Sätze mit mehr als 15 Wörtern sind lang.

 statt so:

Zu meiner großen Freude erhielt ich bereits vor einigen Wochen einen Zwischenbescheid von Ihnen, aus dem hervorgeht, dass Sie meine Bewerbung in die engere Wahl gezogen haben.

Mit Ihrer Anzeige suchen Sie eine Auszubildene zur Verlagskauffrau. Da ich mir diesen Beruf schon sehr lange wünsche, bewerbe ich mich hiermit, zumal die Besichtigung Ihrer Firma im Oktober v. J. meinen Berufswunsch noch wesentlich verstärkt hat.

 besser so:

Für Ihren Zwischenbescheid danke ich Ihnen. Es freut mich, in der engeren Wahl zu stehen.

Vielleicht erinnern Sie sich an den Besuch meiner Klasse im Oktober v. J. Die Besichtigung Ihres Verlagshauses hat mir ein anschauliches Bild von der Arbeit einer Verlagskauffrau vermittelt. Seitdem steht mein Berufswunsch fest. Darum bewerbe ich mich bei Ihnen um einen Ausbildungsplatz.

Bauen Sie aber nicht nur kurze Sätze. Mehrere kurze und unverbundene Sätze hintereinander führen zum „Hackstil". Briefe im Hackstil kann man nicht mit ruhigem Atem lesen.

 statt so:

Stammkunden sind ein wertvolles Kapital. Das wissen Sie als Fachhändler. Auch Sie bekommen Beanstandungen. Reklamationen sind unvermeidlich. Das gilt vor allem fürs Weihnachtsgeschäft.

 besser so:

Als Fachhändler wissen Sie, wie wertvoll Stammkunden sind. Gewiss kommt es auch in Ihrem Geschäft hin und wieder vor, dass Kunden etwas beanstanden. Vor allem im stürmischen Weihnachtsgeschäft sind Reklamationen kaum zu vermeiden.

Schreiben Sie nicht mehr Nebensätze als nötig. Zu viele Nebensätze belasten der Leser. Sie können Nebensätze einschränken durch a) das Partizip II, b) den Genitiv, c) den Infinitiv.

 statt so:

a)
Wir haben keine Bedenken gegen die Lösung, die Frau Klein vorgeschlagen hat.
b)
Wir können den Vorschlägen, die Ihr Beauftragter uns unterbreitet hat, jedoch nicht zustimmen.
c)
Der Kunde fordert von uns, dass wir das Gerät, das wir Anfang November geliefert haben, zurücknehmen und sofort Ersatz liefern.

 besser so:

Wir haben gegen die von Frau Klein **vorgeschlagene** Lösung keine Bedenken.

Jedoch können wir den Vorschlägen **Ihres Beauftragten** nicht zustimmen.

Der Kunde fordert von uns, das Anfang November gelieferte Gerät **zurückzunehmen** und sofort Ersatz **zu liefern**.

65

Vermeiden Sie aber eine Häufung von Genitivattributen

 statt so:

Zum Nachfolger der Leiterin der Kölner Filiale der Handelskette „Merkur" wurde Herr Heinz Burg ernannt.

 besser so:

Die Handelskette „Merkur" hat Herrn Heinz Burg zum Nachfolger ihrer Kölner Filialleiterin ernannt.

Bauen Sie keine „dass-Treppen". Schreiben Sie so wenig dass-Sätze wie möglich. Vermeiden Sie vor allem **mehrere** *dass* im selben Satz.

 statt so:

Meinen Chef habe ich davon in Kenntnis gesetzt, dass ich mich anderweitig bewerbe, und gebeten, dass er mir eine Referenz gibt, aus der hervorgeht, dass ich zuverlässig und freundlich bin.

 besser so:

Mein Chef weiß von meiner Bewerbung. Er bescheinigt mir in der beigefügten Referenz, dass ich zuverlässig und freundlich bin (oder: ... Referenz Zuverlässigkeit und Freundlichkeit).

Packen Sie nicht zu viel in den Hauptsatz. Ungeübte Briefschreiber stopfen ihre Sätze so voll, dass der Empfänger Mühe hat, sie beim ersten Lesen zu verstehen. Oft empfiehlt sich die Gliederung in Haupt- und Nebensatz. Kurze Nebensätze machen das Satzgefüge übersichtlicher, weil die Beziehung der Wörter untereinander deutlich wird. Beim Umbau des Stopfsatzes zeigt sich auch, was Sie ersatzlos streichen können.

 statt so:

Das am Alten Burgtor gelegene, vom Eigentümer erst kürzlich neu renovierte Fachwerkhaus steht in Bälde zur Versteigerung an.

Aufgrund des Ihnen in der vorigen Woche bereits zugegangenen Rundschreibens soll das bei den Einzelhändlern lagernde Leergut zukünftig schnellstmöglichst zurückgegeben werden.

Einer unserer Sie am Dienstag nächster Woche besuchenden Mechaniker wird den von Ihnen beanstandeten Kopierer zwecks Reparatur an Ort und Stelle in Augenschein nehmen.

Den von Ihrem Ausbesserungslager angefertigten, allerdings hier verspätet eingetroffenen Bericht haben wir unserer Hauptverwaltung unverzüglich zur Kenntnis gebracht und um Rückäußerung gebeten.

 besser so:

Das Fachwerkhaus am Alten Burgtor, das der Eigentümer erst kürzlich renoviert hat, wird schon bald versteigert.

Wie aus dem Rundschreiben hervorgeht, das Sie in der vorigen Woche erhalten haben, sollen die Einzelhändler das Leergut so schnell wie möglich zurückgeben.

Einer unserer Mechaniker wird Sie am nächsten Dienstag besuchen, um den Schaden an Ihrem Kopierer zu beheben.

Den Bericht Ihres Ausbesserungslagers haben wir heute erst erhalten und unserer Hauptverwaltung vorgelegt, die sich dazu äußern wird.

3.3 Textaufbau

Sie bemühen sich um treffende Wortwahl und korrekten Satzbau. Damit erfüllen Sie zwei stilistische Grundvoraussetzungen. Doch ein guter Brief gelingt Ihnen erst, wenn Sie die Sätze gedanklich verbinden, damit der Leser Ihre Absichten klar und schnell erkennt.

66

3.3.1 Verknüpfung der Sätze

Als Verfasser eines Geschäftsbriefes ist Ihnen der Sachverhalt von Anfang an klar. Der Leser aber muss den Briefinhalt erst Satz für Satz erschließen. Diese Arbeit können Sie ihm erleichtern, indem Sie Ihre Sätze geschickt miteinander verknüpfen. Hierfür bietet Ihnen der deutsche Satzbau viele gute Möglichkeiten.

Wir nehmen als Beispiel zwei kurze Sätze, wovon der erste die Begründung für den zweiten ist: *Der Preis ist zu hoch. Wir bestellen nicht.*

1. **Möglichkeit: Hauptsatz-Konjunktion**
   Wir bestellen nicht, **denn** der Preis ist zu hoch.

2. **Möglichkeit: Nebensatz-Konjunktion**
   Wir bestellen nicht, **weil** der Preis zu hoch ist.
   Oder: **Weil** der Preis zu hoch ist, bestellen wir nicht.
   Oder (weniger gut): Der Preis ist zu hoch, **weshalb** wir nicht bestellen.

3. **Möglichkeit: Adverb**
   Der Preis ist zu hoch, **deshalb** bestellen wir nicht.
   Oder: Wir bestellen nicht; der Preis ist **nämlich** zu hoch.

4. **Möglichkeit: Adverbiale Angabe**
   Der Preis ist zu hoch. **Aus diesem Grund** bestellen wir nicht.

5. **Möglichkeit: Präpositionale Begründung**
   Wegen der Preiserhöhung bestellen wir nicht.
   Oder: Wir bestellen nicht. **Der Grund**: Der Preis ist zu hoch.
   Oder (nicht zu empfehlen): **Dass** der Preis zu hoch ist, führt dazu, *dass* wir nicht bestellen.

3.3.2 Möglichkeiten für Satzverbindungen

Die Inhalte der Sätze, die Sie verbinden wollen, stehen in einem bestimmten Verhältnis zueinander. In einer Verbindung kann der nachfolgende Satz unterschiedlichen Zwecken dienen. Er kann Gedanken und Fakten hinzufügen, Fragen klären, Bedingungen nennen, Begründungen geben, Konsequenzen ziehen, Zugeständnisse machen, Aussagen zusammenfassen, einschränken oder korrigieren und vieles andere mehr. Die folgenden Beispiele sind nur eine kleine Auswahl aus der Vielzahl der Satzverbindungen. Diese Auswahl enthält Konjunktionen für Haupt-, Neben- und Infinitivsätze, Adverbien und adverbiale Angaben, Präpositionen und andere sprachliche Mittel.

Mit der Einleitung eines nachfolgenden Satzes können Sie:
▸ **Informationen hinzufügen,** z. B. durch *und, ferner, in gleicher Weise, zusammen mit;*
▸ **das Zeitverhältnis der Aussagen klären,** und zwar durch
  Vorzeitigkeit, z. B. durch *vor, dann, früher, seinerzeit, bereits;*
  Gleichzeitigkeit, z. B. durch *während, seitdem, seither, im Verlauf;*
  unmittelbare zeitliche Folge, z. B. durch *sobald, ohne Weiteres, sofort nach;*
  Nachzeitigkeit, z. B. durch *worauf, sodann, nachträglich, später;*
▸ **Ort oder Richtung ausdrücken,** z. B. durch *wo, hier, überall, an dieser Stelle;*
▸ **Bedingungen herausstellen,** z. B. durch *falls, sofern, streng genommen;*
▸ **eine nähere Begründung geben,** z. B. durch *zumal, deshalb, darum, wegen;*
▸ **die logische Folgerung ziehen,** z. B. durch *sodass, mithin, demnach, demzufolge;*

- **Zweck und Absicht bekunden,** z. B. durch *damit, zu diesem Zweck, im Hinblick auf;*
- **Art und Weise beschreiben,** z. B. durch *womit, nach Art, analog;*
- **Vergleiche ziehen,** z. B. durch *desto, je nachdem, genauso, ebenso, im Vergleich zu;*
- **das Mittel nennen,** z. B. durch *hiermit, mithilfe, anhand;*
- **ein Zugeständnis machen,** z. B. durch *wenngleich, freilich, zweifellos, immerhin;*
- **etwas näher erklären,** z. B. durch *und zwar, nämlich, mit anderen Worten, genauer gesagt, einfacher ausgedrückt;*
- **Aussagen zusammenfassen,** z. B. durch *alles in allem, kurz und gut, mit einem Wort;*
- **Aussagen einschränken,** z. B. durch *nur, außer, allerdings, mit einer Einschränkung;*
- **Aussagen korrigieren,** z. B. *durch streng genommen, aber nicht, aber vielmehr, besser gesagt;*
- **etwas ausschließen,** z. B. durch *außer wenn, ohne dass, ausgenommen, mit einer Ausnahme;*
- **den Gegensatz betonen,** z. B. durch *jedoch, allein, sondern, wogegen, demgegenüber, vielmehr, umgekehrt;*
- **eine andere Möglichkeit zeigen,** z. B. durch *oder, anstatt, stattdessen, anstelle;*
- **etwas verneinen,** z. B. durch *keinesfalls, ganz und gar nicht, auf keinen Fall, weder noch.*

3.3.3 Thema-Rhema-Struktur

Ist Ihnen schon aufgefallen, dass im Wort *Textilien* der Wortstamm *Text* steckt? Beide Wörter haben dieselbe Wurzel, nämlich das lateinische Wort *textus:* Gewebe, Geflecht, Verbindung, Zusammenhang. Wie die Textilwaren aus zahlreichen Fäden gewebt sind, so wird auch ein Text – ein Sinn**zusammenhang** – aus vielen Wörtern und Einzelsätzen zu einem Ganzen gefügt.

Sagen Sie dem Leser zunächst das ihm Bekannte, dann erst das für ihn Unbekannte. Wenn Sie mit dem beginnen, was der Empfänger Ihres Briefes schon weiß und dann erst zur neuen Information schreiten, erleichtern Sie die Gedankenarbeit des Lesers beträchtlich. Das wissen Schriftsteller, Journalisten und andere Profischreiber nur allzu gut und sie formulieren entsprechend.

Der Sachverhalt, der dem Leser schon bekannt ist (meist aus dem vorhergehenden Satz), wird THEMA genannt. Der Teil des Satzes, der die neue Information für den Leser enthält, heißt RHEMA. Daraus ergibt sich die Grundregel: **erst das Thema, dann das Rhema.**

Viele Leser empfinden Satzteile, Sätze und Satzfolgen, die der Thema-Rhema-Regel entsprechen, als hilfreich und angenehm. Denn bei dieser Reihenfolge wird das Kurzzeitgedächtnis entlastet und nicht mit (zu viel) Neuem überladen.

✖ **TIPP:** Achten Sie bei Ihrer Zeitungslektüre künftig auf die Thema-Rhema-Regel: In guten Berichten und Aufsätzen bieten die meisten Sätze zunächst etwas Bekanntes, dann erst folgt das für den Leser Neue. Bei umgekehrter Reihenfolge jedoch wird der Leser überfordert. Oft reagiert er unwillig oder er liest erst gar nicht weiter.

Aus einem Bewerbungsbrief

statt so:	besser so:
Hiermit bewerbe ich mich als Außendienstmitarbeiterin für Ihren Verkaufsbezirk Schleswig-Holstein. Frau Weber, Referentin der IHK Lübeck, hat mir diesen Tipp gegeben.	Sie suchen eine Außendienstmitarbeiterin für Ihren Verkaufsbezirk Schleswig-Holstein. Diesen Hinweis verdanke ich Frau Weber, Referentin der IHK Lübeck.

68

Mein jetziges Verkaufsgebiet bei den Offenbacher Lederwerken Eugen Schäfer KG ist Baden-Württemberg. Ich muss an den Wochenenden naturgemäß jeweils lange Strecken zurücklegen, damit ich bei meiner Familie in Lübeck sein kann.

Seit 5 Jahren bereise ich im Auftrag der Offenbacher Lederwerke Eugen Schäfer KG erfolgreich das Verkaufsgebiet Baden-Württemberg. Wegen der großen Entfernung nach Lübeck wünsche ich mir einen näher gelegenen Wirkungskreis. Dann kann ich mich an den Wochenenden mehr meiner Familie widmen.

Aus einem Angebot über Wanduhren

 statt so:

Ein ausführliches Angebot über moderne Wanduhren legen wir Ihnen heute vor, womit wir Ihrer Bitte gern nachgekommen sind. In Wort und Bild zeigt Ihnen die diesem Brief beigefügte Angebotsmappe unsere 20 bewährten Modelle. Beste Funkuhr-Technologie hat unser Spitzenmodell CHRONOS 3000, das wir Ihnen deshalb ganz besonders empfehlen.

 besser so:

Sie haben um ein ausführliches Angebot über moderne Wanduhren gebeten. Hierfür danken wir Ihnen. Die beigefügte Mappe zeigt Ihnen in Wort und Bild 20 bewährte Modelle. Besonders empfehlen wir Ihnen das Spitzenmodell CHRONOS 3000 mit Funkuhr-Technologie.

Aus der Antwort auf eine Reklamation

 statt so:

Reklamationen sind auch für uns äußerst unangenehm. Sie haben im vergangenen Jahr zwei Lieferungen beanstandet. Wir sahen aber die Chance, Ihnen unsere Geschäftsfreundschaft zu beweisen. Unsere Regelung war nicht eben kleinlich – ganz im Gegenteil.

 besser so:

Sie waren im letzten Jahr mit zwei unserer Lieferungen nicht zufrieden. Dies war auch für uns wenig erfreulich. Doch wir hatten auch die Chance, Ihnen zu beweisen, wie sehr uns an Ihrer Geschäftsfreundschaft liegt: Wir sind beiden Reklamationen sorgfältig nachgegangen und haben sie großzügig geregelt.

Aus einem Probeauftrag

 statt so:

Einige Ihrer Artikel sind in der Tat interessant. Sie erhalten beigefügt einen Probeauftrag.

In Ihrem Angebot ist uns so manches reichlich unklar. In erster Linie fragen wir uns, ob sämtliche Artikel mit einem Rückgaberecht ausgestattet sind. Wir vermissen konkrete Angaben über die Paketauslieferung.

 besser so:

Ihren interessanten Katalog haben wir durchgeblättert und dabei einige bemerkenswerte Artikel entdeckt. Das Ergebnis unserer Lektüre ist der beigefügte Probeauftrag.
Zu Ihrem Angebot haben wir noch ein paar Fragen:
1. Gilt das 14-tägige Rückgaberecht für alle Artikel?
2. Wie werden die Pakete ausgeliefert? Darüber wird im Katalog nichts gesagt.

69

3.3.4   Rhythmus und Klang

Beim lauten Lesen eines gut geschriebenen Briefes spüren Sie seinen lebendigen Rhythmus und angenehmen Klang. Der Rhythmus wird von Wortstellung und Satzbau bestimmt, vom Wechsel zwischen betonten und nicht betonten Silben, aber auch von der Wortlänge. Für den guten Klang sorgen Wörter mit vielen Vokalen und ohne harte Konsonanzen.

Wenn Sie die Qualität Ihrer Briefe prüfen wollen, ist lautes Lesen unverzichtbar. Doch sogar beim stummen Lesen erfassen Sie Rhythmus und Klang. Denn die Buchstaben vermitteln Ihnen nicht nur optische, sondern auch akustische Reize: Ihr inneres Ohr liest mit.

Rhythmus und Klang machen die Lektüre Ihrer Briefe wohltuend und angenehm. Ihre Briefe bekommen aber auch mehr Gewicht: Der Leser empfindet betonte Silben und Wörter als bedeutsam, nicht betonte dagegen als weniger wichtig. Deshalb raten Stilmeister, höchstens vier bis fünf nicht betonte Silben hintereinander zu dulden.

Die deutsche Sprache ist reich an sinn- und sachverwandten Wörtern. Somit verfügt der Schreiber über eine Riesenauswahl. Er muss aber genau prüfen, welches Wort gerade das beste ist. Zwar geht es zunächst einmal um sachliche Richtigkeit und klaren Ausdruck. Doch darf man die Wirkung von Rhythmus und Klang nicht unterschätzen.

Das richtige Wort ist immer auch das treffende Wort. Es stellt sich nicht von selbst ein, Sie müssen es suchen. Nutzen Sie bei Ihrer Suche ein synonymes Wörterbuch. Es verhilft Ihnen zum treffenden Wort, aber auch zum Wechsel im Ausdruck. Denn ungewollte Wiederholungen stören den Rhythmus und Klang Ihrer Sätze. Störenfriede sind vor allem gleiche oder ähnliche Silben und Wörter, einheitliche Wortlänge und übereinstimmende Vokale.

Achten Sie auf zufällige Wiederholungen von Silben und Wörtern. Die bewusste Wiederholung von Wörtern gehört zu den feineren Stilmitteln: *Tag für Tag, Schlag auf Schlag, von Zeit zu Zeit, Hand in Hand, mehr und mehr, nach und nach* – das sind nur ein paar Beispiele von vielen. Solche Wiederholungen verstärken Ihre Aussage und geben Ihren Worten größeren Nachdruck. Schlecht sind jedoch Wiederholungen, die sich unter der Hand in Ihre Entwürfe schleichen, und die Sie gewöhnlich erst beim lauten und kritischen Lesen entdecken.

statt so:	besser so:
Bisher hatte die Geschäftsstelle nur von 9 **bis** 12 Uhr geöffnet.	Zuvor (früher) hatte die Geschäftsstelle nur von 9 bis 12 Uhr geöffnet.
Sicher werden auch Sie **sich** für das neue Produkt entscheiden.	Bestimmt werden auch Sie sich für das neue Produkt entscheiden.
Auch unserer Ansicht **nach** überwiegen bei dieser Lösung die **Nach**teile.	Auch wir meinen, dass bei dieser Lösung die Nachteile überwiegen.
Die **Groß**handlung hat **große** Verluste erlitten.	Die Großhandlung hat hohe (erhebliche) Verluste erlitten.
Erst in der **vor**igen Woche hat sich ein solcher **Vor**fall ereignet.	Erst in der letzten (vergangenen) Woche hat sich ein solcher Vorfall ereignet.
Aus dem Bericht geht eindeutig **hervor**, wie **hervor**ragend unser Außendienst organisiert ist.	Aus dem Bericht geht eindeutig hervor, wie gut unser Außendienst organisiert ist.
Bei beiden Bewerben **handelt** es sich um ehemalige Mitarbeiter im Einzel**handel**.	Beide Bewerber waren früher im Einzelhandel tätig (beschäftigt).

statt so:

Natürlich be**dauern** auch wir die an**dauern**den Reklamationen Ihres Kunden.

Großen **Wert** legt unser Kunde auf **wert**vollen Schmuck.

 besser so:

Natürlich bedauern auch wir die ständigen (häufigen) Reklamationen Ihres Kunden.

Großen Wert legt unser Kunde auf erlesenen Schmuck.

In Werbebriefen kann eine gezielte Wortwiederholung die Aufmerksamkeit des Lesers wecken. Hier die Schlagzeile aus einer Weihnachtswerbung: *Damit das Fest auch zum Fest wird.* Solche Formulierungen sind jedoch Ausnahmen und nicht die Regel.

Schreiben Sie nicht zu viele Einsilber hintereinander. Eine Kette einsilbiger Wörter stört die Satzmelodie empfindlich. Beim Durchlesen Ihres Entwurfs sollten Sie solche Wortreihen zumindest durch **ein** mehrsilbiges Wort unterbrechen.

 statt so:

Es liegt doch nicht an uns, wenn wir Sie jetzt nicht prompt beliefern.

Wie uns Herr Stein schreibt, sind Sie auch mit dem Test Nr. 2 nicht ganz zufrieden.

 besser so:

Es trifft uns keine Schuld, dass wir Ihnen die Ware nicht sofort liefern können.

Wie uns Herr Stein berichtet, erfüllt auch der zweite Test nicht (all) Ihre Wünsche (Erwartungen).

Hören Sie auf den Klang der Wörter. Beim lauten Lesen vernehmen Sie den Klang der Wörter. Die Klangfarbe wird von den Vokalen bestimmt. Das merken Sie am besten, wenn Sie ein Gedicht lesen. Achten Sie einmal auf die unterschiedliche Klangstimmung. Beim hohen I ist sie anders als beim dunklen U oder O, kräftig klingt die Mittellage des A, kaum vernehmlich das blasse E. Unsere Sprache kennt viele Wendungen mit gleichem Vokal: *in Hülle und Fülle, mit Dreck und Speck, ganz und gar, klein aber fein, hüben und drüben, in Saus und Braus.*

Dieser Gleichklang ist gewollt, weil ausdrucksstark. Nicht aber die zufällige Häufung des gleichen Vokals. Darum sollten Sie prüfen, ob Sie nicht „rein zufällig" mehrere Wörter mit demselben Vokal hintereinandergestellt haben.

 statt so:

Aber gerade alte Abnehmer haben manchmal Anliegen, die man kaum abschlagen kann.

Eigentlich hat wohl jeder einzelne Teilnehmer seinen erfolgreichen Beitrag geleistet.

 besser so:

Doch gerade Stammkunden kommen oft mit Sonderwünschen, die man, wo möglich, erfüllen wird.

Im Grunde hat wohl jeder Teilnehmer am Erfolg mitgewirkt (mitgearbeitet).

71

Wohl jeder kann in die Lage kommen, seine persönlichen Anliegen (Glückwünsche, Danksagungen, Einladungen zu Familienfeiern, Kondolenzschreiben; Mietangelegenheiten, Einsprüche, Beschwerden, Berichte u. Ä.) in privaten Briefen zu regeln oder zu vertreten. Empfänger können sein: Vermieter, Mieter, Mitglieder von Vereinen, Verbänden u. Ä., Schulen, Versicherungen, Behörden (Finanzamt, Stadt- und Gemeindeverwaltungen) u. v. a. m. Diese privaten Briefe unterscheiden sich klar von den kaufmännischen Briefen (Anfrage, Angebot, Bestellung usw.).

4.1   Zehn Hinweise für Ihre Korrespondenz

1. Verwenden Sie ein Briefblatt A4 und achten Sie auf gute äußere Form. Im Abschnitt 1.2.6 dieses Buches finden Sie Hinweise, wie man die „Schreib- und Gestaltungsregeln für die Textverarbeitung" nach DIN 5008 auch beim Beschriften von privaten Briefblättern anwendet. Dabei geht es besonders um Briefkopf, Empfängeranschrift, Datum, Betreffangabe, Anrede und Gruß.
2. Schreiben Sie an die Empfänger Ihrer privaten Briefe nicht anders als an Ihre Geschäftspartner: sachlich, klar und so kurz wie möglich, jedoch nicht kurz angebunden. Schreiben Sie auch an Behörden höflich, aber nie unterwürfig. In einer modernen Gesellschaft ist die Behörde keine „Obrigkeit" mehr, sondern Dienstleister des Bürgers.
3. Achten Sie immer auf vollständige und korrekte Empfängeranschriften. Nennen Sie darin nach Möglichkeit auch die zuständige Abteilung oder den Sachbearbeiter.
4. Vergessen Sie nicht die Akten- und Geschäftszeichen bzw. Ihre Kunden- oder Steuernummer. Oft können Sie diese Angaben dem vorausgehenden Schreiben entnehmen. Integrieren Sie diese Angaben in den Betreff oder nutzen Sie den Informationsblock.
5. Formulieren Sie die Betreffangabe so präzise wie möglich. Dies erleichtert dem Empfänger die Postverteilung. Oft lässt sich die Betreffangabe auch der Vorpost entnehmen.
6. Immer werden Ihre Briefe von Menschen bearbeitet; sie wollen sich angesprochen fühlen. Darum sollte auch jeder private Brief eine passende Anrede haben. Falls Sie den jeweiligen Ansprechpartner nicht kennen, schreiben Sie: *Sehr geehrte Damen und Herren;* sonst: *Sehr geehrte Frau …; Sehr geehrter Herr …; Guten Tag, Frau/Herr …*
7. Ebenso darf der Gruß nicht fehlen. Nur ausnahmsweise mag das alte *Hochachtungsvoll* angebracht sein. Üblich ist *Freundliche Grüße, Freundlichen Gruß* u. Ä.
8. Führen Sie im Anlagenvermerk etwaige Anlagen auf: Kopien, Fragebogen, Skizzen usw.
9. Fertigen Sie von jedem wichtigen Brief eine Kopie oder einen Ausdruck für Ihre Unterlagen.
10. Prüfen Sie auch, ob sich die Angelegenheit besser telefonisch oder per E-Mail erledigen lässt. Fixieren Sie für Ihre Unterlagen jede wichtige telefonische Vereinbarung in einer Telefonnotiz.

4.2   Musterbriefe und Aufgaben

Aus der Fülle der möglichen Briefe mit privatem Charakter sind auf den Seiten 73 bis 77 fünf Musterbriefe ausgewählt:

         Muster A: ▶ Brief des Vermieters (Seite 73)
         Muster B: ▶ Einladung zur Vorstandssitzung (Seite 74)
         Muster C: ▶ Einspruch gegen Verwarnungsgeld (Seite 75)
         Muster D: ▶ Beschwerde wegen Ruhestörung (Seite 76)
         Muster E: ▶ Bericht über ein Seminar (Seite 77)

Diese fünf Musterbriefe sollen Ihnen Anregungen für die äußere Form und textliche Gestaltung Ihrer privaten Briefe geben.

Musterbrief A

Peter Fischer
Forstweg 18 b
08056 Zwickau
Telefon: 0375 71704
E-Mail: peter.fischer.wvd@gmx.de

.
.
.

Peter Fischer · Forstweg 18 b · 08056 Zwickau
Frau Inge Schwarz
Herrn Klaus Schwarz
Poststraße 46
08412 Werdau
.
.
.
.

Wohnung Poststraße 46 // 2. Stock und Stellplatz Poststraße 48
.

> **Seitenränder**
> Den linken Seitenrand stellen Sie auf 25 mm, den rechten auf 10 mm. Den Brieftext ziehen Sie nach dem Schreiben um 10 mm von rechts ein, sodass sich für den Text und das Datum ein rechter Seitenrand von 20 mm ergibt.

Sehr geehrte Frau Schwarz, sehr geehrter Herr Schwarz,
.

nach Ihrem Anruf vom 3. d. M. hatte ich Ihnen am 9. d. M. versprochen, die Mängel in Ihrer Neubauwohnung sofort beheben zu lassen. Wegen Betriebsferien der Plattenlegerfirma (Klein & Hauser, Zwickau) konnte ich erst gestern einen Termin vereinbaren.
.

Bitte sorgen Sie dafür, dass am
.

Dienstag, dem 3. September d. J., ab 08:30 Uhr,
.

jemand in der Wohnung ist, um die Handwerker einzulassen.
.

Stellplatz Poststraße 48. Wie Sie sicherlich wissen, gehört mir auch das Nachbarhaus Poststraße 48 mit 4 Stellplätzen. Ein Stellplatz wird am 30. September d. J. frei, sodass Sie ihn ab 1. Oktober d. J. für Ihren Zweitwagen mieten können.
.

Bitte lassen Sie mich recht bald wissen, ob Sie diesen Stellplatz für monatlich 40,00 EUR mieten wollen.

> Der Teilbetreff (Stellplatz Poststraße 48) beginnt an der Fluchtlinie, schließt mit einem Punkt und wird durch Fettschrift und/oder Farbe hervorgehoben. Der Text wird unmittelbar angefügt.

.

Freundliche Grüße

Musterbrief B

Sportverein Eintracht e. V.
Fritz-Ulrich-Straße 32
74080 Heilbronn
Telefon: 07131 40911
E-Mail: info@sportverein-eintracht-wvd.de

.
.
.
.

Sportverein Eintracht e. V., Fritz-Ulrich-Straße 32, 74080 Heilbronn

Frau
Christa Bauer
Finkenweg 3 // W 407
74245 Löwenstein

.
.
.
.
.

Ihr Zeichen:
Ihre Nachricht vom:
Unser Zeichen: si-kl
Unsere Nachricht vom:

.

Name: Marianne Simonis
Telefon: 07131 40911-125
Telefax: 07131 40911-127
E-Mail: m.simonis@sportverein-eintracht-wvd.de

.

Datum: 20..-09-15

Einladung zur Vorstandssitzung

.

Sehr geehrte Frau Bauer,

.

alle Vorstandsmitglieder des Sportvereins Eintracht e. V. lade ich hiermit nach dem Beschluss der Mitgliederversammlung vom 12. September 20.. zu einer Sitzung ein, und zwar für

.

        Freitag, 8. November 20.., von 18:30 bis 21:00 Uhr
        im Vereinslokal „Zum Adler", Konferenzraum.

.

Ich schlage Ihnen folgende Tagesordnung vor:

.

1. Konstituierung des neu gewählten Vorstandes
2. Aufgabenverteilung
3. Plan der Stadtverwaltung für den Sportplatz an der Bergstraße
4. Intensivierung der Jugendarbeit
5. Anfragen – Informationen – Wünsche
6. Nächste Sitzung

Bitte prüfen sie diesen Vorschlag für die Tagesordnung und sagen Sie mir bis 15. Oktober d. J.
– telefonisch oder schriftlich –, ob Sie noch weitere Besprechungspunkte wünschen.

Freundliche Grüße

.
.

Marianne Simonis

Musterbrief C

Tina Chirver
Übersetzerin und Dolmetscherin
Peter-Altmeier-Allee 36
55116 Mainz

Tina Chirver · Peter-Altmeier-Allee 36 · 55116 Mainz

Ordnungsamt
der Stadt Mainz
Große Bleiche 18/20
55116 Mainz

Ihr Zeichen:
Ihre Nachricht vom:
Mein Zeichen: tch
Meine Nachricht vom:

Telefon: 06131 228103
Telefax: 06131 228103-204
E-Mail: tina.chirver@dolmetschen.chirver.de
Internet: www.dolmetschen.ch rver.wvd.de

Datum: 20..-03-05

Einspruch gegen Verwarnungsgeld

Sehr geehrte Damen und Herren,

soeben habe ich bei der Rückkehr zu meinem Pkw MZ OP 403 unter dem Scheibenwischer einen Strafzettel vorgefunden.

Ich bitte Sie, Ihren Bescheid zurückzunehmen.

Begründung: Die Peter-Altmeier-Allee ist seit 1. März d. J. durch Hochwasser überflutet. Deshalb kann ich meine Garage im Haus Nr. 36 zurzeit nicht benutzen. Ich bin also gezwungen, meinen Wagen in der Nähe auf hochwasserfreiem Gebiet unterzubringen.

Da die benachbarten Plätze überfüllt waren, musste ich meinen Wagen neben der Karmeliterkirche abstellen. Ich weiß, dass dies kein öffentlicher Parkplatz ist, aber ich habe in einer Notlage gehandelt. Für Ihr Entgegenkommen danke ich Ihnen.

Freundliche Grüße

Musterbrief D

Dipl.-Ing. Peter Seifert
Gartenstraße 14
02826 Görlitz

Peter Seifert · Gartenstraße 14 · 02826 Görlitz

Einschreiben Einwurf

Polizeidienststelle
Zeppelinstraße 30 – 32
02828 Görlitz

Ihr Zeichen:
Ihre Nachricht vom:
Mein Zeichen: ps
Meine Nachricht vom:

Telefon: 03581 21187
Telefax: 03581 21187-306
E-Mail: peter.seifert@ingenieur.seifert.de
Internet: www.ingenieur.seifert.wvd.de

Datum: 20..-07-12

Ruhestörung in der Gartenstraße

Sehr geehrte Damen und Herren,

die Anwohner der Gartenstraße leiden seit einiger Zeit unter abendlichem und nächtlichem Lärm. Deshalb wende ich mich – auch im Namen der anderen Betroffenen – in dieser Sache an Sie.

Seit Anfang Juli d. J. treffen sich mehrere Motorradfahrer jeden Abend in der Gartenstraße. Die Jugendlichen veranstalten zunächst Wettrennen und rasen immer wieder die Gartenstraße hinauf und hinunter. Gegen 20 Uhr lagern sie auf einer Wiese, nur etwa 50 m von meinem Haus entfernt. Dann drehen sie die Radios auf und singen lauthals mit.

Der unerträgliche Motorradlärm und die schrille Musik machen es den Anwohnern unmöglich, abends auf der Terrasse zu sitzen. Erst nach 23 Uhr verschwinden die Jugendlichen mit Motorengeheul und lauten Zurufen. Auf der Wiese hinterlassen die Fahrer leere Bierflaschen und anderen Müll.

Bitte sorgen Sie dafür, dass das Motorradfahren und das Lagern auf der Wiese untersagt werden. Bis ein Verbotsschild für Motorräder aufgestellt ist, wäre es sicherlich ratsam, durch gelegentliche Polizeistreifen für Abhilfe zu sorgen. Hierfür danke ich Ihnen.

Freundliche Grüße

Musterbrief E

Christian Stein
Goethestraße 4 // W 404
56191 Weitersburg

Christian Stein · Goethestraße 4 // W 404 · 56191 Weitersburg

Herrn
Dipl.-Ing. Richard Brinkmann
Kölner Straße 48
56067 Koblenz

Ihr Zeichen: br-kl
Ihre Nachricht vom: 20..-09-15
Mein Zeichen: st
Meine Nachricht vom:

Telefon: 02622 7915
Telefax: 02622 8733
E-Mail: christian-stein-wvd@gmx.de

Datum: 20..-09-18

Seminar „Sportvereine besser leiten"

Guten Tag, Herr Brinkmann,

auf Ihren Wunsch erhalten Sie mit diesem Brief die Kopie des ausführlichen Seminarberichts. Folgende Ergebnisse der Seminararbeit sind für unseren Verein besonders wichtig:

1. Der Vereinsvorstand sollte mindestens einmal im Monat einen Sprechtag einrichten.

2. Die Vereinszeitschrift sollte alle Mitglieder zum offenen Gedanken- und Meinungsaustausch anregen.

3. Erfolg hat der Verein nur, wenn er die Wünsche der Mitglieder beachtet und auf Veränderungen in unserer Gesellschaft sehr schnell reagiert.

4. Das **gemeinsame** Training der Sportgruppen und der Jugendfreizeit verdient besondere Beachtung.

5. Alle Vereinsveranstaltungen sollten **gemeinsam** geplant und vorbereitet werden.

Auf der nächsten Versammlung könnte ich alle Mitglieder über die Seminarergebnisse informieren und meine Ausführungen mit Fotos veranschaulichen. Wie denken Sie darüber?

Freundliche Grüße

Anlage
1 Kopie Seminarbericht

Aufgaben für private Briefe

Vorbemerkung: Beachten Sie bei der Lösung die „Zehn goldenen Regeln für Ihre Briefe" (siehe Seite 29). Durchdenken Sie die Aufgabenstellung und formulieren Sie sorgfältig. Sie können jede Aufgabe in Form eines vollständigen Briefes (mit Ihrer Absenderanschrift und der Empfängeranschrift) lösen oder nur Betreffangabe, Anrede, Text und Gruß schreiben. Im ersten Fall ergänzen Sie bitte die fehlenden Angaben (Datum des Briefes und Empfängeranschrift).

■ 4-1 Brief eines Mieters

Sie sind Frau Inge oder Herr Klaus Schwarz. Beantworten Sie am 6. September den Brief des Vermieters (siehe Seite 73): Sie beziehen sich auf Ihre telefonische Zusage vom 28. August, dass Sie den Stellplatz Poststraße 48 für Ihren Zweitwagen ab 1. Oktober d. J. für monatlich 40,00 EUR mieten. Ferner bestätigen Sie die ordnungsgemäß ausgeführten Arbeiten der Plattenlegerfirma.

Sie beanstanden, dass der Vorgarten des Hauses Poststraße 46 noch nicht angelegt ist und im Hof verschiedene Baumaterialien und Geräte der Plattenlegerfirma lagern. Bitten Sie den Vermieter, diese Mängel so bald wie möglich abzustellen. Teilen Sie ihm ferner mit, dass Sie vom 16. bis 29. Oktober Urlaub machen.

■ 4-2 Antwort des Vermieters

Schreiben Sie nun die Antwort des Vermieters Peter Fischer. Schicken Sie dem Mieter einen Vertrag (2-fach) für die Nutzung des Stellplatzes im Hause Poststraße 48 und bitten Sie um Unterschrift und Rücksendung eines Vertragsexemplars.

Die Zwickauer Plattenlegerfirma Klein & Hauser wird die im Hof noch untergestellten Baumaterialien und Geräte Mitte nächster Woche abholen. Für die Anlage des Vorgartens ist das nächste Frühjahr günstiger, da im Spätherbst bei frühen Frosteinbrüchen mit Schäden an den neu gesetzten Pflanzen gerechnet werden muss. Wünschen Sie Ihrem Mieter schöne Urlaubstage und gute Erholung.

■ 4-3 Einladung zur Mitgliederversammlung und Fachtagung

Als Schriftführer des Philatelistenvereins „Euro e. V." sollen Sie für den erkrankten 1. Vorsitzenden eine Einladung zur Mitgliederversammlung (in zwei Monaten) schreiben. Die Versammlung wird diesmal nicht im Klublokal stattfinden, sondern an zwei Tagen im Hotel „Seeblick" in ... (genaue Anschrift und Telefon).

Am ersten Tag findet die Mitgliederversammlung statt. Tagesordnung: 1. Begrüßung, 2. Tätigkeitsbericht des Vorstandes, 3. Kassen- und Kassenprüfungsbericht, 4. Entlastung des Vorstandes, 5. Beitragsfestsetzung, 6. Beschlussfassung über Anträge, 7. Termin und Ort der nächsten Mitgliederversammlung, 8. Anfragen – Informationen – Wünsche.

Die Fachtagung beginnt am zweiten Tag um 09:30 Uhr mit einem Referat „Sammelmotiv europäische Städte". Referent ist Oberamtsrat Peter Beck, Heidelberg. Danach folgen Diskussion und Besuch der Ausstellung „Europäische Städte".

Für die Zimmerreservierung soll jeder selbst sorgen. Mit dem Hotel ist ein Sonderpreis von ... EUR für ein Einbettzimmer mit Dusche und WC vereinbart. Geben Sie an, wie das Hotel zu erreichen ist.

■ **4-4 Befreiung vom Sportunterricht**

Sie haben ein 9-jähriges Kind, das zurzeit wegen Wachstumsstörungen ärztlich behandelt wird. Deshalb beantragen Sie beim Rektor der ...-Schule Befreiung vom Sportunterricht. Ihrem Antrag legen Sie ein ärztliches Attest bei.

■ **4-5 Einspruch beim Finanzamt**

Als nebenberuflicher Trainer eines Tennisklubs haben Sie Nebeneinkünfte. Deshalb sind Sie beim Finanzamt bereits zur Einkommensteuer veranlagt. Nach dem letzten Einkommensteuerbescheid sollen Sie vierteljährlich 200,00 EUR vorauszahlen. Vor zwei Wochen hatten Sie einen Sportunfall, der Sie dazu zwingt, die Tätigkeit als nebenberuflicher Tennistrainer aufzugeben.

Sie bitten deshalb das Finanzamt, Sie von den Vorauszahlungen zu befreien. Vergessen Sie nicht, Ihre Steuernummer und Identifikationsnummer anzugeben, und danken Sie dem Finanzamt im Voraus für das Entgegenkommen.

■ **4-6 Anzeige bei der Polizei**

Sie wohnen in einer Reihenhaussiedlung. Seit drei Monaten hat das Nachbarhaus einen neuen Besitzer, der am Wochenende auf seinem Grundstück Garten- und andere Abfälle verbrennt. Dabei werden Rauch und Asche auf Ihr Grundstück geweht. Sie können dann keine Fenster öffnen, weil der Rauch sonst in Ihr Haus zieht und in den Räumen lange Zeit lästigen Gestank hinterlässt.

Sie haben den Nachbarn bereits dreimal mündlich und einmal schriftlich aufgefordert, das Verbrennen zu unterlassen, jedoch ohne Erfolg. Deshalb bitten Sie die Polizei, sich nach Möglichkeit schon am nächsten Samstag zwischen 11 und 13 Uhr vom Grad der Belästigung zu überzeugen. Fügen Sie Ihrem Brief die Kopie Ihres Schreibens an den Nachbarn bei.

■ **4-7 Verlustmeldung an das Fundbüro der Deutschen Bahn AG**

Sie haben gestern im ICE 27 Düsseldorf – München (Abfahrt 08:21 Uhr) beim Aussteigen in Würzburg (Ankunft 11:01 Uhr) im Gepäckfach des zweitletzten Wagens eine dunkelblaue Reisetasche liegen lassen. Die Tasche enthält: 1 grünen Hausanzug, 1 weißen Jogginganzug, 1 Paar weiße Joggingschuhe, 3 bunte T-Shirts, 4 Paar Strümpfe und 5 Fachbücher. Sie hoffen, dass die Tasche gefunden und abgegeben worden ist. Fragen Sie an, ob Ihnen das Fundbüro die Tasche schickt oder wo Sie sie abholen können. Für die Mühe danken Sie im Voraus.

■ **4-8 Unfallmeldung an die Kfz-Versicherung**

Melden Sie Ihrer Versicherung, dass Sie gestern um 19:15 Uhr in ... mit Ihrem Pkw (Fabrikat, Kennzeichen) einen Verkehrsunfall verursacht haben: Beim Einbiegen aus der Neugasse in die Kölner Straße haben Sie einem anderen Pkw (Fabrikat, Kennzeichen) die Vorfahrt genommen. Der Sachschaden ist gering, weil beide Fahrzeuge langsam fuhren. Am Wagen des Geschädigten ist der vordere linke Kotflügel leicht eingedrückt und die Lackierung beschädigt.

Wegen der Schadenregulierung wird sich der Geschädigte (Name, Anschrift) direkt an Ihre Versicherung wenden. Auf polizeiliche Aufnahme des Unfalls wurde wegen Geringfügigkeit in beiderseitigem Einverständnis verzichtet. Sie benennen aber zwei Zeugen (Namen und Anschriften).

■ **4-9 Anmeldung eines Einzelhandelsgeschäfts beim Amtsgericht**

Sie melden dem zuständigen Amtsgericht (Abt. Registergericht), dass Sie am ... ein Einzelhandelsgeschäft für Informations- und Kommunikationstechnik eröffnet haben. Teilen Sie mit, dass Sie das Geschäft bereits bei der Stadtverwaltung und der Industrie- und Handelskammer angemeldet haben. Die Bescheinigungen fügen Sie bei.

Sie beantragen, Ihre Firma ins Handelsregister einzutragen. Ihr Betriebskapital beträgt etwa 150.000 EUR. Sie arbeiten mit zwei Angestellten und einer Auszubildenden. Das Geschäft wird von Ihnen allein geführt. Die Firma lautet ..., Informations- und Kommunikationstechnik. Ort der Niederlassung: (Ort, Straße, Hausnummer).

■ **4-10 Anmeldung bei der Berufsgenossenschaft**

Verwenden Sie die Angaben von Aufgabe 4-9 sinngemäß für die Anmeldung bei der Berufsgenossenschaft. Nennen Sie außer Ihrem Namen, Ihrem Alter und Familienstand auch die Ihrer Mitarbeiter: Peter Braun, Angestellter, 32 Jahre, verheiratet, zwei Kinder; Christine Huber, Angestellte, 22 Jahre, ledig; Anne Reif, Auszubildende, 16 Jahre. Bitten Sie die Berufsgenossenschaft um Zusendung der Anmeldevordrucke.

5 Einkauf und Verkauf von Gütern

5.1 Ungestörte Abwicklung des Kaufvertrages

5.1.1 Anfrage

Mit der Anfrage fordert der Kaufmann ein Angebot an. Empfänger sind entweder bisherige Lieferanten oder neue, die vielleicht noch preisgünstiger anbieten können. In größeren Unternehmen hat die Einkaufsabteilung die Aufgabe, regelmäßig anzufragen, um alle Möglichkeiten der Bedarfsdeckung in einer Datei zu erfassen.

Die Anschriften neuer Lieferanten sind in Fachzeitschriften, Tageszeitungen, im Internet (E–Commerce), Adress- und Branchenbüchern (z. B. „Gelbe Seiten" – Branchentelefonbuch zu den Telefonbüchern der Deutschen Telekom) zu finden. Neue Bezugsquellen eröffnen sich auch beim Besuch von Messen und Ausstellungen. Ferner gibt es Adressenverlage, die gegen Bezahlung spezielle Anschriftenlisten (nach Branchen geordnet) zusenden.

§ Die Anfrage verpflichtet den Anfragenden nicht, auf das folgende Angebot des Lieferers zu bestellen.

Anfragearten
Zu unterscheiden ist zwischen der allgemeinen und der bestimmten (gezielten) Anfrage.

Die allgemeine Anfrage gilt nicht einer bestimmten Ware oder Dienstleistung, sondern bittet um Kataloge, Prospekte, Preislisten, Muster, Proben usw. und/oder um den Besuch des Außendienstmitarbeiters. Besonders häufig ist die allgemeine Anfrage bei einer Geschäftsneugründung, einer Sortimentserweiterung oder bei Unzufriedenheit mit dem bisherigen Lieferer.

Möglicher Inhalt:
- Sie nennen den Grund für Ihre Anfrage, z. B. Sortimentserweiterung und geben einen Hinweis, wie Sie die Anschrift des Anbieters ermittelt haben.
- Sie bitten um eine Preisliste u. Ä. und die Liefer- und Zahlungsbedingungen.
- Sie weisen evtl. auf eine längerfristige Geschäftsverbindung hin.
- Sie geben (bei neuer Geschäftsverbindung) eine Selbstauskunft oder nennen Referenzen (z. B. Firmen, die Auskunft über Sie und Ihr Geschäft geben können).

Die bestimmte Anfrage ist in der Praxis am häufigsten. Der Anfragende erkundigt sich nach einer ganz bestimmten Ware oder Dienstleistung. Er beschreibt sie so genau wie möglich. Manchmal braucht der Anbieter auch Muster oder Zeichnungen, damit er sein Angebot ganz präzise abfassen kann, sodass sich Rückfragen voraussichtlich erübrigen.

Möglicher Inhalt (zusätzlich zum Inhalt der allgemeinen Anfrage):
- Sie beschreiben die Ware so genau wie möglich (z. B. Sorte, Farbe, Qualität, Menge).
- Sie nennen den gewünschten Liefertermin oder erfragen die mögliche Lieferzeit. Eventuell fragen Sie, wie lange sich der Anbieter an sein Angebot bindet.
- Sie danken im Voraus (besonders für umfangreiche und arbeitsaufwendige Angebote).

Aufgaben für Anfragen

◼ 5-1 Computer

Als Sachbearbeiter des Möbelhauses Klaus Scholz, Postfach 11 04 38, 64281 Darmstadt, fragen Sie bei der Büromaschinenfabrik Dieter Janssen GmbH, Postfach 20 51 92, 20092 Hamburg, an, ob Ihnen die Büromaschinenfabrik Computer vom Typ „moderna 3000" liefern kann.

Fragen Sie nach dem Preis bei einer Abnahme von 20 Stück, nach der Lieferzeit, den Liefer- und Zahlungsbedingungen. Bitten Sie um ausführliches Prospektmaterial.

◼ 5-2 Textilien

Sie sind Mitarbeiter der Boutique „New Fashion", Friedrich-Ebert-Ring 35, 56068 Koblenz, und verkaufen modische Damenkleidung. Nun wollen Sie auch Freizeitkleidung für Damen in Ihr Verkaufsprogramm aufnehmen.

Sie schreiben deshalb heute an die Textilfabrik Helmut Staller GmbH, Postfach 16 58, 33601 Bielefeld, und bitten um Zusendung von Katalogen, Prospekten und Preislisten über Freizeitkleidung für Damen. Sie kennen die Anschrift dieser Firma aus der Fachzeitschrift „Jeans & Freizeit".

◼ 5-3 Mikrowellengeräte

Sie sind Prokurist der Büromaschinenwerke Grünbaum & Söhne OHG, Postfach 14 41, 53871 Euskirchen, und wollen die Kantine Ihres Unternehmens mit Mikrowellengeräten ausstatten.

Sie schreiben heute an die Elektrogeräte Rüffer KG, Postfach 29 10 38, 47792 Krefeld, und fordern ein Angebot über 5 leistungsstarke Mikrowellengeräte an (Preise, Liefer- und Zahlungsbedingungen, Lieferzeit, Mengenrabatt, Prospekte).

◼ 5-4 Küchengeräte

Sie sind Handlungsbevollmächtigter bei Heinrich Werkmann & Söhne, Berliner Straße 73, 16278 Angermünde, und bitten heute die Plastikwerke AG, Postfach 1 40, 72251 Freudenstadt, um ein Angebot über Haus- und Küchengeräte aus Kunststoff, weil Sie diese Erzeugnisse in Ihr Sortiment aufnehmen wollen. Als Referenz nennen Sie die Sparkasse Angermünde.

◼ 5-5 Werkzeuge

Sie sind Mitarbeiter der Einzelhandlung Ernst Häuser, Goethestraße 7, 01824 Königstein. Sie wollen das Lager ergänzen und bitten heute die Werkzeugfabrik Gebrüder Stein OHG, Postfach 90 21 40, 60319 Frankfurt, um einen Katalog mit Preisliste. Die Werkzeugfabrik soll Ihnen besonders preisgünstige Werkzeuge (welche?) empfehlen. Auch ein Vertreterbesuch wäre Ihnen recht.

◼ 5-6 Rezeptblocks

Sie sind Mitarbeiter der Zahnarztpraxis Dr. med. dent. Brigitte Hildebrandt, Carl-Zeiss-Straße 35, 77656 Offenburg, und wenden sich heute an die Druckerei Klaus Lang, Rathausgasse 46, 79098 Freiburg. Sie wollen neue Rezeptblocks drucken lassen.

Fragen Sie nach den Preisen für bedruckte Rezeptblocks im Format A6 (Recyclingpapier), nach der Mindestabnahmemenge sowie nach den Liefer- und Zahlungsbedingungen.

Bitten Sie um Zusendung einiger Muster in verschiedenen Schriftarten.

82

ELEKTRO GROSSHANDLUNG
Baumgartner KG

Ihr Zeichen:
Ihre Nachricht vom:
Unser Zeichen: we-kr
Unsere Nachricht vom:

Baumgartner KG · Postfach 70 63 48 · 70177 Stuttgart

Lampenfabrik
Schulz & Hofmann GmbH
Postfach 24 13 05
68162 Mannheim

Name: Petra Weiß
Telefon: 0711 432-238
Telefax: 0711 432-207
E-Mail: petra.weiss@baumgartner-wvd.de

Datum: 20..-11-22

Anfrage nach Pendelleuchten

Sehr geehrte Damen und Herren,

der Fachzeitschrift „Licht" lag ein Prospekt Ihres Unternehmens bei.

Wir sind eine bekannte Elektrogroßhandlung in Stuttgart und wollen unser Sortiment durch Lampen und Leuchten erweitern. Deshalb bitten wir Sie um ein ausführliches Angebot über

> 20 sechsflammige Pendelleuchten aus Glas
> Durchmesser 37 cm, Bestell-Nr. 550
>
> 10 einflammige Pendelleuchten aus Kunststoff
> Durchmesser 42 cm, Bestell-Nr. 680

Wann können Sie liefern? Wir interessieren uns vor allem für die Preise und die Zahlungsbedingungen. Können wir mit einem Mengenrabatt rechnen?

Freundliche Grüße

ELEKTROGROSSHANDLUNG
BAUMGARTNER KG

i. A.

Petra Weiß

Geschäftsräume	Sitz der Gesellschaft	Persönlich haftender	E-Mail	Bankverbindung
Roßhaustraße 67	Stuttgart	Gesellschafter	info@baumgartner-wvd.de	Postbank Stuttgart
70597 Stuttgart	Registergericht	Michael Baumgartner	Internet	IBAN: DE87 6001 0370 0071 2317 05
	Stuttgart HRA 1234		www.baumgartner-wvd.de	BIC: PBNKDEFFXXX

positives Beispiel

Möbelhaus **Thomas Markert**

Möbelhaus Markert · Postfach 11 94 · 24531 Neumünster

Büromöbelfabrik
Sommer & Nold AG
Postfach 31 20
49073 Osnabrück

Ihr Zeichen:
Ihre Nachricht vom:
Unser Zeichen: hs-po
Unsere Nachricht vom:

Name: Rolf Häuser
Telefon: 04321 819-201
Telefax: 04321 819-492
E-Mail: rolf.haeuser@moebelmarkert-wvd.de

Datum: 20..-03-10

Bitte um ein Angebot

Sehr geehrte Damen und Herren!

Wir sind ein bekanntes Möbelhaus in Neumünster und Umgebung. Durch einen Geschäftsfreund in Hamburg, die Firma Peter Petersen, haben wir Ihre Anschrift in Erfahrung gebracht.

Wir beabsichtigen, eine Sortimentserweiterung durchzuführen. Deshalb planen wir die Aufnahme von Büromöbeln ins Verkaufsprogramm.

Dürfen wir Sie um die Zusendung Ihres Angebots bitten? Von großem Interesse sind für uns
außer den Preisen auch Ihre Liefer- und Zahlungsbedingungen.

Über die Zusendung des Katalogs würden wir uns ebenfalls freuen.

Freundlichen Gruß

Möbelhaus
Thomas Markert

ppa.

Rolf Häuser

Geschäftsräume	Inhaber	E-Mail	Bankverbindung
Kieler Straße 45	Thomas Markert	info@moebelmarkert-wvd.de	Commerzbank Neumünster
24534 Neumünster		Internet	IBAN: DE52 2124 0040 0000 5586 01
		www.moebelmarkert-wvd.de	BIC: COBADEFFXXX

negatives Beispiel

5.1.2   Angebot

Das Angebot zielt auf eine Bestellung des Empfängers. Daher müssen Sie jedes Angebot mit besonderer Sorgfalt formulieren und ansprechend gestalten.

Der Anbieter beantwortet entweder eine Anfrage oder er will von sich aus einen Kaufentschluss herbeiführen.

§   In Verbindung mit der Annahme, Zusage oder Bestellung ergibt das Angebot den Kaufvertrag.

Folgende Arten von Angeboten werden unterschieden:
1. **nach der kaufmännischen Wirkung des Angebots:**
   a) das **verlangte** Angebot (aufgrund einer Anfrage)
   b) das **unverlangte** Angebot (ein Werbebrief, oft mit Hinweis auf besonders zu empfehlende Artikel = Sonderangebote)
   c) das **wiederholte** Angebot (ein Nachfassbrief)
2. **nach der rechtlichen Wirkung des Angebots:**
   a) das **bindende** Angebot (Art, Menge, Güte, Liefer- und Zahlungsbedingungen sind angegeben)
   b) das **unverbindliche** Angebot (es enthält eine Freizeichnungsklausel, z. B. *freibleibend, ohne Gewähr, solange der Vorrat reicht, gute Ernte vorausgesetzt usw.)*
   c) das **befristete** Angebot (ein Termin ist angegeben: *Gültig bis 1. September d J.*)

Möglicher Inhalt:
- Sie danken – beim verlangten Angebot – für die Anfrage.
- Sie formulieren – beim unverlangten Angebot – eine attraktive Einleitung, die Interesse weckt und zum Weiterlesen anregt. Weisen Sie auf den preisgünstigen Einkauf und etwaige Sonderangebote hin.
  Das unverlangte Angebot ist ein echter Werbebrief; mehr darüber lesen Sie im Abschnitt 6.
- Sie geben die Art der Ware so genau wie möglich an: Beschaffenheit, z. B. Handelsklassen, Warenzeichen, Muster, Proben, Abbildungen.
- Sie nennen die Menge, die Sie liefern können, z. B. Stückzahl, Gewicht, Maße.
- Sie nennen den Preis und etwaige Versand- und Verpackungskosten. Sie legen fest, ob Sie ab Lager, frei Haus usw. liefern werden. Sie geben die Lieferzeit an.
- Sie nennen die Zahlungsbedingungen, z. B. *sofort nach Erhalt der Rechnung; binnen 8 Tagen mit 3 % Skonto; innerhalb 30 Tagen ohne Abzug.*
- Sie nennen Erfüllungsort und Gerichtsstand.
  Viele Unternehmen lassen diese Angaben auf ihrem besonderen Briefblatt für Angebote (unten oder auf der Rückseite) eindrucken; oder sie verweisen auf die in der Preisliste, dem Katalog usw. wiedergegebenen Bedingungen.
- Sie erwähnen die Anlagen: Prospekt, Katalog, Preisliste mit Seitenangabe; Muster, Proben u. Ä.
- Eventuell raten Sie dem Interessenten, bald (oder *spätestens bis …)* zu bestellen (starker Auftragseingang, geringer Vorrat u. Ä.).
- Sie bitten um einen Auftrag und danken dafür im Voraus. Sie sichern sorgfältige und rechtzeitige Ausführung der Bestellung zu.

Lampenfabrik Schulz & Hofmann GmbH

Schulz & Hofmann GmbH · Postfach 24 13 05 · 68162 Mannheim

Elektrogroßhandlung
Baumgartner KG
Frau Petra Weiß
Postfach 70 63 48
70177 Stuttgart

Ihr Zeichen: we-kr
Ihre Nachricht vom: 20..-11-22
Unser Zeichen: me-tr
Unsere Nachricht vom:

Name: Anne Meister
Telefon: 0621 483211-411
Telefax: 0621 483211-983
E-Mail: anne.meister@lampenschulz-wvd.de

Datum: 20..-11-25

Angebot über Pendelleuchten

Sehr geehrte Frau Weiß,

für Ihre Anfrage danken wir Ihnen. Über Ihr Interesse an unseren Erzeugnissen haben wir uns gefreut.
Mit diesem Brief erhalten Sie den neuesten Katalog und natürlich das gewünschte Angebot:

> Bestell-Nr. 550:
> sechsflammige Pendelleuchten aus Glas
> Durchmesser 37 cm; Preis 145,00 EUR je Stück

> Bestell-Nr. 680:
> einflammige Pendelleuchten aus Kunststoff
> Durchmesser 42 cm; Preis 75,00 EUR je Stück

Diese Leuchten können wir Ihnen bis Ende d. M. liefern.

Sie erhalten die Ware frei Haus durch unseren Lkw. Wenn Sie die Rechnung innerhalb 8 Tagen begleichen, können Sie 3 % Skonto abziehen. Sie können auch innerhalb 30 Tagen ohne Abzug zahlen.

Wenn Sie von jedem Artikel mindestens 20 Stück bestellen, gewähren wir Ihnen einen Mengenrabatt
von 10 %.

Auf Ihren Auftrag freuen wir uns schon heute. Wir werden Sie sorgfältig und pünktlich beliefern.

Freundliche Grüße

Lampenfabrik
Schulz & Hofmann GmbH

ppa.

Anne Meister

Anlage
1 Katalog

Geschäftsräume	Sitz der Firma	Geschäftsführer	E-Mail	Bankverbindung
Casterfeldstraße 5	Mannheim	Georg Schulz	info@lampenschulz-wvd.de	Deutsche Bank Mannheim
68199 Mannheim	Registergericht		Internet	IBAN: DE91 6707 0010 0653 0165 54
	Mannheim HRB 6789		www.lampenschulz-wvd.de	BIC: DEUTDESMXXX

86

positives Beispiel

Büromöbelfabrik **Sommer & Nold AG**

Ihr Zeichen: hs-pc
Ihre Nachricht vom: 20..-03-10
Unser Zeichen: kl-th
Unsere Nachricht vom:

Sommer & Nold AG · Postfach 31 20 · 49073 Osnabrück
Möbelhaus
Thomas Markert
Herrn Rolf Häuser
Postfach 11 94
24531 Neumünster

Name: Doris Klein
Telefon: 0541 810247-205
Telefax: 0541 810247-811
E-Mail: doris.klein@moebelsommer-wvd.de

Datum: 20..-03-15

Angebot über Büromöbel

Sehr geehrter Herr Häuser,

wie bereits telefonisch erwähnt, haben wir uns über Ihr Interesse an unseren Büromöbeln sehr gefreut. In der Anlage erhalten Sie unseren neuen Gesamtkatalog, der Ihnen unser gesamtes Sortiment zeigt. Außerdem enthält der Katalog auch unsere Liefer- und Zahlungsbedingungen.

Wir hoffen, dass Ihnen unser Angebot gefallen wird. Besonders hinweisen dürfen wir Sie noch auf unser Sonderangebot, das jedoch nur bis zum 31. März d. J. gilt:

Computertisch mit Laufrollen aus hochwertigem Kunststoff,
72 cm breit, 45 cm tief, 82 cm hoch

Dieser Tisch kostet nur 249,00 EUR. Dazu passend führen wir Papierauffangkörbe. Der Preis beläuft sich auf lediglich 44,00 EUR je Stück.

Naturgemäß gelten für unser Sonderangebot selbstverständlich dieselben Liefer- und Zahlungsbedingungen wie für die anderen Artikel aus unserem Katalog.

Eine umgehende Bestellung ist dringend anzuraten. Bereits heute freuen wir uns schon auf Ihren Auftrag.

Freundlichen Gruß

Anlage
1 Gesamtkatalog

Büromöbelfabrik
Sommer & Nold AG

i. V.

Doris Klein

Geschäftsräume
Dieselstraße 25
49076 Osnabrück

Vorstand
Richard Sommer
(Vorsitzender)
Gerhard Nold
Gisela Müller

Vorsitzender
des Aufsichtsrates
Günther Pauly
Sitz der Gesellschaft
Osnabrück
Registergericht
Osnabrück HRB 8765

E-Mail
info@moebelsommer-wvd.de
Internet
www.moebelsommer-wvd.de

Bankverbindung
Deutsche Bank Osnabrück
IBAN: DE45 2657 0090 0008 2017 44
BIC: DEUTDE3B265

negatives Beispiel

Aufgaben für Angebote

■ **5-7 Wohnzimmermöbel**

Sie sind Prokurist der Möbelfabrik Ernst Bergmann, Postfach 28 41 01, 47052 Duisburg, und beantworten heute die Anfrage des Einrichtungshauses Fritz Kannberger, Konrad-Adenauer-Platz 6, 53225 Bonn.

Sie bieten Wohnzimmermöbel an, nennen Marken und Preise, beschreiben die Möbel ausführlich, geben die Liefer- und Zahlungsbedingungen an und fügen einen Katalog bei. Gleichzeitig weisen Sie auf preisgünstige Einbauküchen hin.

■ **5-8 Holz**

Sie sind Handlungsbevollmächtigter bei der Firma Holzbau Bruno Rellek GmbH, Postfach 13 45, 53721 Siegburg. Von Ihrem Kunden, der Holzhandlung Fritz Reuter KG, Alte Bahnhofstraße 1, 53173 Bonn, haben Sie eine Anfrage nach einer Ladung Sperrholz (500 m²) bekommen. Reuter möchte einen Sonderrabatt erhalten.

Bieten Sie Ihrem Kunden heute Sperrholz an: je Quadratmeter 7,50 EUR; Lieferung frei Haus; Liefertermin: sofort; Zahlung: innerhalb 10 Tagen mit 3 % Skonto oder 30 Tage Ziel.

■ **5-9 Textilien**

Sie sind Sachbearbeiter der Textilfabrik Weber & Söhne, Postfach 51 12 62, 30155 Hannover. Vom Modehaus Moritz & Schnell, Mainzer Straße 18, 56068 Koblenz, haben Sie vor 2 Tagen eine Anfrage erhalten. Das Modehaus will in 3 Monaten eine Boutique für junge Mode eröffnen und hat Sie um ein verbindliches Angebot gebeten.

Zur Geschäftseröffnung empfehlen Sie dem Modehaus heute einen Artikel nach Ihrer Wahl (Damen-oder Herrenoberbekleidung). Sie beschreiben die Ware, nennen Preis, Lieferzeit sowie die Liefer- und Zahlungsbedingungen. Sie fügen Kataloge, Preislisten und Stoffmuster bei.

■ **5-10 Fahrräder**

Sie sind Mitarbeiter des Fahrradgroßhandels Joachim Kleinhaus GmbH, Käthe-Kollwitz-Straße 18, 36041 Fulda, und antworten auf eine Anfrage der Firma Bike-Shop, Gabelsbergerstraße 42, 35398 Gießen. Bieten Sie der Firma Ihr neuestes Fahrradmodell, das E-Bike „Cobra King RTX" (Artikel-Nr. 95 242) mit zahlreichen technischen Ausstattungsdetails zu einem Preis von 1.299,00 EUR an. Das Fahrrad ist sofort lieferbar. Zahlung: innerhalb 10 Tagen mit 3 % Skonto oder 30 Tage Ziel. Einen Prospekt fügen Sie bei.

■ **5-11 Polstermöbel**

Sie sind Sachbearbeiter der Polstermöbelfabrik Hermann Urmersbach GmbH, Postfach 10 50, 51371 Leverkusen. Ein neuer Kunde, Dr. med. Michael Goebel, Blankenburger Straße 8, 07318 Saalfeld, hat nach Polstermöbeln für sein Wartezimmer gefragt.

Sie bieten an: blauweiß gestreifte Sitzbänke (Bestell-Nr. B 332) und blauweiß gestreifte Stühle (Bestell-Nr. S 432).

Preise, Lieferzeit, Liefer- und Zahlungsbedingungen wählen Sie nach Ihrem Ermessen. Ein Muster des Stoffbezugs fügen Sie bei.

■ **5-12 Berufskleidung**

Sie sind Mitarbeiter der Kleiderfabrik Wilhelm Kreiner & Co., Postfach 30 11 51, 40213 Düsseldorf. Ihr Kunde, das Spielwarengeschäft Johann Berger, Heinrich-Heine-Straße 1, 07422 Bad Blankenburg, will sein Verkaufspersonal mit einheitlicher Berufskleidung (T-Shirts) ausstatten.

Sie beantworten heute die Anfrage und bieten T-Shirts aus 100 % Baumwolle, in den Farben Weiß, Blau oder Türkis an. Die Preise für die Größen 34 bis 48 liegen bei 36,25 EUR je T-Shirt, für die Größen 50 bis 56 bei 40,25 EUR je T-Shirt.

Bei Abnahme von mehr als 30 T-Shirts gewähren Sie 5 % Mengenrabatt.

Liefer- und Zahlungsbedingungen stehen im Katalog auf Seite 16. Der Katalog enthält auch andere Artikel der Berufskleidung.

5.1.3 Bestellung

Die Bestellung bezieht sich entweder auf ein Angebot (besonderer Brief, Katalog, Preisliste) oder auf eine frühere Bestellung. Bestellen können Sie schriftlich, mündlich, telefonisch, per Telefax, E-Mail oder über das Internet. Für Bestellungen werden oft Vordrucke (eigene oder vom Lieferer überlassene) verwendet. Zu empfehlen sind Vordrucke nach DIN 4991 „Geschäftsvordrucke – Rahmenmuster für Handelspapiere; Anfrage, Angebot, Bestellung/Bestelländerung, Lieferschein und Rechnung".

§ Rechtlich ist die Bestellung eine Willenserklärung des Käufers, eine Ware zu bestimmten Bedingungen zu kaufen. Wird die Bestellung nach einem schriftlichen und verbindlichen Angebot erteilt, ist damit für beide Teile der Kaufvertrag geschlossen.

Es ist ratsam, die wichtigsten Punkte nochmals klar herauszustellen (besonders bei Bestellungen ohne vorausgegangenes Angebot). Um Missverständnisse zu vermeiden, sollten mündliche und telefonische Bestellungen schriftlich bestätigt werden.

Möglicher Inhalt:
- Sie danken für das Angebot und/oder den Katalog, die Preisliste usw.
- Sie bestellen: Bitte senden Sie uns (mir) sofort … oder Wir (ich) bestelle(n) …
- Sie beschreiben Art, Menge und Güte der Ware (Bestellnummer, Bezeichnung, Größe, Gewicht, Farbe, Packungseinheit, Verpackungsart).
- Sie nennen den Preis, die Lieferzeit, die Lieferbedingungen und ggf. die Art des Versandes, z. B. Lkw, Bahn, Post, Schiff.
- Sie nennen die Art der vereinbarten Zahlung, z. B. nach Erhalt der Lieferung abzüglich 3 % Skonto; in Raten.
- Sie erwähnen etwaige Sondervereinbarungen, z. B. Vorbehalt zum Umtausch.

Aufgaben für Bestellungen

■ **5-13 Kaffeemaschinen**

Als Sachbearbeiter des Elektrofachgeschäfts Kapur, Postfach 19 91, 56621 Andernach, bestellen Sie heute nach einem Angebot bei der Elektrogroßhandlung Rainer Fenske, Saarbrücker Straße 85, 45138 Essen: 4 Kaffeemaschinen Nr. 825, mit 2 Glaskannen; Preis je Stück 82,50 EUR, 2 Kaffeemaschinen Nr. 826, mit 1 Glas- und 1 Thermoskanne; Preis je Stück 89,00 EUR, 6 Kaffeemaschinen Nr. 912, mit einer Glaskanne; Preis je Stück 44,50 EUR, 8 Kaffeemaschinen Nr. 913, mit einer Thermoskanne; Preis je Stück 49,50 EUR.

Wegen der Höhe Ihrer Bestellung bitten Sie um einen Mengenrabatt. Mit den Liefer- und Zahlungsbedingungen sind Sie einverstanden.

ELEKTRO GROßHANDLUNG
Baumgartner KG

Ihr Zeichen: me-tr
Ihre Nachricht vom: 20..-11-25
Unser Zeichen: we-kr
Unsere Nachricht vom:

Baumgartner KG · Postfach 70 63 48 · 70177 Stuttgart

Lampenfabrik
Schulz & Hofmann GmbH
Frau Anne Meister
Postfach 24 13 05
68162 Mannheim

Name: Petra Weiß
Telefon: 0711 432-238
Telefax: 0711 432-207
E-Mail: petra.weiss@baumgartner-wvd.de

Datum: 20..-11-30

Bestellung über Pendelleuchten

Sehr geehrte Frau Meister,

für Ihr Angebot, das uns gut gefällt, danken wir Ihnen. Wir sind mit den Preisen sowie mit den Liefer- und Zahlungsbedingungen einverstanden.

Bitte senden Sie uns sofort:

      20 Pendelleuchten Nr. 550; 147,50 EUR je Stück
      20 Pendelleuchten Nr. 680; 75,00 EUR je Stück

Sobald wir Ihre Lieferung erhalten und geprüft haben, werden wir den Rechnungsbetrag abzüglich 3 % Skonto überweisen.

Freundliche Grüße

ELEKTROGROßHANDLUNG
BAUMGARTNER KG

i. A.

Petra Weiß

Geschäftsräume	Sitz der Gesellschaft	Persönlich haftender	E-Mail	Bankverbindung
Roßhaustraße 67	Stuttgart	Gesellschafter	info@baumgartner-wvd.de	Postbank Stuttgart
70597 Stuttgart	Registergericht	Michael Baumgartner	Internet	IBAN: DE87 6001 0070 0071 2317 05
	Stuttgart HRA 1234		www.baumgartner-wvd.de	BIC: PBNKDEFFXXX

positives Beispiel

Großhandlung **Herbert Schwarz**

Ihr Zeichen:
Ihre Nachricht vom:
Unser Zeichen: gr-ka
Unsere Nachricht vom:

Name: Jens Grün
Telefon: 0731 84137-477
Telefax: 0731 84137-691
E-Mail: j.gruen@herbert-schwarz-wvd.de

Datum: 20..-09-12

Herbert Schwarz · Postfach 14 05 · 89071 Ulm
Keramikfabrik
Joachim Specht KG
Ostanlage 49
35390 Gießen

Bestellung über Platten

Sehr geehrte Damen und Herren,

wir haben in den vergangenen Jahren mehrmals bei Ihnen Wandplatten bestellt. In den letzten Monaten haben wir davon abgesehen, Ihnen Aufträge zu erteilen, weil wir eine günstigere Einkaufsmöglichkeit entdeckt hatten.

Inzwischen sind wir aber zu der Überzeugung gelangt, dass die Qualität der Konkurrenzplatten nicht an Ihre heranreicht. Darum bestellen wir zur Lieferung an unser Kölner Zweigwerk:

       20 m² Bodenplatten Nr. 310
       Preis je m²   51,95 EUR

       30 m² Wandplatten Nr. 508
       Preis je m²   64,40 EUR

Wir hoffen, dass sich die Preise, die wir Ihrem Vorjahrskatalog entnommen haben, inzwischen nicht schon wieder geändert haben. Wir bitten Sie, unseren heutigen Auftrag so bald wie möglich auszuführen. Hierfür danken wir im Voraus.

Freundliche Grüße

Großhandlung
Herbert Schwarz

i. V.

Jens Grün

Geschäftsräume
Neue Gasse 25
89077 Ulm

Inhaber
Herbert Schwarz

E-Mail
info@herbert-schwarz-wvd.de
Internet
www.herbert-schwarz-wvd.de

Bankverbindung
Südwestbank Ulm
IBAN: DE16 6306 0201 0000 0881 04
BIC: SWBSDESSXXX

negatives Beispiel

■ **5-14 Möbel**

Als Sachbearbeiter des Möbelfachgeschäfts Lindner & Schnitzler, Klosterstraße 10, 02763 Zittau, bestellen Sie heute nach einem Angebot der Möbelfabrik Franz Kaiser GmbH & Co., Postfach 90 18 14, 50669 Köln, zur schnellstmöglichen Lieferung durch Lkw:

2 Esszimmertische „Diva"; 100 x 180 cm; Preis je Stück 1.149,00 EUR
3 Hochlehnenstühle „Constantin"; Ausführung in Buche; Preis je Stück 249,00 EUR
1 Couchtisch „Malta"; 112 x 64 cm; Preis 249,00 EUR
3 Sessel „Mirage"; Lederausführung; Preis je Stück 893,00 EUR

Sie zahlen die Rechnung innerhalb 8 Tagen abzüglich 2 % Skonto.

■ **5-15 Textilien**

Sie sind Inhaber eines Textilfachgeschäfts in Ihrem Wohnort. Mit Ihrem Lieferer, der Textilfabrik Helmut Staller GmbH, Postfach 16 58, 33601 Bielefeld, sind Sie sehr zufrieden und bestellen heute nach der Preisliste Nr. 18:

10 Herrenoberhemden Nr. 25, aus reiner Baumwolle; Größe 39/40; Preis je Stück 34,75 EUR
5 Herrenoberhemden Nr. 27, aus reiner Seide; Größe L; Preis je Stück 44,50 EUR
20 Paar Tennissocken, weiß mit farbigem Rand; für Herren; Größe 44/45; Preis je Paar 5,00 EUR

Geben Sie Ihre Farbwünsche für die Oberhemden an. Sie brauchen die Ware sofort und zahlen innerhalb 30 Tagen.

■ **5-16 Tiefkühlkost**

Sie sind Mitarbeiter des Hotels „Zum Goldenen Löwen", Lange Straße 10, 18055 Rostock, und bestellen heute beim Tiefkühlservice Klaus Junghans, Gertrudenplatz 1, 18273 Güstrow, nach dem aktuellen Katalog:

10 kg Rahmspinat Nr. 752; Preis je kg 2,20 EUR
5 kg Apfelrotkohl Nr. 753; Preis je kg 3,95 EUR
4 kg chinesische Gemüsepfanne Nr. 751; Preis je kg 6,45 EUR
3 kg griechischer Bauernsalat Nr. 745; Preis je kg 4,45 EUR
2 kg amerikanische Salatmischung Nr. 744; Preis je kg 4,35 EUR

Die sofortige Lieferung ist unbedingt erforderlich.

■ **5-17 Bürobedarf**

Sie sind Bevollmächtigter der Großhandlung Paul Schneider & Söhne, Postfach 10 45, 67051 Ludwigshafen, und bestellen heute nach dem Katalog Ihres Lieferers, der Fabrik für Bürobedarf Heinrich Amsel GmbH, Postfach 12 08, 24931 Flensburg:

15 Taschenrechner Nr. 5021; Preis je Stück 29,50 EUR
2 Hängemappenwagen Nr. 1302; Farbe grau; Preis je Stück 94,50 EUR
25 Hängehefter Nr. 1310; Farbe blau; Preis 23,00 EUR
20 Hängemappen Nr. 1316; Farbe gelb; Preis 24,50 EUR
15 Hängetaschen Nr. 1232; Farbe rot; Preis 31,00 EUR

Sie brauchen diese Artikel so bald wie möglich, spätestens aber bis 5. n. M. Sie zahlen die Ware sofort mit einem Scheck und ziehen 2 % Skonto ab.

■ **5-18 Kosmetik**
Sie sind Angestellter der Parfümerie Burger, Bahnhofsgasse 1, 07407 Rudolstadt, und bestellen heute nach einem Angebot des Kosmetikvertriebs Paul Mießner KG, Tränkstraße 14 b, 06268 Querfurt:

10 Sondergrößen Eau de Toilette „Istanbul", 25 ml; Preis je Flakon 12,50 EUR
20 Sondergrößen Duschgel „Istanbul", 40 ml; Preis je Tube 9,75 EUR
10 Eau de Parfum „Blue Sky", 10 ml; Preis je Flakon 15,25 EUR
5 Seifen „Blue Sky"; 100 g; Preis je Stück 9,00 EUR

Sie brauchen die Ware spätestens bis 15. n. M. Sie zahlen sofort mit Abzug von 3 % Skonto.

5.1.4 Bestellungsannahme (Auftragsbestätigung)
Die Bestellung braucht nicht bestätigt zu werden, wenn sie sofort ausgeführt wird; es genügt die Zustellung der Rechnung. Häufig enthält die Bestätigung aber den Dank für die Bestellung und die Anzeige der Erledigung. Bei einem neuen Kunden wird der Lieferer die Bestellung immer bestätigen, um sein Interesse an der Geschäftsverbindung zu bekunden.

Ferner empfiehlt sich die Bestätigung, wenn die Bestellung erst später ausgeführt wird oder wenn das Angebot nicht in allen Teilen verbindlich war (z. B. beim freibleibenden Angebot). Eine Bestellungsannahme ist erforderlich, wenn der Bestellung kein Angebot vorausging. Auch telefonische Bestellungen sollten Sie schriftlich bestätigen, um Hörfehler und Missverständnisse zu vermeiden. Manche Kunden wünschen, dass ihre Bestellungen – regelmäßig oder in bestimmten Fällen – bestätigt werden.

§ Wie bei der Bestellung, so rationalisieren Vordrucke (nach DIN 4991) auch die Bestellungsannahme. Ein Brief wirkt jedoch persönlicher. Vor allem können Sie dann Ihren Dank so formulieren, wie es dem Geschäftspartner und der Geschäftsbeziehung angemessen ist. Der Arbeitserleichterung dient es, wenn in der Bestellungsannahme und im folgenden Schriftwechsel Auftrags-, Kunden-, Lieferschein- und Rechnungsnummern verwendet werden.

Möglicher Inhalt:
● Sie danken für die Bestellung; bei neuen Kunden: Sie freuen sich über die neue Geschäftsverbindung und erwähnen – wie schon im Angebot – die Leistungsfähigkeit Ihres Unternehmens, z. B.: *Seit Jahren sind wir ein anerkanntes Unternehmen für … – Unsere Stammkunden loben die günstigen Preise und Bedingungen.*
● Sie nennen den Versandtermin und das Transportmittel.
● Sie bezeichnen die bestellte Ware so genau wie möglich: Name, Artikelnummer u. Ä.; Preis, Menge, Größe usw.
● Sie weisen auf etwaige Abweichungen vom Angebot hin. Bei Unklarheiten müssen Sie den Kunden fragen.
● Sie versichern, dass Sie die Bestellung gewissenhaft und pünktlich ausführen werden.
● Sie empfehlen sich für künftige Geschäftsabschlüsse: *Wir erhoffen weitere gute Zusammenarbeit.*

93

Lampenfabrik **Schulz & Hofmann GmbH**

Ihr Zeichen: we-kr
Ihre Nachricht vom: 20..-11-30
Unser Zeichen: me-tr
Unsere Nachricht vom: 20..-11-25

Name: Anne Meister
Telefon: 0621 483211-411
Telefax: 0621 483211-983
E-Mail: anne.meister@lampenschulz-wvd.de

Datum: 20..-12-03

Schulz & Hofmann GmbH · Postfach 23 13 05 · 68162 Mannheim

Elektrogroßhandlung
Baumgartner KG
Frau Petra Weiß
Postfach 70 63 48
70177 Stuttgart

Ihr Bestellung über Pendelleuchten
Auftrags-Nr. 6789/....

Sehr geehrte Frau Weiß,

über Ihre Bestellung haben wir uns sehr gefreut. Wir danken Ihnen für Ihren Auftrag. In den nächsten Tagen erhalten Sie:

20 Pendelleuchten Nr. 550	
147,50 EUR je Stück	2.950,00 EUR
20 Pendelleuchten Nr. 680	
75,00 EUR je Stück	1.500,00 EUR

Unser Lkw liefert Ihnen diese Leuchten frei Haus.

Wir versichern Ihnen, dass wir Ihren Auftrag sorgfältig und gewissenhaft ausführen. Sie werden mit unseren Leuchten bestimmt gute Verkaufserfolge erzielen.

Auf Ihren nächsten Auftrag freuen wir uns schon heute.

Freundliche Grüße

Lampenfabrik
Schulz & Hofmann GmbH

ppa.

Anne Meister

Geschäftsräume
Casterfeldstraße 5
68199 Mannheim

Sitz der Firma
Mannheim
Registergericht
Mannheim HRB 6789

Geschäftsführer
Georg Schulz

E-Mail
info@lampenschulz-wvd.de
Internet
www.lampenschulz-wvd.de

Bankverbindung
Deutsche Bank Mannheim
IBAN: DE91 6707 0010 0653 0165 54
BIC: DEUTDESMXXX

94

positives Beispiel

Keramikfabrik Joachim Specht KG

Joachim Specht KG · Ostanlage 49 · 35390 Gießen

Großhandlung
Herbert Schwarz
Herrn Jens Grün
Postfach 14 05
89071 Ulm

Ihr Zeichen: gr-ka
Ihre Nachricht vom: 20..-09-12
Unser Zeichen: mü-kr
Unsere Nachricht vom: 20..-11-25

Name: Rita Müller
Telefon: 0641 1807-214
Telefax: 0641 1807-811
E-Mail: r.mueller@keramikspecht-wvd.de

Datum: 20..-09-15

Ihr Bestellung über Platten

Sehr geehrter Herr Grün,

Ihr Auftrag ist dankend bei uns eingegangen. Mit Freude haben wir festgestellt, dass die hohe Qualität unserer Wandplatten nun endlich Ihren Beifall gefunden hat. Geliefert werden Ihnen durch uns, und zwar durch Lkw am 25. d. M.:

       20 m^2 Bodenplatten Nr. 310
       Preis je m^2 51,95 EUR
       Gesamtpreis   1.039,00 EUR

       30 m^2 Wandplatten Nr. 508
       Preis je m^2 64,40 EUR
       Gesamtpreis   1.932,00 EUR

Eine Änderung unserer Preise hat also zwischenzeitlich nicht stattgefunden. Eine sorgfältige und gewissenhafte Ausführung zusichernd, verbleiben wir

mit freundlichen Grüßen

Keramikfabrik
Joachim Specht KG

ppa.

Rita Müller

Geschäftsräume	Sitz der Gesellschaft	Persönlich haftender	E-Mail	Bankverbindung
Ostanlage 49	Gießen	Gesellschafter	info@keramikspecht-wvd.de	Postbank Frankfurt (Main)
35390 Gießen	Registergericht	Joachim Specht	Internet	IBAN: DE75 5001 0060 0181 6416 09
	Gießen HRA 3456		www.keramikspecht.de	BIC: PBNKDEFFXXX

negatives Beispiel

Aufgaben für Bestellungsannahmen

Bestätigen Sie alle Bestellungen, die sich aus den Aufgaben 5-13 bis 5-18 (Seiten 89, 92, 93) ergeben haben. Verwenden Sie dazu noch folgende Informationen:

■ **5-19 Kaffeemaschinen**
Wegen der Höhe der Bestellung wird folgender Mengenrabatt gewährt: für Kaffeemaschinen Nr. 912 (mit einer Glaskanne) 15 % und für Kaffeemaschinen Nr. 913 (mit einer Thermoskanne) 20 %.

Mengenrabatt für die beiden anderen Positionen ist jedoch nicht möglich (keine eigene Produktion, sondern Bezug von einem befreundeten Hersteller).

■ **5-20 Möbel**
Alle Artikel werden sofort geliefert, bis auf die Sessel „Mirage", die wegen eines Maschinenschadens in etwa 14 Tagen folgen werden.

■ **5-21 Textilien**
Die Bestellung wird selbstverständlich noch nach der Preisliste Nr. 18 ausgeführt. Vom 1. n. M. an gilt jedoch eine neue Preisliste (Nr. 19); sie liegt der Bestellungsannahme bei. Die Preise sind um durchschnittlich 5 % erhöht (Lohnerhöhungen).

■ **5-22 Tiefkühlkost**
Die Bestellung wurde schon gestern ausgeführt (Lkw); der Fahrer hat den Sonderprospekt „Südamerikanische Spezialitäten" ausgehändigt. Auf Wunsch kann das Hotel vorbereitete Speisekarten (ohne Preisangaben) für diese Spezialitäten zum Selbstkostenpreis (0,55 EUR je Stück) erhalten. Ein Muster liegt der Bestellungsannahme bei.

■ **5-23 Bürobedarf**
Die Lieferzeit wird eingehalten. Die Hängetaschen Nr. 1232 sind vom 1. n. M. an zu je 20 Stück gepackt und kosten dann 39,00 EUR je Packung (preisgünstiger als bisher).

■ **5-24 Kosmetik**
Alle Waren werden am 9. d. M. geliefert. Für „Blue Sky" läuft bald eine Werbeaktion an. Erste Informationen und Anregungen dazu kommen unaufgefordert Anfang nächster Woche.

5.1.5 Besondere Kaufgeschäfte

Wegen individueller Vereinbarungen zwischen Verkäufer und Käufer haben sich besondere Arten von Kaufverträgen entwickelt:

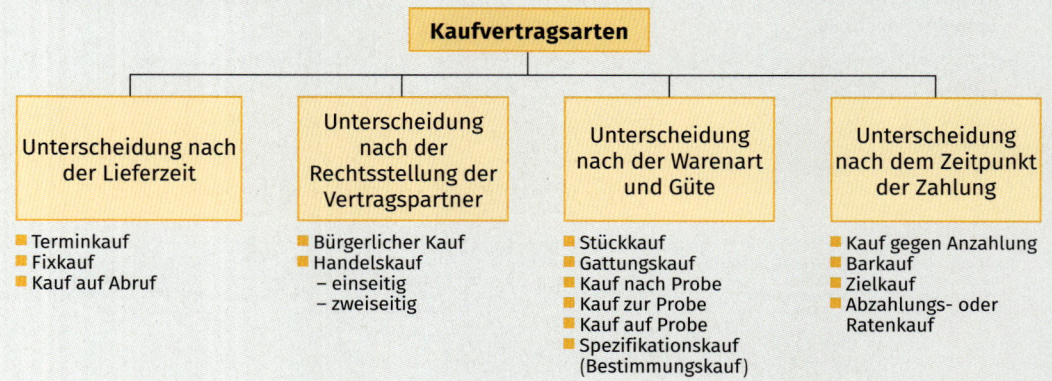

Kaufvertragsarten			
Unterscheidung nach der Lieferzeit	Unterscheidung nach der Rechtsstellung der Vertragspartner	Unterscheidung nach der Warenart und Güte	Unterscheidung nach dem Zeitpunkt der Zahlung

■ Terminkauf
■ Fixkauf
■ Kauf auf Abruf
	■ Bürgerlicher Kauf
	■ Handelskauf
	  – einseitig
	  – zweiseitig
		■ Stückkauf
		■ Gattungskauf
		■ Kauf nach Probe
		■ Kauf zur Probe
		■ Kauf auf Probe
		■ Spezifikationskauf
		  (Bestimmungskauf)
			■ Kauf gegen Anzahlung
			■ Barkauf
			■ Zielkauf
			■ Abzahlungs- oder
			  Ratenkauf

Explizit werden hier nur einige dieser besonderen Kaufgeschäfte in Aufgaben dargestellt:

Beim **Fixkauf** ist der Liefertermin oder Lieferzeitraum genau bestimmt, z. B.:
– *Nach Ihrem Angebot bestellen wir zur Lieferung bis 15. März d. J.* **fest**: …
– *Ihre Lieferung trifft* **fix** *am 15. März d. J. hier ein.*
– *Das kalte Buffet muss am 15. März d. J.* **um 10 Uhr** *geliefert werden.*

Aufgabe für einen Fixkauf
5-25 Bürobedarf
Sie sind Mitarbeiter des Fachgeschäfts Michael Wirtz, Postfach 14 18, 87431 Kempten, und bestellen bei der Großhandlung Halim, Wormser Straße 10 – 12, 55543 Bad Kreuznach, nach einem Angebot vom 15. Juli d. J. fest:

5 Arbeitsprojektoren Nr. 13 613; Preis je Stück 387,50 EUR
1 EDV-Aktenvernichter Nr. 3801; Preis je Stück 455,25 EUR
3 EDV-Ablagegestelle Nr. 4991; Preis je Stück 44,50 EUR

Sie brauchen diese Waren bis spätestens 15. August d. J., weil Sie damit eine Schule in Kempten beliefern müssen, die den Unterricht am 1. September d. J. wieder aufnimmt. Zuvor sollen die künftigen Bediener von Ihnen eingewiesen werden. – Sie zahlen sofort nach Erhalt der Rechnung.

Beim **Spezifikations- oder Bestimmungskauf** wird eine bestimmte Menge einer Ware gekauft, aber erst zu einem späteren Zeitpunkt – innerhalb einer vereinbarten Frist – nach Farbe, Form, Größe usw. näher bestimmt.

Beim **Kauf auf Abruf** muss der Käufer die Ware innerhalb eines bestimmten Zeitraums in Teilmengen abrufen.

Aufgabe für einen Kauf auf Abruf
5-26 Teppiche
Sie sind Angestellter des Möbelhauses Ralf Schleicher & Söhne KG, Alte Heerstraße 29 – 31, 95326 Kulmbach, und schreiben an die Großhandlung Gerber & Pavel GmbH, Postfach 13 01, 96041 Bamberg.

Bei der Verkaufsleiterin, Frau Jutta Erbach, haben Sie soeben telefonisch 80 Perserteppiche „Abadeh" bestellt. Die Teppiche sollen in vier Teilsendungen innerhalb vier Monaten abgerufen werden. Die Abmessungen (200 x 300 cm oder 250 x 350 cm) werden jeweils beim Abruf angegeben.

1. Bestätigen Sie Ihren telefonischen Abrufauftrag.
2. Rufen Sie drei Wochen später 20 Teppiche ab und geben Sie die gewünschten Größen an: 12 Teppiche je 200 x 300 cm, 8 Teppiche je 250 x 350 cm.

Beim **Kauf auf Probe** wird die Ware erprobt und nur behalten, wenn sie den Anforderungen entspricht.

Aufgaben für einen Kauf auf Probe

■ **5-27 Gartenbaugeräte**

Sie sind Mitarbeiter des Kaufhauses Kurt Weiland GmbH, Postfach 70 51, 71216 Leonberg. Ein Außendienstmitarbeiter (Herr Sven Jung) der Gartenbaugerätefabrik Schäfer & Becker AG, Postfach 6 43, 63707 Aschaffenburg, hat Ihnen bei seinem Besuch (vor 2 Tagen) einen Prospekt über Gartenbaugeräte überlassen. Interessiert sind Sie an folgenden Geräten:

1. Elektro-Heckenschere „Feuerdorn", 500 Watt, Schnittlänge 50 cm, Zahnabstand 14 mm, zu 24,00 EUR
2. Elektro-Kettensäge „Bambus", 1800 Watt, 40 cm Schwertlänge, automatische Kettenschmierung, zu 72,00 EUR
3. Rasentrimmer „Presto", 500 Watt, 39 cm Schnittbreite, Teleskop-Arbeitsstiel, zu 51,00 EUR

Von diesen Geräten bestellen Sie je 1 Stück auf Probe. Die Geräte sollen von Ihrem Leonberger Vertragsgartenbaubetrieb Gebrüder Schneider getestet werden. Sie stellen einen größeren Auftrag in Aussicht, falls die Tests erfolgreich verlaufen.

■ **5-28 Computer**

Sie sind Mitarbeiter des Bürohauses Jacobi, Postfach 13 04, 24101 Kiel. In der Fachzeitschrift „Das moderne Büro" haben Sie neue Computermodelle der Büromaschinenfabrik Peter Petersen OHG, Postfach 50 32 18, 20145 Hamburg, gesehen. Sie bestellen heute unter dem Vorbehalt, dass Ihnen die Geräte zusagen: 1 PC A-200 mit einer 8-TB-Festplatte, 24-Zoll-TFT-Bildschirm und 1 Laserdrucker LBP 4 zum Komplettpreis von 800,00 EUR. Ihre Kaufentscheidung werden Sie spätestens in 10 Tagen mitteilen.

5.1.6 Rechnung (Lieferanzeige)

Rechnung. Unterlagen für die Rechnungserstellung sind: Angebot oder vorangegangener Briefwechsel, Bestellung und Lieferanzeige. Die meisten Unternehmen erstellen ihre Rechnungen mit EDV-Anlagen. Der Rechnungsvordruck ist nach DIN 4991 genormt. Er enthält einen erweiterten Informationsblock. Die Angaben lassen den Geschäftsablauf erkennen. Bitte vergleichen Sie hierzu das Muster auf der folgenden Seite.

Lieferanzeige. Bei Sendungen in größeren Mengen oder in mehreren Teilen oder auf Wunsch des Kunden kündigen Sie den Versand der Ware durch eine Lieferanzeige (Versandanzeige) an (Vordruck nach DIN 4991).

Möglicher Inhalt:
- Sie nennen (in der Betreffangabe) Tag und Nummer der Bestellung.
- Sie geben den Zeitpunkt des Versands an.
- Sie bezeichnen die Ware und die Menge.
- Sie nennen die Versendungsart, z. B. Lkw, Bahn, Post, Schiff.
- Sie weisen auf eine etwaige Versicherung der Ware hin.
- Sie empfehlen sich für künftige Geschäftsabschlüsse.

5.1.7 Sicherung der Kaufpreisforderung

§ Der Lieferer erbringt eine „Vor"-Leistung, weil er zunächst liefert und der Kunde in der Regel erst später bezahlt. Deshalb muss der Verkäufer den Abnehmer kennen. Ist das nicht der Fall oder ist zu vermuten, dass sich die Kreditwürdigkeit eines alten Kunden verschlechtert hat, muss der

Lederwerke **Breiten & Chroth AG**

Breiten & Chroth AG · Postfach 11 05 · 63061 Offenbach

Lederwaren
Paul Theisen & Co.
Barmer Straße 91
42899 Remscheid

Bitte bei Zahlung und Schriftwechsel angeben.

Kunden-Nr.:   10 101
Rechnungs-Nr.:   70 010
Rechnungsdatum: 20..-07-20
Lieferdatum: 20..-07-20

Ansprechpartner: Carmen Wolf

Rechnung

Pos.	Menge	Einheit	Art.-Nr.	Bezeichnung	Einzelpreis in EUR	Gesamtpreis in EUR
1	10	Stück	80 482	**Pilotenkoffer „New York",** genarbtes Kunstleder, schwarz, 2 Schlösser, abnehmbare Kollegtasche	130,00	1.300,00
2	5	Stück	42 703	**Aktenkoffer „Diplomat",** echtes Leder, bordeaux, 2 Zahlenschlösser	90,00	450,00
3	10	Stück	13 789	**Aktenkoffer „Titus",** Kunstleder, braun, 2 Zahlenschlösser	38,00	380,00
				Versandkostenanteil		3,70
				Summe		2.133,70
				+ 19 % Mehrwertsteuer		405,40
				Rechnungsbetrag		**2.539,10**

Der Rechnungsbetrag ist zahlbar ohne Abzug bis zum 20..-08-03.
*** Ab sofort können Sie auch in unserem Internet-Shop unter www.lederbreiten-wvd.de bestellen. ***

Geschäftsräume	Kommunikation	Vorstand	Vorsitzender des Aufsichtsrates	USt-ID-	Bankverbindung
Große Marktstraße 18	Telefon: 069 1305-0	Inge Breiten (Vorsitzende)	Hans-Werner Breiten	DE 987 654 321	Deutsche Bank Frankfurt (Main)
63065 Offenbach	Telefax: 069 1305-11	Florian Breiten	Sitz der Aktiengesellschaft:	Steuer-Nr.	IBAN: DE23 5057 0018 0000 6663 15
	E-Mail: info@lederbreiten-wvd.de	Ute Erhard	Offenbach	2635/220/`063/4	BIC: DEUTDEFFXXX
	Internet: www.lederbreiten-wvd.de		Registergericht		
			Offenbach HRB 7890		

Lieferer Sicherheitsmaßnahmen treffen, bevor er die Ware versendet oder ehe er ein verbindliches Angebot abgibt.

§ **Eigentumsvorbehalt.** Die Ware bleibt bis zur vollständigen Bezahlung Eigentum des Lieferers. Er hat ferner ein Rücktrittsrecht vom Vertrag, ein Aussonderungsrecht im Insolvenzverfahren (§ 47 der Insolvenzordnung = IO) und ein Recht auf Widerspruch, falls die Ware gepfändet wird (§ 771 Zivilprozessordnung = ZPO).

Aufgabe für eine Bestellungsannahme unter Eigentumsvorbehalt

■ **5-29 Tiefkühlkost**
Sie sind Sachbearbeiter im Tiefkühlservice Klaus Junghans, Gertrudenplatz 1, 18273 Güstrow, und bestätigen die Bestellung Ihres Kunden, Hotel „Zum Goldenen Löwen", Lange Straße 10, 18055 Rostock (siehe Aufgabe 5-16, Seite 92).

Sie können erst dann Mengenrabatt gewähren, wenn die Bestellmenge mindestens 25 kg beträgt. Deshalb liefern Sie von jedem Artikel statt 3 kg 5 kg. Sie hoffen, mit der Mehrlieferung im Sinne Ihres Kunden gehandelt zu haben. Sie behalten sich das Eigentum an der Ware vor, bis sie vollständig bezahlt ist.

Nachnahmesendung. Mit einer Nachnahmesendung können Sie Geldbeträge durch die Post oder einen anderen Dienstleister einziehen lassen. Sie haben die Möglichkeit, dass eine Ware nur gegen vorherige Zahlung des Nachnahmebetrags ausgeliefert wird. Der Nachnahmebetrag der Post ist allerdings auf 1.600,00 EUR begrenzt.

Aufgabe für eine Lieferanzeige mit Rechnung für eine Nachnahmesendung

■ **5-30 Sonnenvordächer für Zelte**
Sie sind Sachbearbeiter der Zeltfabrik Erich Wagner AG, Postfach 5 01 07, 35395 Gießen, und senden dem Ausrüstungshaus für Camping und Freizeit Peter Sonnenberger KG, Gutenbergring 11 – 13, 65549 Limburg, wie gewünscht: 2 Sonnenvordächer „Madrid", Größe II, zu je 610,00 EUR.

Sie bitten um Verständnis dafür, dass der knapp kalkulierte Preis (wie im Angebot erwähnt) nur bei sofortiger Bezahlung aufrechtzuerhalten ist. Deshalb wird der Rechnungsbetrag durch Nachnahme erhoben.

1. Schreiben Sie die Lieferanzeige.
2. Stellen Sie die Rechnung aus. Verwenden Sie dazu folgende Angaben:

Warenwert (einschl. Mehrwertsteuer)	1.020,00 EUR
Beförderungsgebühr (Postpaket)	17,49 EUR
Nachnahmegebühr	7,90 EUR
Nachnahmebetrag	1.045,39 EUR

Einholen von Auskünften. Um die Kreditwürdigkeit neuer Kunden beurteilen zu können und sich vor Verlusten zu schützen, holt der Lieferer Auskünfte ein. Auch über einen alten Kunden holt er eine Auskunft ein, wenn der Kunde plötzlich schleppend zahlt oder einen viel höheren Kredit als bisher beansprucht oder wenn ungünstige Informationen über ihn vorliegen.

Bitte um Auskunft (an andere Kaufleute). Um Auskunft können Sie Geschäftsfreunde bitten oder Firmen, die der neue Kunde als Referenz genannt hat.

Möglicher Inhalt einer Bitte um Auskunft:

● Sie nennen den Anlass für Ihre Bitte um Auskunft.

● Sie nennen die Höhe des voraussichtlich zu gewährenden Warenkredits.

● Sie wünschen Auskunft über den Geschäftsinhaber und seine Mitarbeiter.

● Sie erkundigen sich nach dem Geschäftserfolg und der zu erwartenden Geschäftsentwicklung.

● Sie sagen vertrauliche Behandlung zu.

● Sie danken im Voraus und sind ggf. zu Gegendiensten gern bereit.

Aufgabe für eine Bitte um Auskunft

■ **5-31 Büromaschinen**

Sie sind in der Verkaufsabteilung der Büromaschinenfabrik Paul Grünbaum & Söhne OHG, Postfach 10 40, 87621 Füssen, beschäftigt. Ein neuer Kunde bestellt Büromaschinen im Wert von 12.500 EUR und bittet um ein Zahlungsziel von drei Monaten. Sie fürchten das Risiko eines ungesicherten Verkaufs. Andererseits wollen Sie den Kunden nicht verärgern oder gar verlieren, wenn Sie den Kaufabschluss von der Abgabe einer Sicherheit abhängig machen.

Ein Außendienstmitarbeiter Ihres Unternehmens, Herr Rainer Janz, St.-Martin-Straße 48, 56073 Koblenz, bereist auch den Wohnort des neuen Kunden.

Bitten Sie heute Herrn Janz, Wissenswertes über den Kunden zu sammeln, die Kreditwürdigkeit zu beurteilen und die Auskunft so bald wie möglich hereinzugeben.

Erteilen von Auskünften. Wer Auskunft über Ruf und Charakter, Vermögenslage u. a. eines Kaufmanns gibt, muss sich seiner Verantwortung bewusst sein: gegenüber dem Auskunftsersuchenden ebenso wie gegenüber dem Kunden. Es ist besser, eine Bitte um Auskunft höflich abzulehnen, als leichtfertig (günstig oder ungünstig) zu urteilen.

Möglicher Inhalt der Auskunft, die Sie einem Geschäftsfreund geben:

● Sie bitten um vertrauliche Behandlung der Auskunft. Es ist ratsam, den Namen der Firma nicht im Brief zu nennen, sondern auf einem beigefügten Zettel, den der Empfänger nach Kenntnisnahme vernichtet.

● Falls Sie Gründe haben: Lehnen Sie die Bitte um Auskunft ab und begründen Sie dies, z. B. nur unzureichende Informationen; keine regelmäßige Geschäftsverbindung mehr.

● Sie nennen die Rechtsform und die Geschäftsgröße sowie Art und Zahl der Mitarbeiter.

● Sie beschreiben Ruf und Charakter des Inhabers und sein kaufmännisches Verhalten.

● Sie schätzen – falls möglich – den Umsatz des letzten Jahres oder der letzten Jahre.

● Sie beurteilen die Vermögenslage des Geschäfts: Liegenschaften, Warenlager, Fahrzeugpark u. Ä.

● Sie formulieren vorsichtig Ihr Krediturteil – ohne Gewähr.

Aufgabe über das Erteilen einer Auskunft

■ **5-32 Büromaschinen**

Beantworten Sie als Rainer Janz heute die Bitte um Auskunft (siehe Aufgabe 5-31). Bitten Sie um streng vertrauliche Behandlung. Berichten Sie u. a. über die Bedeutung des Unternehmens (Name und Anschrift nach Ihrer Wahl), die Vermögenslage und Zahlungsweise sowie über Ruf, Charakter und Fähigkeiten des Inhabers. Beurteilen Sie auch die künftige Entwicklung.

Zusammenarbeit mit Auskunfteien. Gewerbliche Auskunfteien bieten die Gewähr für zuverlässige Auskünfte. Die Auskunft erfolgt als schriftlicher Bericht per Post, E-Mail oder Telefax aufgrund aktueller Erkundigungen. Die Informationen erstrecken sich auf die exakte Firmenbezeichnung und

Anschrift, Rechtsform, Inhaber bzw. Teilhaber oder Gesellschafter, Geschäftsführer und Prokuristen, Kapitalverhältnisse und Vermögenszusammensetzung (Grundbesitz, Anlagevermögen, Warenlager), Art und Umfang des Unternehmens, Finanzlage, Zahlungsweise und Bankverbindungen.

Der Interessent bestellt die Auskunft, indem er einen Anfragezettel (Vordruck oder Gutscheinheft der Auskunftei) ausfüllt.

Sicherungsübereignung. Sie ist gesetzlich nicht geregelt (Gewohnheitsrecht). Vermögensbestandteile werden übereignet, aber sie bleiben – im Gegensatz zur Verpfändung (Faustpfand) – durch einen Miet-, Leih-, Pacht- oder Verwahrungsvertrag im Besitz des bisherigen Eigentümers (§ 930 BGB, Besitzkonstitut).

§ Durch die Sicherungsübereignung wird der Kreditgeber Eigentümer; der Kreditnehmer bleibt unmittelbarer Besitzer der übereigneten beweglichen Sachen.

■ **5-33 Beispiel und Aufgabe**
Schreiben Sie dieses Beispiel normgerecht auf einen A4-Vordruck.

102

Absender:	Elektrogroßhandlung Baumgartner KG, Postfach 70 63 48, 70177 Stuttgart
Empfänger:	Lampenfabrik Schulz & Hofmann GmbH, Postfach 24 13 05, 68162 Mannheim
Infoblock:	Ihr Zeichen: me-tr; Ihre Nachricht vom: 20. .-01-05 ; Unser Zeichen: we-kr;
	Name: Petra Weiß;
	Telefon: 0711 432-238; Telefax: 0711 432-207;
	E-Mail: petra.weiss@baumgartner-wvd.de; Datum: 20. .-01-08
Betreff:	Sicherung Ihrer Forderung über 4.450,00 EUR
Anrede:	Sehr geehrte Damen und Herren,
Briefabschluss:	Freundliche Grüße, ELEKTROGROSSHANDLUNG BAUMGARTNER KG,
	ppa. Thorsten Büchner, i. A. Petra Weiß

Wie wir Ihrem Schreiben entnehmen, wünschen Sie für Ihre Forderung eine dingliche Sicherheit. Da wir nur sehr ungern und nur, wenn Sie ausdrücklich darauf bestehen, eine Sicherungshypothek auf das Firmengrundstück eintragen lassen, schlagen wir Ihnen Folgendes vor:

Wir übereignen Ihnen durch Vertrag:

1 Lkw, Bilanzwert 5.000,00 EUR
1 Pkw, Bilanzwert 1.500,00 EUR.

Durch einen Pachtvertrag müssten Sie uns die weitere Benutzung dieser unbedingt erforderlichen Betriebsmittel ermöglichen, bis wir unsere Schuld am 31. März d. J. beglichen haben.

Bitte nennen Sie Ort und Zeitpunkt für den Abschluss der Verträge.

5.2 Gestörte Abwicklung des Kaufvertrages

5.2.1 Nicht-Rechtzeitig-Lieferung (Lieferungsverzug)

§ Der Kaufvertrag verpflichtet den Verkäufer, die Ware rechtzeitig zu liefern und das Eigentum an ihr zu übertragen. Kommt er dieser Verpflichtung schuldhaft nicht oder nicht rechtzeitig nach, gerät er in Lieferungsverzug, wenn

– die Lieferung fällig ist,
– er die Leistung schuldhaft, d. h. vorsätzlich oder fahrlässig verzögert oder unterlassen hat,
– der Käufer ihn nach der Fälligkeit gemahnt und eine Frist zur Nachlieferung gesetzt hat.

Die Mahnung ist nicht erforderlich
- bei einem Fix- oder Zweckkauf,
- wenn der Liefertermin kalendermäßig bestimmt bzw. bestimmbar ist. Beispiele: Lieferung bis Ende Mai, Lieferung in der 30. Kalenderwoche, Lieferung 30 Tage nach Bestelldatum.
- bei Selbstinverzugsetzung, d. h., wenn der Lieferer seinem Kunden erklärt, dass er nicht liefern wird oder kann.

Rechte des Käufers. Der Käufer kann **ohne** Nachfristsetzung die Lieferung sofort verlangen – zusätzlich auch Schadenersatz, wenn durch die verzögerte Lieferung ein Schaden eingetreten ist. **Mit** Nachfristsetzung und Nennung eines letztmöglichen Liefertermins kann der Käufer eine spätere Lieferung ablehnen und vom Vertrag zurücktreten. Der Käufer kann auch Schadenersatz wegen Nichterfüllung verlangen.

Möglicher Inhalt für den Mahnbrief des Käufers:
- Sie weisen auf die Bestellung oder die Bestellungsannahme (oder auf die Lieferanzeige des Lieferers) hin.
- Sie stellen fest, dass die vereinbarte Lieferzeit verstrichen ist (und zeigen sich darüber enttäuscht).
- Sie nennen die Nachteile, die Ihnen aus dem Lieferverzug entstehen werden.
- Sie setzen dem Verkäufer eine angemessene Nachfrist.
- Sie machen von Ihren Rechten Gebrauch.

103

Aufgaben zur Nicht-Rechtzeitig-Lieferung

5-34 Bürobedarf
Arbeitsprojektoren, Aktenvernichter und EDV-Ablagegestelle, die Sie als Mitarbeiter des Fachgeschäfts Michael Wirtz, Postfach 14 18, 87431 Kempten, für Mitte August d. J. bei der Großhandlung Halim, Wormser Straße 10, 55543 Bad Kreuznach, bestellt hatten, sind heute, am 20. Aug. 20.., immer noch nicht bei Ihnen eingetroffen.

1. Schreiben Sie Ihrem Lieferer.
2. Entwerfen Sie eine Antwort der Großhandlung Halim, die von ihrem Herstellerwerk im Stich gelassen worden ist, aber dennoch hofft, die Waren bis zum 30. August 20.. liefern zu können.

5-35 Mikrowellenherde
Sie sind Mitarbeiter des Elektrofachgeschäfts Flath KG, Am Sande 21, 21335 Lüneburg, und haben vor 5 Wochen bei der Elektro-Apparate-GmbH, Postfach 40 38 16, 80334 München, 20 Mikrowellenherde „Inferno" bestellt. In seiner Bestellungsannahme hat Ihnen der Lieferer die Lieferung „innerhalb 3 Wochen" zugesagt.

1. Erinnern Sie Ihren Lieferer heute an die Lieferung.
2. Die Elektro-Apparate-GmbH entschuldigt sich (Gründe nach Ihrer Wahl). Sie verspricht, Ihnen die Mikrowellenherde sofort frachtfrei zu senden.

5-36 Schokoladenosterhasen
Als Mitarbeiter der Konditorei Wiese, Luisenstraße 88, 53721 Siegburg, warten Sie einen Tag vor dem Osterfest noch immer auf die bei der Schokoladenfabrik Lutz Simon, Postfach 40 38 94, 80334 München, bestellten Schokoladenosterhasen. Schreiben Sie den Brief mit entsprechendem Datum und fordern Sie Schadenersatz.

ELEKTRO GROßHANDLUNG
Baumgartner KG

Ihr Zeichen: me-tr
Ihre Nachricht vom: 20..-12-03
Unser Zeichen: we-kr
Unsere Nachricht vom: 20..-11-30

Name: Petra Weiß
Telefon: 0711 432-238
Telefax: 0711 432-207
E-Mail: petra.weiss@baumgartner-wvd.de

Datum: 20..-12-14

Baumgartner KG · Postfach 70 63 48 · 70177 Stuttgart

Lampenfabrik
Schulz & Hofmann GmbH
Frau Anne Meister
Postfach 24 13 05
68162 Mannheim

Unsere Bestellung über Pendelleuchten
Auftrags-Nr. 6789/20..

Sehr geehrte Frau Meister,

nach Ihrem Angebot hatten wir 40 Pendelleuchten bestellt, deren Lieferung Sie uns in Ihrer Bestellungsannahme für die nächsten Tage zugesagt hatten.

Inzwischen sind aber schon 10 Tage vergangen, ohne dass Sie uns den Grund für die Verzögerung genannt haben.

Wir brauchen diese Pendelleuchten für das Weihnachtsgeschäft. Deshalb bitten wir Sie, uns die Pendelleuchten sofort zu liefern. Wir setzen Ihnen eine Nachfrist bis

17. Dezember d. J.

Sollten Sie bis dann noch nicht geliefert haben, werden wir vom Kaufvertrag zurücktreten und Schadenersatz wegen Nichterfüllung verlangen.

Freundliche Grüße

ELEKTROGROßHANDLUNG
BAUMGARTNER KG

i. A.

Petra Weiß

Geschäftsräume	Sitz der Gesellschaft	Persönlich haftender	E-Mail	Bankverbindung
Roßhaustraße 67	Stuttgart	Gesellschafter	info@baumgartner-wvd.de	Postbank Stuttgart
70597 Stuttgart	Registergericht	Michael Baumgartner	Internet	IBAN: DE87 6001 0070 0071 2317 05
	Stuttgart HRA 1234		www.baumgartner-wvd.de	BIC: PBNKDEFFXXX

104

positives Beispiel

Elektrogeschäft **Kapur**

Kapur · Postfach 19 91 · 56621 Andernach

Elektrogroßhandlung
Rainer Fenske
Saarbrücker Straße 85
45138 Essen

Ihr Zeichen: ka-lu
Ihre Nachricht vom: 20..-06-15
Unser Zeichen: bt-pr
Unsere Nachricht vom: 20..-06-09

Name: Alexander Best
Telefon: 02623 1248-215
Telefax: 02623 1248-521
E-Mail: alexander.best@kapur-wvd.de

Datum: 20..-07-07

Unser Auftrag über Kaffeemaschinen

Sehr geehrte Damen und Herren,

heute möchten wir Sie dringend an unseren Auftrag Nr. 410 erinnern. In Ihrer Bestellungsannahme hatten Sie uns nämlich zugesagt, innerhalb von zwei Wochen liefern zu wollen.

Inzwischen sind aber drei Wochen vorübergegangen, ohne dass Ihre Sendung hier eintraf. Sie haben sich zu dieser bedauerlichen Verzögerung leider nicht geäußert, sodass wir Sie ausdrücklich bitten müssen, uns die Kaffeemaschinen umgehend zukommen zu lassen.

Wir wollen Ihnen eine Nachfrist setzen bis zum

14. Juli d. J.

Wenn Sie auch diese Nachfrist ungenutzt verstreichen lassen, sehen wir uns gezwungen, jede verspätete Lieferung ablehnend zu behandeln, vom Kaufvertrag zurückzutreten und einen Deckungskauf zu veranstalten. Für die auf diese Weise entstehenden Mehrkosten müssten Sie aufkommen.

Wir geben der Hoffnung Ausdruck, dass Sie uns einen solch unangenehmen Schritt ersparen möchten.

Freundliche Grüße

Elektrogeschäft Kapur

Dieter Stockhorst

Geschäftsräume	Inhaber	Gerichtsstand	E-Mail	Bankverbindung
Breite Straße 18	Dieter Stockhorst	Andernach	info@kapur-wvd.de	Raiffeisenbank Mittelrheintal
56626 Andernach		Registergericht	Internet	IBAN: DE42 5746 1759 0000 8004 01
		Stuttgart HRA 3456	www.kapur-wvd.de	BIC: RAIFCH22D19

negatives Beispiel

■ **5-37 Kaltes Buffet**

Sie sind Sachbearbeiter im Personalwesen der Büromaschinenfabrik Michael Schlosser GmbH, Postfach 15 58, 79091 Freiburg. Für die Jubiläumsfeier von Frau Brigitte Römer, die am 12. September d. J. ihr 30-jähriges Jubiläum beging, hatten Sie beim Partyservice Thiemann, Eisenbahnstraße 48, 79098 Freiburg, ein kaltes Buffet für 1.250,00 EUR bestellt, und zwar zur Lieferung frei Haus für den 12. September, 18:00 Uhr. Um 18:15 Uhr erklärte Ihnen der Partyservice auf Ihre telefonische Anfrage, er habe die Lieferung vergessen.

Um den Abend zu retten, lassen Sie die Jubilarin und die Gäste zum Essen mit Taxen in das Restaurant „Zum Rappen" fahren. Die Taxifahrten kosten 48,00 EUR; das Restaurant berechnet Ihnen für das Menü und die Getränke 1.625,00 EUR.

Schreiben Sie mit Datum vom 14. September an den Partyservice und machen Sie Ihre Rechte geltend. Kopien der Rechnungen (Restaurant und Taxi) fügen Sie bei.

■ **5-38 Regale**

Als Mitarbeiter der Großhandlung Ludwig Kaufmann, Thielenstraße 13, 56073 Koblenz, haben Sie Anfang Oktober 10 Wandregale für die Ladeneinrichtung bei der Holzfabrik Roschke, Postfach 10 89, 56561 Neuwied, bestellt. Als Liefertermin wurde Anfang November vereinbart. Am 16. November warten Sie immer noch auf die Lieferung.

1. Schreiben Sie mit diesem Datum an Roschke und schlagen Sie sinnvolle Maßnahmen vor.
2. Roschke hat Schwierigkeiten, das geeignete Holz für die Wandregale zu bekommen, und bittet um Geduld bis Mitte Dezember. Schreiben Sie auch diesen Brief.

5.2.2 Annahmeverzug

§ Nimmt der Käufer die bestellte und ordnungsgemäß gelieferte Ware nicht an, kommt er in Annahmeverzug. Der Lieferer haftet dann nur noch für Vorsatz und grobe Fahrlässigkeit. Er kann:

a) auf die Erfüllung des Vertrags verzichten und die Ware einem anderen Kunden verkaufen. Verkäufer und Käufer müssen sich aber auf den Rücktritt vom Kaufvertrag einigen;
b) die Ware an einem geeigneten Ort (eigene Lagerhalle oder öffentliches Lagerhaus) auf Kosten und Gefahr des Käufers einlagern (§ 373 HGB);
c) die Ware öffentlich versteigern lassen (Selbsthilfeverkauf), bei leicht verderblichen Waren ohne Ankündigung (Notverkauf);
d) den Käufer auf Abnahme der Ware verklagen.

Möglicher Inhalt:
● Sie weisen den Kunden auf seine Bestellung und Ihre ordnungsgemäße Lieferung hin.
● Sie stellen mit Bedauern (mit Befremden u. Ä.) fest, dass der Kunde die Annahme verweigert, und somit in Annahmeverzug geraten ist.
● Sie nennen den Ort, wo die Ware untergestellt ist, z. B. in Ihrem Lager oder in einem Lagerhaus oder in einer Spedition, und zwar auf Kosten und Gefahr des Kunden.
● Sie setzen dem Käufer eine Nachfrist.
● Sie drohen nach Ablauf der Nachfrist Konsequenzen an: Selbsthilfeverkauf (mit Ort und Zeit der Versteigerung), ggf. Notverkauf.
● Sie drohen (besonders bei Spezialanfertigungen) Klage auf Abnahme an.
● Sie weisen auf die Kosten hin, die dem säumigen Käufer entstehen.

Möbelfabrik **Franz Kaiser GmbH**

Franz Kaiser GmbH · Graf-Zeppelin-Straße 20/22 · 51147 Köln

Möbelgeschäft
Lindner & Schnitzler OHG
Klosterstraße 10
02763 Zittau

Ihr Zeichen: re-no
Ihre Nachricht vom: 20..-05-12
Unser Zeichen: kl-ka
Unsere Nachricht vom: 20..-05-15

Name: Maria Klein
Telefon: 0221 818107-208
Telefax: 0221 818107-288
E-Mail: maria.klein@moebelkaiser-wvd.de

Datum: 20..-07-08

Nichtannahme unserer Sendung

Sehr geehrte Damen und Herren,

Sie haben die Möbel nicht angenommen, die Sie am 12. Mai d. J. bestellt hatten. Dies meldet uns soeben unser Lkw-Fahrer.

Wie aus der Bestellungsannahme hervorgeht, war die Lieferung für Anfang Juli d. J. vereinbart. Daran haben wir uns gehalten und Ihren Auftrag ordnungsgemäß und gewissenhaft ausgeführt. Ihr Verhalten können wir uns nicht erklären. Bitte informieren Sie uns über die Gründe des Annahmeverzugs.

Die Möbel sind auf Ihre Kosten und Gefahr bei der Spedition Heinrich Löffler, Weberstraße 6, Zittau, untergestellt. Wir erwarten Ihre Nachricht bis

15. Juli d. J.

Danach werden wir den Selbsthilfeverkauf vornehmen. Für diesen Fall werden Sie Ort und Zeitpunkt der Versteigerung rechtzeitig erfahren.

Freundlichen Gruß

Möbelfabrik
Franz Kaiser GmbH

ppa. Walter Best   i. A. Maria Klein

Geschäftsräume
Graf-Zeppelin-Straße 20/22
51147 Köln

Sitz der Firma
Köln
Registergericht
Köln HRB 4711

Geschäftsführer
Jochen Kaiser

E-Mail
info@moebelkaiser-wvd.de
Internet
www.moebelkaiser-wvd.de

Bankverbindung
Postbank Köln
IBAN: DE69 3701 0050 0018 7175 03
BIC: PBNKDEFFXXX

positives Beispiel

Tiefkühlservice Klaus Junghans

Ihr Zeichen: kl-po
Ihre Nachricht vom: 20..-10-01
Unser Zeichen: an-st
Unsere Nachricht vom: 20..-10-04

Klaus Junghans · Gertrudenplatz 1 · 18273 Güstrow

Hotel
„Zum Goldenen Löwen"
Lange Straße 10
18055 Rostock

Name: Inge Anspach
Telefon: 03843 7207-112
Telefax: 03843 7207-115
E-Mail: inge.anspach@junghans-wvd.de

Datum: 20..-10-06

Nichtannahme unserer Sendung

Sehr geehrte Damen und Herren,

hinsichtlich der von Ihnen bestellten Tiefkühlkost haben Sie die Annahme verweigert. Dies hat uns der Fahrer unseres Spezialfahrzeugs, Herr Karl Scholz, soeben mitgeteilt.

Für Ihr Verhalten finden wir keine Erklärung. Unser Fahrer hat die Ware nochmals mit zurückgenommen. Hinsichtlich eines anderweitigen Verkaufs sehen wir erfreulicherweise keinerlei Probleme. Lassen Sie uns also eine diesbezügliche Nachricht umgehend zukommen.

Die Kosten, die uns anlässlich der Ab- und Anfahrt entstanden sind, haben wir Ihnen verständlicherweise in Rechnung gestellt. Um schnellstmöglichste Überweisung des Betrags wird dringend gebeten.

Freundlichen Gruß

Tiefkühlservice
Klaus Junghans

i. V.

Inge Anspach

Anlage
1 Rechnung

Geschäftsräume	Inhaber	Gerichtsstand	E-Mail	Bankverbindung
Gertrudenplatz 1	Klaus Junghans	Güstrow	info@junghans-wvd.de	Deutsche Bank Güstrow
18273 Güstrow		Registergericht	Internet	IBAN: DE22 9008 0040 0000 4481 77
		Güstrow HRA 6789	www.junghans-wvd.de	BIC: DEUTDEBB141

negatives Beispiel

Aufgaben zum Annahmeverzug

5-39 Polstermöbel

Sie sind Sachbearbeiter in der Rechtsabteilung der Fabrik für Polstermöbel Gebrüder Sauer KG, Postfach 1 18 05, 73721 Esslingen.

Ihr Kunde, die Büromaschinenwerke Peter Ahrens GmbH, Postfach 21 14 41, 76132 Karlsruhe, wollte die Konferenzräume mit neuen Polstermöbeln ausstatten und hat bei Ihrer Firma Polstersessel und -stühle für 50.000 EUR bestellt. In die Stoffbezüge dieser Polstermöbel wurde das Firmenzeichen Peter Ahrens GmbH eingewebt.

Als Ihre vertragsgemäße Lieferung in Karlsruhe eintrifft, verweigert Ahrens aus unerklärlichen Gründen die Annahme. Ihr Lkw-Fahrer hat die Polstermöbel wieder mitgenommen und im Lagerhaus Andreas Bauer, Alemannenstraße 15, 76137 Karlsruhe, eingelagert.

Setzen Sie den Kunden in Annahmeverzug. Machen Sie ein Recht geltend, das Sie für sinnvoll halten.

5-40 Zusatzaufgabe

Die Firma Peter Ahrens GmbH gibt als Grund Zahlungsschwierigkeiten an und bittet Sie, die Sendung zurückzunehmen.

1. Schreiben Sie den Brief der Firma Ahrens.
2. Lehnen Sie die Rücknahme ab, ziehen Sie die Konsequenz.-

5-41 Tomaten

Sie sind Mitarbeiter der Gemüsegroßhandlung Özdemir, Postfach 12 14, 92311 Neumarkt. Ihr Kunde, das Fachgeschäft Peter Schwarz, Obere Marktstraße 15, 92318 Neumarkt, hat die ordnungsgemäß gelieferten 25 kg Tomaten nicht angenommen. Sie haben einen Notverkauf durchgeführt und rechnen heute mit dem Fachgeschäft Schwarz ab:

Erlös aus dem Notverkauf	25,00 EUR
Rechnungsbetrag der Warenlieferung	37,50 EUR
zu zahlender Differenzbetrag	12,50 EUR
Honorar für die Versteigerung	30,00 EUR
Telefongebühren	2,50 EUR
Gesamtforderung	45,00 EUR

Der Betrag ist sofort auf Ihr Konto bei der Postbank München, IBAN DE62 7001 0080 0568 7413 28, zu überweisen.

5-42 Zusatzaufgabe

Peter Schwarz lehnt alle geltend gemachten Ansprüche ab, weil die Tomaten schon bei der Ankunft überreif waren. Ein fachmännisches Gutachten fügt er bei.

1. Schreiben Sie die Ablehnung.
2. Wie reagieren Sie als Lieferer?

5.2.3 Schlechtleistung (Mängelrüge)

Der Kaufvertrag verpflichtet den Käufer, die erhaltene Ware unverzüglich auf ihre Beschaffenheit zu prüfen. Werden Mängel festgestellt, ist eine Mängelrüge zu erteilen: Der Käufer reklamiert und der Verkäufer nimmt dazu Stellung.

§ Auch und gerade bei Reklamationen sollen Käufer und Verkäufer sachlich und höflich bleiben. Man unterscheidet Sachmängel, Rechtsmängel und Mängel nach Erkennbarkeit.

Sachmängel können vorkommen:
1. in der Güte (geringere Qualität)
2. in der Beschaffenheit (beschädigte oder verdorbene Ware)
3. in der Art (Falschlieferung)
4. in der Menge (zu viel oder zu wenig geliefert)
5. in der Montage (mangelhafte Montage oder fehlerhafte Montageanleitung)
6. falsche Werbeaussagen: Mit einer Druckerpatrone sollen nach Aussagen des Herstellers in der Werbung mindestens 1000 Seiten gedruckt werden können. Tatsächlich kann man aber nur 600 Seiten drucken.

Rechtsmängel liegen vor, wenn eine Sache, die veräußert wird, dem Verkäufer nicht gehört, sondern Dritte Rechte daran haben.

Mängel nach Erkennbarkeit:
1. offene Mängel
2. versteckte Mängel
3. arglistig verschwiegene Mängel

Rechte des Käufers. Bei Schlechtleistung kann der Käufer zwischen mehreren Rechten wählen. Man unterscheidet vorrangige und nachrangige Rechte.

1. Vorrangige Rechte (Nacherfüllung)
   a) Nachbesserung (Beseitigung des Mangels, Reparatur)
   b) Neulieferung (Umtausch, Ersatz)

Der Anspruch auf Nacherfüllung besteht auch bei geringfügigen Mängeln. Die Nacherfüllung gilt nach zwei erfolglosen Nachbesserungsversuchen als fehlgeschlagen. – Der Verkäufer kann Nachbesserung und/oder Neulieferung verweigern, wenn unverhältnismäßig hohe Kosten entstünden, wenn die Neulieferung umöglich ist (Unikat) oder wenn die Neulieferung für den Verkäufer unzumutbar ist.

2. Nachrangige Rechte (nach Ablauf einer angemessenen Nachfrist)
   a) Minderung (Preisnachlass)
   b) Wandlung (Rücktritt vom Kaufvertrag)
   c) Schadenersatz

Nachrangige Rechte gelten nicht bei geringfügigen Mängeln. Eine Ausnahme bildet das Recht auf Minderung. Entbehrlich ist die Nachfrist,
● wenn der Verkäufer die Nacherfüllung verweigert,
● wenn zwei Nacherfüllungsversuche fehlgeschlagen sind,
● wenn die Nacherfüllung unzumutbar ist,
● beim Fix-, Spezifikationskauf und Kauf auf Abruf.

Möglicher Inhalt der Reklamation:

- Sie bestätigen den Empfang der Ware.
- Sie beschreiben die Fehler genau.
- Sie schlagen vor, wie Ihre Reklamation erledigt werden soll.
- Sie beanspruchen eines der Ihnen zustehenden Rechte.
- Sie setzen für Nachbesserung oder Neulieferung eine angemessene Nachfrist.

Möglicher Inhalt für die Antwort des Lieferers:

Der Kunde soll merken, dass Sie seine Reklamation ernst nehmen und für seine Situation Verständnis haben. Versetzen Sie sich – mehr noch als sonst – in die Lage Ihres Kunden. Entwerfen Sie Ihre Antwort mit Takt- und Fingerspitzengefühl. Suchen Sie nach einer Lösung, die Ihnen den Käufer als Kunden erhält.

- Sie haben die Reklamation sorgfältig geprüft.
- Sie nennen – falls möglich – die Punkte, in denen Sie mit dem Kunden übereinstimmen.
- Sie wiederholen die Mängel, die der Kunde beschrieben hat.
- Sie stellen die Reklamation sachlich richtig oder erkennen sie als berechtigt an.
- Sie nehmen den Vorschlag des Kunden an oder schlagen eine andere Lösung vor.
- Sie entschuldigen sich – falls die Reklamation begründet ist – für die nicht mangelfreie Lieferung und versichern, dass es sich um einen Einzelfall handelt und alles getan wird, um eine Wiederholung auszuschließen.

Aufgaben für Schlechtleistungen (Mängelrügen)

■ **5-43 Möbel** (verschiedene Mängel)

Sie sind Bevollmächtigter des Möbelhauses Lindner & Schnitzler, Klosterstraße 10, 02763 Zittau. Die Möbelfabrik Franz Kaiser GmbH & Co. hat Ihnen die bestellten Möbel geliefert (siehe Aufgabe 5-14, Seite 92).

1. Die Platte des Esszimmertischs „Diva" zeigt Unebenheiten im Holz und hat Kratzer.
2. Statt der 3 Hochlehnenstühle „Constantin" haben Sie nur 2 erhalten.
3. Statt der Ledersessel „Mirage" haben Sie die Ledersessel „Europa" erhalten.

Was schlagen Sie Ihrem Lieferer vor?

■ **5-44 Zusatzaufgabe**

Wie reagiert Ihr Lieferer auf Ihre Vorschläge? Entwerfen Sie die Antwort Ihres Lieferers.

■ **5-45 Textilien** (verschiedene Mängel)

Als Inhaber eines Textilfachgeschäfts in Ihrem Wohnort erhalten Sie heute Waren von der Textilfabrik Helmut Staller GmbH, Postfach 16 58, 33601 Bielefeld (siehe Aufgabe 5-15, Seite 92).

Nach dem Auspacken stellen Sie fest:

1. Statt der bestellten 10 Herrenoberhemden Nr. 25 haben Sie 10 Oberhemden Nr. 26 erhalten. Diese Oberhemden sind von geringerer Qualität.
2. Die Seidenhemden Nr. 27 sind viel dunkler als die Farbmuster.
3. Statt der bestellten 20 Paar Tennissocken haben Sie nur 10 Paar erhalten.

Was schlagen Sie Ihrem Lieferer vor?

■ **5-46 Zusatzaufgabe**

Ihr Lieferer erkennt Ihre Mängelrüge nur zum Teil an. Bei Punkt 2 ist er anderer Meinung (Begründung?).

111

ELEKTRO GROSSHANDLUNG
Baumgartner KG

Ihr Zeichen: me-tr
Ihre Nachricht vom: 20..-12-16
Unser Zeichen: we-kr
Unsere Nachricht vom: 20..-12-14

Name: Petra Weiß
Telefon: 0711 432-238
Telefax: 0711 432-207
E-Mail: petra.weiss@baumgartner-wvd.de

Datum: 20..-12-18

Baumgartner KG · Postfach 70 63 48 · 70177 Stuttgart

Lampenfabrik
Schulz & Hofmann GmbH
Frau Anne Meister
Postfach 24 13 05
68162 Mannheim

112

Ihre Lieferung
Auftrags-Nr. 6789/20..

Sehr geehrte Frau Meister,

dass Ihre Lieferung mit den Pendelleuchten noch vor Weihnachten hier eingetroffen ist, hat uns gefreut.

Weniger erfreut sind wir über die leichten Kratzer auf vier der Glaspendelleuchten (Best.-Nr. 550). Wir nehmen an, die Kratzer sind auf mangelhafte Verpackung zurückzuführen.

Bitte senden Sie uns bis zum

20..-12-30

vier einwandfreie Glaspendelleuchten. Am besten verwenden Sie für den Versand Ihre bewähr-ten Spezialverpackungen, um Beschädigungen zu vermeiden.

Sind Sie mit diesem Vorschlag einverstanden?

Freundliche Grüße

ELEKTROGROSSHANDLUNG
BAUMGARTNER KG

i. A.

Petra Weiß

Geschäftsräume	Sitz der Gesellschaft	Persönlich haftender	E-Mail	Bankverbindung
Roßhaustraße 67	Stuttgart	Gesellschafter	info@baumgartner-wvd.de	Postbank Stuttgart
70597 Stuttgart	Registergericht	Michael Baumgartner	Internet	IBAN: DE87 6001 0070 0071 2317 05
	Stuttgart HRA 1234		www.baumgartner-wvd.de	BIC: PBNKDEFFXXX

positives Beispiel

Möbelhaus **Gerd Hauser OHG**

Gerd Hauser OHG · Postfach 10 10 55 · 45610 Recklinghausen

Möbelfabrik
Kurt May & Söhne KG
Postfach 12 61
35010 Marburg

Ihr Zeichen: we-br
Ihre Nachricht vom: 20..-01-16
Unser Zeichen: st-gi
Unsere Nachricht vom: 20..-01-10

Name: Ulrike Stein
Telefon: 02361 3367-105
Telefax: 02361 3367-161
E-Mail: ulrike.stein@moebelhauser-wvd.de

Datum: 20..-02-21

Mängelrüge

Sehr geehrte Damen und Herren,

wir haben die Waren erst gestern erhalten, auf die wir außerordentlich lange warten mussten. Zu unserem größten Bedauern mussten wir allerdings die nachstehend aufgeführten Mängel feststellen:

1. Beim Kirschbaumschreibtisch KONSUL 804 sind die oberen Schubladen so stark verkratzt, sodass der Schreibtisch in der Tat in dieser Form unbrauchbar ist. Ihre Werkstatt könnte ihn ausbessern, dann könnten wir den Schreibtisch zu einem Sonderpreis noch absetzen.

2. Wir hatten 24 Nadelfilz-Fußmatten bestellt und sind erstaunt, dass Sie aber 24 Gummiringmatten geschickt haben. Solche Gummiringmatten sind höchstens für den Außenbereich geeignet. Wir können sie beim besten Willen nicht verwenden und bitten deshalb um baldmöglichsten Umtausch.

Die bemängelten Artikel stehen zu Ihrer Verfügung. Wir erwarten umgehend Ihre Nachbesserung und den Umtausch. Dafür setzen wir Ihnen eine Frist bis zum

20..-02-28.

Erst nach der für uns befriedigenden Regelung unserer Reklamation werden wir die Rechnung ausgleichen.

Freundlichen Gruß

Möbelhaus
Gerd Hauser OHG

i. A. Ulrike Stein

Geschäftsräume
Uferstraße 8
45663
Recklinghausen

Sitz der Gesellschaft
Recklinghausen
Registergericht
Recklinghausen HRA 5678

Persönlich haftender
Gesellschafter
Gerd Häuser

E-Mail
info@moebelhauser-wvd.de
Internet
www.moebelhauser-wvd.de

Bankverbindung
Sparkasse Vest
IBAN: DE33 4265 0150 4561 2803 61
BIC: WELADED1REK

negatives Beispiel

Möbelfabrik Kurt May & Söhne KG

Ihr Zeichen: st-gi
Ihre Nachricht vom: 20..-02-21
Unser Zeichen: we-br
Unsere Nachricht vom:

Kurt May & Söhne KG · Postfach 12 61 · 35010 Marburg

Möbelhaus
Gerd Hauser OHG
Frau Ulrike Stein
Postfach 10 10 55
45610 Recklinghausen

Name: Stefan Weber
Telefon: 06421 78654-307
Telefax: 06421 78654-309
E-Mail: stefan.weber@moebelmay-wvd.de

Datum: 20..-02-23

Ihre Mängelrüge

Sehr geehrte Frau Stein,

Sie hatten gleich dreifachen Grund, mit der letzten Lieferung nicht zufrieden zu sein: lange Wartezeiten, verkratzte Schubladen und 24 Matten, die Sie gar nicht haben wollten. Da bleibt nur, uns bei Ihnen zu entschuldigen und Ihnen mit Rat und Tat zu helfen:

1. Für die Kratzer an den Schreibtischschubladen finden wir keine Erklärung. Selbstverständlich wird unsere Werkstatt diese Schäden so fachgerecht beheben, dass Sie den „KONSUL" noch zu einem guten Preis verkaufen können. Ein 15-prozentiger Nachlass scheint da angemessen. Sind Sie einverstanden? Den reparierten Schreibtisch erhalten Sie spätestens am 28. Februar d. J.

2. Durch ein Versehen beim Versand haben Sie die falschen Matten erhalten. Die Gummiringmatten sind bewährte Schmutzkiller – gerade vor Büroeingängen. Wie gefällt Ihnen der Tipp, diese Matten in Ihr Sortiment zu nehmen? Dann können Sie auch hier 15 % vom Rechnungsbetrag abziehen. Die 24 Nadelfilzmatten sind schon mit der Post an Sie unterwegs.

Die Frühjahrssaison steht vor der Tür. Bitte beachten Sie die Neuheiten, die Ihnen der beigefügte Katalog in Wort und Bild vorstellt. Wir wünschen Ihnen gute Verkaufserfolge. Dürfen wir schon bald Ihren Auftrag erwarten, um dabei mitzuhelfen?

Freundlichen Gruß

Möbelfabrik
Kurt May & Söhne KG

Anlage
1 Katalog

i. A. Stefan Weber

Geschäftsräume	Sitz der Kommandit-	Persönlich haftender	E-Mail	Bankverbindung
Am Kaufmarkt 4	gesellschaft	Gesellschafter	info@moebelmay-wvd.de	VR BANK MITTELHESSEN
35041 Marburg	Marburg	Kurt May	Internet	IBAN: DE49 5139 0000 0023 4567 89
	Registergericht		www.moebelmay-wvd.de	BIC: VBMHDE5FXXX
	Marburg HRA 6543			

positives Beispiel

■ **5-47 Sauerkonserven** (Mängel in der Güte)
Sie sind Sachbearbeiter der Konservenfabrik Max Lippert, Postfach 15 67, 66111 Saarbrücken. Von Ihrem Kunden, dem Hotel „Zum Goldenen Löwen", Lange Straße 10, 18055 Rostock, erhalten Sie heute folgende Reklamation:

Für Ihre Lieferung über 100 Kartons Delikatessgurken Nr. 5 danken wir Ihnen. Bei einigen Stichproben haben wir festgestellt, dass die Marinade zu sauer geraten ist und die Gurken in der Größe zu stark abweichen. Zum Beweis erhalten Sie mit gleicher Post ein Glas dieser Gurken.

Beantworten Sie diese Mängelrüge abschlägig. Beachten Sie aber, dass das Hotel „Zum Goldenen Löwen" ein sehr guter Kunde ist. Hinweis: Größenabweichungen bei Gurken sind zulässig; die Marinade wird nach einem alten Hausrezept hergestellt.

■ **5-48 Organisationsschreibtisch** (Mängel in der Beschaffenheit)
Sie sind Mitarbeiter des Büromöbelhauses Jürgen Meffert, Postfach 13 18 28, 40211 Düsseldorf. Ihr Kunde, Rechtsanwalt Dr. Heinrich Ritter, Palmenstraße 42, 40217 Düsseldorf, hat Ihnen gerade geschrieben, dass ein Fuß des gelieferten Organisationsschreibtischs stark beschädigt ist. Dr. Ritter hat Ihnen eine Frist zur Nacherfüllung bis zum 20..-..-.. gesetzt. Es liegt Ihnen daran, den Kunden so schnell wie möglich zufriedenzustellen. Unterbreiten Sie ihm also einen akzeptablen Vorschlag.

■ **5-49 Registraturschränke und Computertische** (Mängel in Art und Beschaffenheit)
Als Mitarbeiter des Elektrogeschäfts Kapur, Postfach 19 91, 56621 Andernach, haben Sie heute von Ihrem Lieferer, dem Büromöbelhaus Jürgen Meffert, Postfach 13 18 28, 40211 Düsseldorf, zwei Registraturschränke Nr. 205 erhalten, obwohl Sie zwei Registraturschränke Nr. 2005 (viel bessere Ausführung) bestellt hatten. Setzen Sie eine Frist für die Ersatzlieferung (Umtausch).

Sie stellen ferner fest, dass bei drei Computertischen die Rollen beschädigt sind. Was schlagen Sie dem Lieferer vor?

5.2.4 Nicht-Rechtzeitig-Zahlung (Zahlungsverzug)

Jeder Kaufmann ist darauf bedacht, dass seine Forderungen pünktlich eingehen. Hohe Außenstände bringen ihm viele Nachteile: Sie zwingen ihn, die Rechnungen seiner Lieferer ohne Skontoabzug zu begleichen oder Bankkredite aufzunehmen. Es besteht die Gefahr, dass sich die Lage des säumigen Kunden verschlechtert und ein Vergleich oder Insolvenz Verluste bringt. Schließlich drohen Verluste durch Verjährung.

Nach dem Kaufvertrag muss der Käufer den vereinbarten Kaufpreis rechtzeitig bezahlen. War eine genaue Zahlungsfrist vereinbart (und dies ist die Regel), so kommt der Käufer auch ohne Mahnung in Verzug.

§ **Verzugszinsen.** Der Verkäufer hat – ohne Rücksicht auf einen konkreten Schaden – Anspruch auf Verzugszinsen. Grundlage für deren Berechnung ist der Basiszinssatz der Europäischen Zentralbank (EZB). Im Geschäftsverkehr unter Kaufleuten betragen die Verzugszinsen 9 %, im Geschäftsverkehr mit und unter Verbrauchern 5 % über dem Basiszinssatz der EZB.

Mahnverfahren. Der Gläubiger (Verkäufer) kann den Schuldner (Käufer) außergerichtlich oder gerichtlich mahnen.

1. Außergerichtliches Mahnverfahren. Hierfür gibt es keine gesetzliche Regelung, doch verläuft dieses „normale" Mahnverfahren meist in folgenden Stufen:
- *Zahlungserinnerung:* Ein höflicher Brief erinnert den Schuldner an die fällige Zahlung. – (Bei persönlich bekannten Kunden ist es auch möglich, sie mündlich oder telefonisch oder durch den Außendienst an die fällige Zahlung zu erinnern.)
- *Erste Mahnung:* Der Kunde wird höflich, aber bestimmt schriftlich aufgefordert, den Rechnungsbetrag zu begleichen.
- *Zweite Mahnung:* Der 2. Brief fordert den Kunden – unter Hinweis auf die erste Mahnung – sofort zur Zahlung auf und droht gerichtliche Schritte an.

2. Gerichtliches Mahnverfahren
- *Mahnbescheid:* Der Gläubiger beantragt beim Amtsgericht, dem Schuldner einen Mahnbescheid zuzustellen. Antragsvordrucke sind im Schreibwarenhandel oder beim Amtsgericht erhältlich. Zuständig ist das Amtsgericht, bei dem der Antragsteller seinen Gerichtsstand hat. Der Mahnbescheid verursacht im Vergleich zur Gerichtsverhandlung nur geringe Kosten.
- *Widerspruch:* Der Schuldner kann den geforderten Betrag binnen zwei Wochen zahlen und damit das gerichtliche Mahnverfahren beenden. Hält er den Mahnbescheid aber für unberechtigt, kann er Widerspruch einlegen. Dann entscheidet das Gericht.
  Der Schuldner muss auch dann Widerspruch einlegen, wenn er zeitgleich mit dem Eingang des Mahnbescheids gezahlt hat. Sonst läuft das Verfahren nämlich zunächst weiter.
- *Vollstreckungsbescheid:* Wenn der Schuldner weder bezahlt noch Widerspruch einlegt, kann der Gläubiger innerhalb von sechs Monaten einen Vollstreckungsbescheid beantragen. Nach dessen Zustellung kann der Schuldner innerhalb von zwei Wochen bezahlen oder widersprechen. Wird der Widerspruch vom Amtsgericht abgewiesen, kommt es zur Zwangsvollstreckung.

✖ **Bitte beachten Sie:** Der Ton Ihrer Mahnung(en) muss dem Kundenverhältnis angemessen sein. Ziel Ihrer Mahnung(en) ist stets, Ihre Forderung hereinzuholen, aber nach Möglichkeit keinen Kunden zu verlieren.

Möglicher Inhalt einer Zahlungserinnerung:
● Sie danken nochmals für den Auftrag.
● Sie erinnern den Kunden an den Rechnungsausgleich.
● Sie fordern ihn freundlich, aber bestimmt zur Zahlung auf.
● Sie können Ihrer Erinnerung auch einen Kontoauszug oder eine Rechnungskopie beifügen.
● Sie können auch einen vorbereiteten Vordruck „Überweisung/Zahlschein" beilegen.
● Sie können Ihre Erinnerung mit einem besonders günstigen Angebot, dem Hinweis auf neue Modelle, Preislisten u. Ä. verbinden.
● Sie danken im Voraus für die Überweisung.

Beispiel: Zahlungserinnerung, verbunden mit einer kurzen Werbung

Für Ihren Auftrag danken wir Ihnen nochmals. Aus dem Telefongespräch mit Ihrem Verkaufsleiter, Herrn Daniel Hausen, wissen wir schon, dass Sie den größten Teil der Wettermäntel „London" bereits verkaufen konnten. Darüber freuen wir uns mit Ihnen.

Im stürmischen Herbstgeschäft wurde wohl übersehen, unsere Rechnung über 7.000 EUR wie vereinbart am 15. d. M. zu begleichen. Am besten verwenden Sie für Ihre Überweisung den beigefügten Vordruck. Dafür danken wir Ihnen im Voraus.

Bis zum Einkauf der Frühjahrsmäntel ist es nicht mehr weit. Der beigefügte Prospekt stellt Ihnen einige besonders attraktive Modelle vor. Den Katalog mit unserem vollständigen Angebot erhalten Sie Anfang n. M.

Landmaschinenhandlung
Förster & Kunz GmbH

Förster & Kunz GmbH · Postfach 5 77 · 25335 Elmshorn

Landbau
Gebrüder Berger
Schwalbenweg 47
25899 Niebüll

Ihr Zeichen: bw-lo
Ihre Nachricht vom: 20..-05-08
Unser Zeichen: hi-mü
Unsere Nachricht vom: 20..-04-22

Name: Peter Hirsch
Telefon: 04121 37565-118
Telefax: 04121 37565-119
E-Mail: peter.hirsch@maschinenfoerster-wvd.de

Datum: 20..-05-12

Unsere Rechnung Nr. 30 800

Sehr geehrte Damen und Herren,

im Februar d. J. haben Sie drei gebrauchte Traktoren HERKULES erhalten. Diese Fahrzeuge hatte unsere Zentralwerkstatt gründlich durchgesehen und dabei alle Verschleißteile erneuert. Bitte vergleichen Sie hierzu die beigefügte Kopie.

Sie haben unsere Rechnung noch nicht beglichen. Daran mussten wir Sie schon zweimal erinnern. Jetzt wollen Sie unsere Forderung nicht anerkennen. Darüber wundern wir uns, zumal von einer telefonischen Reklamation Ihres Verwalters hier nichts bekannt ist. Es gelten ohnehin nur schriftliche Mängelrügen.

Nun verweisen Sie darauf, Sie hätten zwei Traktoren selbst ausgebessert und das dritte Fahrzeug sei irreparabel. Wie aus dem beigefügten Werkstattbericht hervorgeht, haben alle drei Traktoren bei der Schlussinspektion einwandfrei gearbeitet. Die Schäden können also nur später entstanden sein.

Deshalb bestehen wir darauf, dass Sie zuerst die Rechnung über 12.000 EUR begleichen. Danach sind wir gern bereit, mit Ihnen über die Reparaturkosten zu verhandeln.

Freundliche Grüße

Landmaschinenhandlung
Förster & Kunz GmbH

Anlage
1 Kopie Werkstattbericht

i. A. Peter Hirsch

Geschäftsräume
Alter Markt 74
25335 Elmshorn

Sitz der Firma
Elmshorn
Registergericht
Elmshorn HRB 7890

Geschäftsführer
Karl Förster
Erwin Kunz

E-Mail
info@maschinenfoerster-wvd.de
Internet
www.maschinenfoerster-wvd.de

Bankverbindung
Commerzbank Elmshorn
IBAN: DE19 2218 0000 8884 3000 19
BIC: COBADEFFXXX

positives Beispiel

Elektrogroßhandlung **Rainer Fenske**

Ihr Zeichen: gö-wa
Ihre Nachricht vom: 20..-01-15
Unser Zeichen: zi-po
Unsere Nachricht vom: 20..-03-20

Name: Torsten Ziege
Telefon: 0201 483211-127
Telefax: 0201 483211-517
E-Mail: torsten.ziege@elektrofenske-wvd.de

Datum: 20..-04-25

Rainer Fenske · Saarbrücker Straße 85 · 45138 Essen

Elektrogeschäft
Kapur
Postfach 19 91
56621 Andernach

Unsere Rechnung Nr. 108

Sehr geehrte Damen und Herren,

Sie haben unseren Kontoauszug und die beiden Erinnerungsbriefe leider nicht beachtet. Deshalb müssen wir Ihnen für den Betrag von

4.450,25 EUR

eine letzte Zahlungsfrist – bis 15. Mai 20.. – setzen.

Sollten Sie auch bis dahin Ihren Verpflichtungen nicht nachgekommen sein, werden wir einen Mahnbescheid beantragen. Es ist uns unbegreiflich, dass Sie es bisher nicht für nötig gehalten haben, uns wenigstens eine kurze Erklärung für Ihr ungewöhnliches Verhalten zukommen zu lassen.

Hochachtungsvoll

Elektrogroßhandlung
Rainer Fenske

ppa.   i. V.

Anne Feldmann   Torsten Ziege

Geschäftsräume	Gerichtsstand	Inhaber	E-Mail	Bankverbindung
Saarbrücker Straße 85	Essen	Rainer Fenske	info@elektrofenske-wvd.de	Postbank Essen
45138 Essen	Registergericht		Internet	IBAN: DE41 3601 0043 0075 0594 36
	Essen HRA 6789		www.elektrofenske-wvd.de	BIC: PBNKDEFFXXX

negatives Beispiel

Möglicher Inhalt einer ersten Mahnung:

● Sie beziehen sich auf Ihre Zahlungserinnerung.

● Sie fordern den Kunden auf, bis zu einem bestimmten Termin zu zahlen.

● Sie können auch auf Ihre eigenen Zahlungsverpflichtungen hinweisen.

Möglicher Inhalt einer zweiten Mahnung:

● Sie beziehen sich auf Ihre Zahlungserinnerung und auf die erste Mahnung.

● Sie bestimmen einen Termin, bis wann das Geld überwiesen sein soll.

● Sie kündigen bei Nichtzahlung einen Mahnbescheid an oder Sie übertragen den Einzug einem Inkassounternehmen.

Originell um jeden Preis? Es fehlt nicht an Versuchen, die „trockenen" Mahnbriefe durch originelle Formulierungen – meist auf vorgedruckten Schemabriefen, die Werbebüros u. Ä. anbieten – zu ersetzen. Es gibt solche Mahnbriefserien auch mit Zeichnungen oder Fotos, manchmal sogar mit Versen und Zitaten. Viele dieser Mahnbriefserien wirken überzogen, unangemessen witzig und erfüllen kaum ihren Zweck.

Aufgaben für Mahnungen

■ **5-50 Zahlungserinnerung**

Sie sind Bevollmächtigter der Weberei Fritz Meister, Postfach 18 92, 78531 Tuttlingen. Ihr Kunde, die Kleiderfabrik Jürgen Höfer & Söhne, Goethestraße 1, 29410 Salzwedel, hat von Ihnen Baumwollsatin bezogen und die Rechnung Nr. 503 über 240,45 EUR, die vor einigen Tagen fällig war, noch nicht beglichen.

Schreiben Sie heute eine freundlich gehaltene Zahlungserinnerung und bieten Sie Ihren neuen Seidenstoff „Doris" (Preis und Mindestmenge nach Ihrer Wahl) an.

■ **5-51 Mahnung**

Sie sind Mitarbeiter des Tiefkühlservice Klaus Junghans, Gertrudenplatz 1, 18273 Güstrow, und mahnen heute Ihren Kunden, das Hotel „Zum Goldenen Löwen", Lange Straße 10, 18055 Rostock.

Es geht um Ihre Rechnung Nr. 408 über 362,90 EUR, die schon vor 6 Wochen hätte beglichen werden müssen.

■ **5-52 Mahnung**

Sie sind Angestellter des Bürobedarfs Heinrich Amsel GmbH, Postfach 12 08, 24931 Flensburg. Sie beziehen sich auf Ihre Zahlungserinnerung und mahnen heute bei der Großhandlung Paul Schneider & Söhne, Postfach 10 45, 67051 Ludwigshafen, den Betrag Ihrer Rechnung Nr. 205 über 615,25 EUR (Ziel 2 Monate) an.

■ **5-53 Zusatzaufgabe**

Die Großhandlung Paul Schneider & Söhne bittet Sie, das Zahlungsziel um 4 Wochen zu verlängern und gibt dafür Gründe an (welche?).

■ **5-54 Zweite Mahnung**

Sie sind Sachbearbeiter der Textilfabrik Helmut Staller GmbH, Postfach 16 58, 33601 Bielefeld. Trotz der Zahlungserinnerung und der ersten Mahnung hat Ihr Kunde, das Textilfachgeschäft Dieter Kadenbach, Hochstraße 98, 56112 Lahnstein, den Rechnungsbetrag von 249,00 EUR, der schon vor 2 Monaten fällig war, noch nicht beglichen.

■ **5-55 Mahnbriefreihe**
Sie sind Angestellter des Kosmetikvertriebs Paul Mießner KG, Tränkstraße 14 b, 06268 Querfurt. Sie mahnen die Parfümerie Burger, Bahnhofsgasse 1, 07407 Rudolstadt, wegen der fälligen Rechnung Nr. 121 über 405,40 EUR vom ... (Datum nach Ihrer Wahl) ab heute mit drei Mahnbriefen in angemessenen Zeitabständen.

5.2.5 Erlöschen eines Angebots Widerruf/Ablehnung einer Bestellung

Ein Angebot erlischt in folgenden Fällen:

a) Wenn der Anbietende rechtzeitig widerruft, d. h., wenn der Widerruf vor, spätestens aber gleichzeitig mit dem Angebot zugeht; dies gilt sinngemäß auch für den Widerruf einer Bestellung;
b) wenn die Bestellung verspätet eintrifft;
c) wenn die Annahme unter Erweiterungen, Einschränkungen oder anderen Änderungen erfolgt; sie gilt als Ablehnung des Angebots, verbunden mit einem neuen Antrag (Angebot).

§ Um das rechtzeitige Eintreffen des Widerrufs zu sichern, nutzen Sie am besten E-Mail, Telefax oder Express Brief (z. B. DHL ExpressEasy). Sie können auch telefonisch widerrufen, sollten dann aber einen schriftlichen Widerruf nachsenden.

Möglicher Inhalt eines Widerrufs:
● Sie beziehen sich auf Ihr Angebot bzw. auf Ihre Bestellung und verweisen darauf, dass das Angebot bzw. die Bestellung gleichzeitig mit dem Widerruf eintrifft.
● Oder Sie beziehen sich auf Ihren telefonischen Widerruf, wobei Sie den Gesprächspartner nennen.
● Sie bedauern, dass Sie das Angebot bzw. die Bestellung widerrufen müssen, und begründen Ihren Widerruf.
● Sie danken dem Kunden bzw. Lieferer für die Annahme Ihres Widerrufs und erbitten sein Verständnis.
● Sie bitten den Kunden bzw. Lieferer, sein Einverständnis schriftlich zu bestätigen.
● Trifft eine Bestellung zu spät ein, sagen Sie dem Kunden zu, dass Sie ihn selbstverständlich künftig wieder gern beliefern werden.

Aufgaben für Widerruf und Ablehnung von Bestellungen

■ **5-56 Textilien**
Als Sachbearbeiter der Textilfabrik Weber & Söhne, Postfach 51 12 62, 30155 Hannover, haben Sie dem Modehaus Moritz & Schnell, Mainzer Straße 18, 56068 Koblenz, vor zwei Monaten ein Angebot über Jeanshosen und -jacken gemacht, das aber nur einen Monat galt.

Erst heute erhalten Sie die Bestellung des Modehauses.

Sie bedauern, dass Sie die verspätete Bestellung nicht ausführen können, da die Produktion inzwischen umgestellt wurde. Sagen Sie zu, den Kunden künftig gern wieder zu beliefern.

■ **5-57 Holz**
Als Handlungsbevollmächtigter des Holzhauses Bruno Rellek GmbH, Postfach 13 45, 53721 Siegburg, haben Sie der Holzhandlung Fritz Reuter KG, Alte Bahnhofstraße 2, 53173 Bonn, Sperrholz zum Quadratmeterpreis von 7,50 EUR angeboten.

Reuter bestellt zum Quadratmeterpreis von 7,00 EUR.

Dieser Preis ist jedoch nicht akzeptabel, da bereits 7,50 EUR je Quadratmeter äußerst knapp kalkuliert sind.

5-58 Baumwollsatin

Als Mitarbeiter der Weberei Fritz Meister, Postfach 18 92, 78531 Tuttlingen, haben Sie vor 6 Wochen der Kleiderfabrik Jürgen Höfer & Söhne, Goethestraße 11, 29410 Salzwedel, Baumwollsatin „Karin" und „Petra" angeboten.

Heute erhalten Sie von Ihrem Kunden eine Bestellung über je 500 m dieser Stoffe. Schreiben Sie Ihrem Kunden, dass die angebotene Menge inzwischen bis auf einen kleinen Rest verkauft ist.

5-59 Bürobedarf

Als Sachbearbeiter des Bürobedarfs Franz Meister GmbH, Postfach 12 08, 24931 Flensburg, erhalten Sie heute eine Bestellung Ihres Kunden Paul Schneider & Söhne, Postfach 10 45, 67051 Ludwigshafen, über Taschenrechner, Hängemappen, Hängehefter und Hängetaschen (Anzahl, Bestell-Nr. und Preise nach Ihrer Wahl).

Sie stellen fest, dass bei den Taschenrechnern anscheinend eine falsche Bestell-Nr. angegeben wurde (die genannte Bestell-Nr. bezeichnet einen viel teureren Taschenrechner); die Hängemappen in Blau bestellt wurden (Sie hatten nur graue angeboten); die Hängehefter in Rot bestellt wurden (Sie hatten nur blaue angeboten). Nur die Bestellung über Hängetaschen entspricht Ihrem Angebot. Was schreiben Sie Ihrem Kunden?

121

Lampenfabrik Schulz & Hofmann GmbH

Schulz & Hofmann GmbH · Postfach 24 13 05 · 68162 Mannheim

Elektrogroßhandlung
Baumgartner KG
Frau Petra Weiß
Postfach 70 63 48
70177 Stuttgart

Ihr Zeichen: we-kr
Ihre Nachricht vom: 20..-11-22
Unser Zeichen: me-tr
Unsere Nachricht vom: 20..-11-25

Name: Anne Meister
Telefon: 0621 483211-411
Telefax: 0621 483211-983
E-Mail: anne.meister@lampenschulz-wvd.de

Datum: 20..-11-26

Bestätigung unseres telefonischen Widerrufs von heute Morgen
Auftrags-Nr. 6789/20..

Sehr geehrte Frau Weiß,

Sie haben von uns ein Angebot über Pendelleuchten aus Glas und Kunststoff erhalten. Bei der Kalkulation ist uns jedoch ein Fehler unterlaufen. Über diesen Fehler hatten wir Sie heute Morgen schon telefonisch unterrichtet.

Bitte beachten Sie die endgültigen Preise:

Bestell-Nr. 550:
sechsflammige Pendelleuchten aus Glas
Durchmesser 37 cm; Preis 150,00 EUR je Stück

Bestell-Nr. 680:
einflammige Pendelleuchten aus Kunststoff
Durchmesser 42 cm; Preis 80,00 EUR je Stück

Wir bitten Sie, den Irrtum zu entschuldigen und Ihr Einverständnis mit unserem Widerruf zu bestätigen. Hierfür danken wir Ihnen im Voraus.

Freundliche Grüße

Lampenfabrik
Schulz & Hofmann GmbH

ppa.

Anne Meister

Geschäftsräume	Sitz der Firma	Geschäftsführer	E-Mail	Bankverbindung
Casterfeldstraße 5	Mannheim	Georg Schulz	info@lampenschulz-wvd.de	Deutsche Bank Mannheim
68199 Mannheim	Registergericht		Internet	IBAN: DE91 6707 0010 0653 0165 54
	Mannheim HRB 6789		www.lampenschulz-wvd.de	BIC: DEUTDESMXXX

positives Beispiel

Keramikfabrik Joachim Specht KG

Ihr Zeichen: gr-ka
Ihre Nachricht vom: 20..-08-22
Unser Zeichen: mü-kr
Unsere Nachricht vom:

Joachim Specht KG · Ostanlage 49 · 35390 Gießen

Großhandlung
Herbert Schwarz
Herrn Jens Grün
Postfach 14 05
89071 Ulm

Name: Rita Müller
Telefon: 0641 1807-214
Telefax: 0641 1807-811
E-Mail: r.mueller@keramikspecht-wvd.de

Datum: 20..-08-25

Unser Angebot über Platten

Sehr geehrter Herr Grün,

wir danken Ihnen für Ihre Bestellung über Wand- und Bodenfliesen. Wir hatten dieses Angebot bis zum 19. d. M. befristet.

Wir sind deshalb leider nicht mehr in der Lage, Ihre Bestellung jetzt noch auszuführen. Wir haben diese Fliesen so gut verkauft, dass wir keine mehr auf Lager haben.

Wir werden Sie künftig wieder gern mit unseren Wand- und Bodenfliesen beliefern. Wir legen diesem Brief unseren neuesten Katalog bei.

Wir freuen uns schon heute auf Ihre Bestellung.

Freundliche Grüße

Keramikfabrik
Joachim Specht KG

ppa.

Rita Müller

Anlage
1 Katalog

Geschäftsräume
Ostanlage 49
35390 Gießen

Sitz der Gesellschaft
Gießen
Registergericht
Gießen HRA 3456

Persönlich haftender
Gesellschafter
Joachim Specht

E-Mail
info@keramikspecht-wvd.de
Internet
www.keramikspecht-wvd.de

Bankverbindung
Postbank Frankfurt (Main)
IBAN: DE74 5001 0060 0181 6416 09
BIC: PBNKDEFFXXX

negatives Beispiel

6 Werbung

„Wer nicht wirbt, der stirbt." Der alte Kaufmannsspruch gilt heute mehr denn je. Auf dem Markt weht ein rauer Wind. Wer verkaufen will, muss werben – gezielt und wirkungsvoll; denn Werbung kostet Geld. Es gibt viele Werbemittel, u. a. Zeitungsanzeigen, Plakate, Prospekte, Kataloge, Probepackungen, Werbespots in Funk und Fernsehen, Schaufenster und Vitrinen, Kunden- und Hauszeitschriften, Infopost, Wurfsendungen, Handzettel, Flyer, Werbekarten, Broschüren usw.

Werbemöglichkeiten bietet nicht zuletzt das Internet mit Werbebannern und Pop-ups; Internetauftritten und Online-Newslettern. Andere Werbemittel sind: Bandenwerbung in Stadien, Trikotwerbung im Sport, Werbung auf öffentlichen und nicht öffentlichen Verkehrsmitteln. Zu den Werbemitteln zählen auch alle Werbeartikel (Werbegeschenke), die an Kunden verteilt werden.

Die Auswahl des Werbemittels richtet sich nach Inhalt, Zielgruppe und Reichweite. Für die individuelle Werbung bleibt der Brief die Nummer 1.

6.1 Werbeziele und Werbearten

Mit seiner Werbung will der Kaufmann den Kundenstamm erhalten, neue Kunden gewinnen, die Abnehmer mit neuen Produkten oder Dienstleistungen vertraut machen und Bedürfnisse wecken. Der Werbende kann sich an einzelne Empfänger wenden (Direktwerbung) oder an eine bestimmte Adressatengruppe (z. B. Kfz-Betriebe, Gärtner, Lehrer) oder an die Allgemeinheit (Massenwerbung). Er kann nur für sich werben (Alleinwerbung) oder zusammen mit anderen Firmen oder Organisationen (Gemeinschaftswerbung) oder mit den Geschäftsleuten einer Stadt, einer Straße usw. (Sammelwerbung).

6.2 Ermittlung der Adressaten von Werbesendungen

Der individuelle Brief hat die größten Chancen. Zielgruppen sind die Kunden (jetzige und ehemalige) und mögliche Interessenten, die Kunden werden sollen. Die Anschriften neuer Interessenten ermittelt der Kaufmann aus Branchentelefonbüchern („Gelbe Seiten"), Adressbüchern, über Adressenverlage, durch Inserate mit Antwortcoupons, Preisausschreiben usw. Neue Adressen kann man mieten (bei Adressvermittlern), kaufen (z. B. Adress-CD-ROMS) oder recherchieren (z. B. im Internet). Auf dem deutschen Adressenmarkt gibt es zahlreiche Anbieter, Adressbroker (Listbroker) und Unternehmen bzw. Makler, die Adressen von Unternehmen und Privatpersonen verleihen oder verkaufen (indirekt zu Marketingzwecken). Der Kaufmann erhält auch Hinweise von Kunden und Mitarbeitern. Nach all diesen Informationen kann er dann eine eigene Adressdatei (Kundendatei) anlegen und führen.

6.3 Der Briefaufbau

Jeder Geschäftsbrief sollte ein „Werbe"-Brief sein: eine Empfehlung für den Absender. Daher muss der Kaufmann alle Briefe so abfassen und schreiben, dass sie als Werbeträger dienen: klarer, freundlicher Stil, übersichtliche Gliederung, sauberes Schriftbild. Beim „eigentlichen" Werbebrief ist aber noch mehr zu beachten.

6.3.1   Die AIDA-Formel

Amerikanische Werbefachleute haben eine griffige und bewährte Formel für den Aufbau des Werbebriefs gefunden: AIDA.

A = Attention: Ihr Brief muss sofort die Aufmerksamkeit des Lesers wecken. Sonst liest er erst gar
nicht weiter. Formulieren Sie die Betreffangabe packend; sie wirkt dann wie die Schlagzeile einer
Zeitungsanzeige.

Mit dem Fernglas vor dem Bildschirm?

Sehr geehrte Damen und Herren,

Suchen Sie nach einem wirkungsvollen Anfang, der neugierig macht oder den Leser aufhorchen lässt.

wie können Sie Arbeitsfreude, Initiative und Gesundheit Ihrer PC-Anwender erhalten und steigern? Eine gute
Frage, auf die es eine gute Antwort gibt.

I = Interest: Wenden Sie sich an die Interessen des Lesers. Fragen Sie sich: Welche Probleme hat er? Welche Hilfen können Sie ihm bieten? Der Übergang vom Einstieg zu diesem Briefteil ist nicht leicht. Hüten
Sie sich vor gewaltsamen oder langweiligen Überleitungen, argumentieren Sie überzeugend und locker.

Sie wissen, wie sich Ihre Mitarbeiter den Bildschirm wünschen. Er soll

– stufenlos zu drehen, zu neigen und in der Höhe zu verstellen sein;
– nicht spiegeln, nicht flimmern, sondern klare Schriften und gestochen scharfe Bilder zeigen;
– möglichst geringe elektromagnetische und statische Felder haben.

D = Desire (of possession) = Besitzwunsch: Nun formulieren Sie Ihr Angebot so, dass der Leser den
Wunsch hat, Ihr Produkt zu besitzen oder Zusatzinformationen, Proben u. Ä. anzufordern. Stellen Sie
heraus, wie wichtig Ihr Angebot für ihn ist und wie leicht er es nutzen kann.

Zugegeben, das sind sehr hohe Ansprüche. Mit unserem neuen Bildschirm ARGUS haben wir sie erfüllt:

Beweglich nach allen Seiten – ohne Reflexionen, ohne Flimmern, mit bester Zeichen- und Bilddarstellung.

Wie Sie die Akzeptanz und Motivation Ihrer Mitarbeiter für die Bildschirmarbeit sichern können, das sagt Ihnen
der aktuelle Ratgeber „Welcher Bildschirm für den PC?". Die Lektüre lohnt sich für Sie und für alle PC-Anwender
Ihres Unternehmens.

A = Action: Der Leser soll etwas tun: ausführliche Informationen anfordern oder gleich bestellen.

Sie können diese nützliche Broschüre kostenlos und unverbindlich mit der beigefügten Karte anfordern.

Senden Sie die Karte heute noch ab, dann ist unser Ratgeber spätestens übermorgen bei Ihnen.

Freundliche Grüße

6.3.2   Sprachliches zum Werbebrief

Wiederholen Sie Abschnitt 3: Tipps für Ihren Briefstil. Hier noch ein paar Tipps für Ihre Werbebriefe:
1. Verwenden Sie oft die Wörter *Sie* und *Ihre,* weniger dagegen *wir* und *uns(ere)*. Wiederholen Sie
   Ihren Firmennamen oder Ihr Markenzeichen nicht zu oft.

2. Wörter auf *-ung, -heit, -keit* wirken meist blass. Kurzsilbige Wörter sind frischer und leichter zu lesen.

3. Bringen Sie nicht zu viele Präpositionen in einem Satz unter. Der Satz wirkt dann leicht holprig und unbeholfen.

statt so:	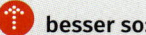 **besser so:**
In dem Gesamtverzeichnis, das Sie **mit** der beigefügten Karte anfordern können, finden Sie **auf** der letzten Seite auch unsere Liefer- und Zahlungsbedingungen.	Bitte fordern Sie mit der beigefügten Karte das Gesamtverzeichnis an. Die letzte Seite nennt Ihnen auch die Liefer- und Zahlungsbedingungen.

4. Schreiben Sie einfach und packend. Vermeiden Sie Phrasen und Floskeln.
5. Schreiben Sie öfter Fragesätze; sie beleben und sind eindringlicher als Aussagen.
6. Verwenden Sie neben Punkt und Komma auch Gedankenstrich und Doppelpunkt: Der Gedankenstrich erzeugt Spannung, der Doppelpunkt erspart eine verbale Ankündigung. Übertriebener Einsatz dieser Satzzeichen mindert freilich die Wirkung.

6.3.3 Möglichkeiten für Ihren Briefanfang

Weil der Anfang gerade beim Werbebrief so wichtig ist (und manchen Schreibern besonders schwerfällt), widmen wir ihm hier einen besonderen Abschnitt. Welchen Einstieg Sie wählen, darüber müssen Sie jeweils selbst entscheiden. Kriterien hierfür sind u. a.:

– die Person des Empfängers und Ihre Beziehung zu ihm;
– Art und Stil Ihres Unternehmens;
– die Besonderheit des Warenangebots oder der Dienstleistung;
– die gegenwärtige Marktlage.

Für den Anfang eines Werbebriefs bieten sich viele Möglichkeiten. Einige Vorschläge finden Sie hier:

Vorteil für den Leser	Jetzt können Sie Zeit und Geld sparen: Entlasten Sie Ihre Korrespondenz durch Kurzmitteilungen.
Zitat	„Gut Ding will Weile haben" – auch und gerade Ihre Werbeplanung. Lassen Sie sich von unseren Experten beraten und helfen.
Story	Ein Kölner Unternehmen – etwa so groß wie Ihres – konnte seine Werbekosten um glatt ein Drittel senken. Und dies nur mithilfe unseres Werbeservices, speziell für die Angebote über Computerzubehör.
Ausverkauf	Am Ende der Saison ist Platz kostbarer als Modeschmuck. Wir müssen Platz schaffen für die neue Kollektion. Das bringt Ihnen heute ein Sonderangebot ins Haus:
Insider (Experten u. Ä.)	Insider brauchen nicht weiterzulesen. Dieser Brief ist nicht für sie bestimmt. Auch nicht für Leute, die sich mit dem Erreichten ein für alle Mal zufrieden geben.

Wissenswertes	Wussten Sie, dass jeder zweite Bewerbungsbrief allein schon an seinem Äußeren scheitert?
Wie es früher war	Erinnern Sie sich an die Zeit, als Sie für 400 EUR eine schöne Dreizimmerwohnung mieten konnten? Zwischen damals und heute liegen Welten, und niemand weiß, wie hoch die Mieten noch klettern. Darum überlegen nicht wenige Mieter, wie sie …
Lob	Flexibel zu sein – und zu bleiben, das zählt zu Ihren Tugenden als Ausbilder. Deshalb werden Sie sich das beigefügte Ansichtsexemplar bestimmt näher betrachten. Es zeigt Ihnen …
Schmeichelei	Sie gehören zu dem kleinen Kreis, den wir für den Probebezug der Zeitschrift XY ausgewählt haben.
Einmalige Gelegenheit	Sie schätzen alte Stiche, aber wohl kaum die hohen Preise, die dafür verlangt werden. Doch heute erhalten Sie ein Angebot, wie wir es Ihnen nie wieder vorlegen können: …
Reservierung	Sie sind ein guter Weinkenner, verwöhnt und anspruchsvoll. Für Sie haben wir einen edlen Tropfen reserviert: …
Bitte um etwas Zeit	Bitte geben Sie uns zwei Minuten Zeit – und wir sagen Ihnen, wie Sie ohne großen Aufwand noch mehr Kunden gewinnen können.
Hier sind x Gründe	Hier sind 12 Gründe, weshalb Sie das Septemberheft der „Verkaufsrevue" lesen sollten:
Identifizierung	Sie legen auf saubere Briefe ebenso großen Wert wie wir. Darum wird Sie das Schriftbild des neuen Druckers XY begeistern.
Schuldgefühl	Was konnten Sie in letzter Zeit gegen die Abfallflut tun?
Wählen Sie	Für Sie liegt ein kostenloses Buch bereit. Doch wir wissen noch nicht, ob Sie lieber Reiseberichte oder Krimis lesen. Deshalb laden wir Sie ein, …
Herausforderung	Bitte versuchen Sie, die beigefügte Schriftprobe zu entziffern.
Helfen Sie uns	Dürfen wir Sie bitten, sich zu einem Problem zu äußern, das für uns sehr wichtig ist? Sie brauchen im beigefügten Fragebogen nur anzukreuzen, wo Sie der Schuh drückt.
Einladung	Sie sind herzlich eingeladen, bei einer völlig neuen Werbeaktion mitzumachen.
Nominierung	Eine erfreuliche Nachricht: Sie sind als Teilnehmerin an der nächsten Kairo-Studienfahrt vorgeschlagen worden.

127

Werbe-Service **Paul Zahn KG**

Paul Zahn KG · Postfach 13 03 · 97862 Wertheim

Autohaus
Robert Mauer OHG
Postfach 21 55
83640 Bad Tölz

Ihr Zeichen:
Ihre Nachricht vom:
Unser Zeichen: ba-ne
Unsere Nachricht vom:

Name: Eva Bauer
Telefon: 09342 8246-407
Telefax: 09342 8246-125
E-Mail: eva.bauer@werbe.service.zahn-wvd.de

Datum: 20..-09-03

Beschirmen Sie Ihre Kunden

Sehr geehrte Damen und Herren,

der nächste Regen kommt bestimmt. Doch Sie lassen Ihre Kunden nicht im Regen stehen – weder im wörtlichen noch im übertragenen Sinn. Denn Sie haben einen Schirm extra für Ihre Kunden.

Wo Ihr Kunde Ihren Schirm auch unterbringt, ob zu Hause an der Garderobe oder für alle Fälle im Auto: Wenn er ihn braucht, wird er sich gern an Sie erinnern. Und er erinnert mit Ihrem Werbeaufdruck auch seine Mitmenschen an Ihr Autohaus.

Vielleicht werden Sie jetzt sagen: viel zu teuer! Doch nicht bei uns. Denn wir liefern Ihnen sage und schreibe

      30 Automatik-Stockschirme OSLO mit Ihrem Werbeaufdruck
      zum Sonderpreis von nur 328,50 EUR.

Und so einfach gehts: Sie bestimmen die Farben: rot-weiß oder blau-weiß oder weiß. Dann senden Sie uns eine Vorlage für Ihren Werbeaufdruck.

Der beigefügte Prospekt nennt Ihnen die Qualitätsmerkmale des OSLO, zeigt Farbfotos und gibt Beispiele für Ihren Werbeaufdruck. Wenn Sie sich gleich für diesen attraktiven Werbeträger entscheiden, können Sie Ihre Kunden schon Ende nächster Woche beschirmen. So schnell wird Ihr Auftrag ausgeführt.

Freundliche Grüße

Werbe-Service
Paul Zahn KG

i. A. Eva Bauer

Anlage
1 Prospekt OSLO

Geschäftsräume
Lindenstraße 7
97877 Wertheim

Kommanditgesellschaft
Sitz: Wertheim
Registergericht
Wertheim HRA 62

E-Mail
info@werbe.service.zahn-wvd.de
Internet
www.werbe.service.zahn-wvd.de

Bankverbindung
Commerzbank Wertheim
IBAN: DE22 7904 0047 8333 0030 05
BIC: COBADEFF92

positives Beispiel

Büromaschinenwerke
Volker Schröder GmbH

Schröder GmbH · Postfach 18 09 · 26381 Wilhelmshaven

Großhandlung
Schneider & Söhne
Postfach 41 09 95
76134 Karlsruhe

Ihr Zeichen:
Ihre Nachricht vom:
Unser Zeichen: me-bt
Unsere Nachricht vom:

Name: Horst Meister
Telefon: 04421 818189-411
Telefax: 04421 818189-261
E-Mail: horst.meister@buero.schroeder-wvd.de

Datum: 20..-06-06

Ohne unser Zubehör geht es bei Ihnen nicht mehr!

Sehr geehrte Damen und Herren,

wir bieten Ihnen die richtigen Maschinen und Geräte, damit Sie in Ihrem Büro erdlich vernünftig arbeiten können. Das hat sowohl Gültigkeit für die Textverarbeitung als auch für das infrage kommende Zubehör. Wir entwickeln das Zubehör in Verbindung mit den Maschinen, testen beides und geben dies alles in die Produktion.

Unsere Fabrikationsmethoden sind die allermodernsten und allerbesten. Laufend entwickeln wir weiter. Wir garantieren Ihnen für unser Zubehör die optimalste Qualität und die wirtschaftlichste Verwendung. Unsere Belieferung erfolgt möglichst billig und bequem. Auf Wunsch teilen wir Ihnen mit, welche Bezugsart wir Ihrem Unternehmen von Fall zu Fall empfehlen können.

Unser Zubehör trägt zur optimalen Büroarbeit wesentlich bei. Unsere Textsysteme sind überall verbreitet und für die verschiedensten Zwecke geeignet.

Wir erwarten Ihnen Auftrag, den wir bestmöglich ausführen werden.

Freundliche Grüße

Büromaschinenwerke
Volker Schröder GmbH

ppa.

Norbert Lange

Geschäftsräume	Gesellschaft mit	Geschäftsführung	E-Mail	Bankverbindung
Weserstraße 104	beschränkter Haftung	Volker Schröder	info@buero.schroeder-wvd.de	Postbank Hamburg
26382 Wilhelmshaven	Sitz: Wilhelmshaven	und Peter Sorger	Internet	IBAN: DE51 2001 0020 0008 1312 09
	Registergericht		www.buero.schroeder-wvd.de	BIC: PBNKDEFFXXX
	Wilhelmshaven			
	HRB 2205			

negatives Beispiel

Aufgaben für Werbebriefe

■ **6-1 Computer**

Als Sachbearbeiter der Büromaschinenwerke Peter Petersen GmbH, Postfach 19 95, 24101 Kiel, wenden Sie sich heute an Ihre Händlerkunden.

Sie empfehlen besonders Ihren Computer Multimedia-PC „Satellite", Festplatte 8 TB, 1 DVD-Laufwerk, Tastatur, Maus, TFT-Monitor, leistungsstarker Laserdrucker, zum günstigen Komplettpreis von 598,00 EUR.

Senden Sie einen Farbprospekt mit, der die Geräte in Wort und Bild vorstellt und die technischen Daten enthält.

■ **6-2 Textilien**

Sie sind Mitarbeiter der Textilfabrik Weber & Söhne, Postfach 51 12 62, 30155 Hannover. Die Boutique „Brigitte", Am Strom 28, 18119 Rostock, hat lange nichts mehr bei Ihnen bestellt.

Sie werben deshalb heute besonders für Jogginganzüge für Damen und Herren. Die Anzüge sind aus einer neuartigen Klimafaser hergestellt (Farben, Größen und Preise nach Ihrer Wahl). Die Klimafaser schützt bei extremer Witterung (Hitze und Kälte gleichermaßen).

■ **6-3 Möbel**

Als Mitarbeiter des Einrichtungshauses Fritz Kannberger, Konrad-Adenauer-Platz 6, 53225 Bonn, schreiben Sie heute an einige ausgewählte Stammkunden und bieten ihnen preisgünstige Sitzgarnituren aus Leder für das Wohnzimmer an.

Stellen Sie dabei heraus: die Vorzüge des Leders (langlebig, robust, pflegeleicht). Laden Sie zum Probesitzen in Ihre ständige Ausstellung ein.

■ **6-4 Berufskleidung**

Sie sind Sachbearbeiter der Kleiderfabrik Wilhelm Kreiner & Co., Postfach 30 11 51, 40213 Düsseldorf. Sie haben sich seit Kurzem auf Berufskleidung spezialisiert und bieten den Arztpraxen Berufskleidung für Ärzte und Medizinische Fachangestellte an.

■ **6-5 Fachbücher**

Als Mitarbeiter des Buchversandes „Wissen und Können", Postfach 12 00, 34111 Kassel, schreiben Sie Werbebriefe an alle kaufmännischen Ausbilder in Hessen und Thüringen. Weisen Sie besonders auf die Reihe „Aktuelle Helfer für den Berufsanfänger" hin und auf die günstigen Bezugsbedingungen (Versand sofort nach Eintreffen der Bestellung, porto- und verpackungsfreie Lieferung, Zahlungsziel 2 Monate).

■ **6-6 Verschiedene Waren**

Entwerfen Sie einen Werbebrief, in dem Sie Waren Ihres Geschäftszweigs zu bestimmten Anlässen (Ostern, Pfingsten, Weihnachten, Silvester u. Ä.) Ihrem bisherigen und einem neuen Kundenkreis anbieten. Denken Sie auch an einen originellen und attraktiven Briefkopf.

6.4   Nachfassbriefe

Der zielstrebige Kaufmann überwacht den Erfolg seiner Werbebriefe. Er weiß, dass nicht jeder Kunde auf das erste Angebot reagiert. Empfänger, die noch nicht bestellt haben, erhalten daher nach einiger Zeit eine zweite Werbung, einen Nachfassbrief. Darin wiederholt der Kaufmann sein Angebot, jedoch in anderer Form.

Möglicher Inhalt für Ihre Nachfassbriefe:

- Sie beziehen sich auf Ihren Werbebrief oder auf ein verlangtes Angebot.
- Sie fragen, warum die Bestellung ausgeblieben ist. Oder Sie sagen, welche Gründe Sie dafür vermuten.
- Sie stellen die Hauptvorteile Ihrer Leistung heraus.
- Sie bieten – nach Möglichkeit – eine Sonderleistung (oder einen zusätzlichen Vorteil) an.
- Sie bitten um Bestellung. Falls es sinnvoll ist, empfehlen Sie, sofort zu bestellen.

Beispiel: Teekocher

Teegenuss ist heiß begehrt

Sehr geehrte Damen und Herren,

optimale Einkaufschancen kommen nicht alle Tage. Doch heute ist so ein Tag. Denn die seit unserem Angebot eingesetzte starke Nachfrage macht's möglich, Ihnen ein Sonderangebot vorzulegen.

Bei Abnahme von 10 Stück erhalten Sie auf den günstigen Grundpreis einen Nachlass von 10 %:

Teekocher „Nippon"
kabellos; Kanne aus hitzebeständigem Spezialglas
Grundpreis 15,00 EUR abzüglich 10 % = 13,50 EUR je Stück

Sie wissen: Teegenuss ist heiß begehrt. Greifen Sie darum zu, sichern Sie sich Ihren Vorrat an diesem leistungsstarken und formschönen Teekocher.

Mit dem Teekocher „Nippon" werden Sie Ihren Umsatz bestimmt steigern. Auf Ihren Auftrag freuen wir uns schon.

Freundliche Grüße

Aufgaben für Nachfassbriefe

6-7 Wohnzimmermöbel

Als Prokurist der Möbelfabrik Ernst Bergmann, Postfach 28 41 01, 47052 Duisburg, haben Sie vor 3 Wochen dem Einrichtungshaus Fritz Kannberger, Konrad-Adenauer-Platz 6, 53225 Bonn, auf dessen Anfrage Wohnzimmermöbel angeboten und auf preisgünstige Einbauküchen hingewiesen. Bis heute haben Sie keine Bestellung von Kannberger erhalten, Sie fassen deshalb nach. Betonen Sie die solide Qualität und Formschönheit der Serien „Milano" und „Roma" und fügen Sie eine Sonderpreisliste für das auslaufende Modell „Venedig" bei.

6-8 Computer

Als Sachbearbeiter der Büromaschinenfabrik Peter Petersen OHG, Postfach 50 32 18, 20145 Hamburg, haben Sie vor 2 Wochen einigen Kunden ein unverlangtes Angebot über den Computer MERKUR mit 8-TB-Festplatte, großem TFT-Monitor, Tastatur, Maus und Laserdrucker zum Komplettpreis von nur 600,00 EUR gemacht.

131

Inzwischen haben Sie auch schon viele Bestellungen erhalten, und alle Kunden sind mit den Geräten sehr zufrieden. Das Bürohaus Schwarz & Weiß, Postfach 13 04, 24101 Kiel, hat jedoch noch nicht reagiert.

Erinnern Sie deshalb heute an Ihr Angebot. In 10 Tagen wird Ihr Lkw Kunden in der Kieler Umgebung beliefern, sodass der Auftrag von Schwarz & Weiß sehr schnell ausgeführt werden könnte.

■ 6-9 Mikrowellenherde

Sie sind Mitarbeiter der Elektro-Apparate-GmbH, Postfach 40 38 16, 80334 München. Ihrem Kunden, der Großhandlung Frank & Frei, Wormser Straße 10, 55543 Bad Kreuznach, haben Sie auf Anfrage vor 14 Tagen den Mikrowellenherd INFERNO zum Preis von 599,00 EUR angeboten.

Da die Großhandlung noch nicht bestellt hat, fassen Sie heute nach. Ihrem Nachfassbrief legen Sie eine Kopie aus der soeben erschienenen Ausgabe der Zeitschrift „Warentest" bei, die dem INFERNO die Note „sehr gut" erteilt hat.

■ 6-10 Wein

Sie sind Mitarbeiter der Weingroßhandlung Peter Simon, Rathausstraße 15, 55430 Oberwesel. Das Hotel „Zum Goldenen Löwen", Lange Straße 10, 18055 Rostock, hat bei Ihnen nach Wein gefragt. Sie haben vor 3 Wochen einige Sorten Rheinwein (Preise zwischen 3,50 und 6,00 EUR je Flasche) angeboten, jedoch bis heute nichts von Ihrem Interessenten gehört.

Erinnern Sie heute an Ihr Angebot. Erweitern Sie es um den Jahrgang 20.., der gerade abgefüllt wurde, und von dem Sie soeben mit getrennter Post drei Probeflaschen abgeschickt haben.

■ 6-11 Schreibtische

Als Mitarbeiter des Büromöbelhauses Jürgen Meffert, Postfach 13 18 28, 40213 Düsseldorf, haben Sie einem guten Kunden, dem Rechtsanwalt Dr. Heinrich Ritter, Palmenstraße 42, 40217 Düsseldorf, ohne dessen Anfrage einen Chefschreibtisch „Konsul" zum Sonderpreis von 1.560,00 EUR angeboten.
Sie sind erstaunt, dass Ihr Kunde, der sonst gern eine günstige Einkaufsmöglichkeit nutzt, noch nicht bestellt hat. Inzwischen ist Ihr Lagervorrat bis auf zwei Modelle „Konsul" verkauft. Sie empfehlen daher, sofort zu bestellen.

6.5 Der unlautere Wettbewerb

Werbung ist Wettbewerb um Kunden. Damit dieser Wettbewerb nicht ausartet, gibt es Gesetze und Verordnungen. Die wichtigste dieser Werbekontrollen ist das „Gesetz gegen den unlauteren Wettbewerb (UWG)". Es sind verboten:

1. **Unlauterer Kundenfang:** Handlungen, die Mitbewerber vom Wettbewerb ausschließen oder behindern, während keine eigene Leistung zugrunde liegt;
2. **Preisspaltung:** Forderung unterschiedlicher Preise zu gleicher Zeit, für dieselbe Ware und im selben Geschäftslokal;
3. **Lockvogelwerbung:** Werbung mit besonders niedrigen Preisen, um den Kunden andere, aber weniger preisgünstige Waren zu verkaufen;
4. **Irreführende Vorratsmenge:** Werbung für besonders preisgünstige Waren, die aber im Geschäft nicht oder nur in geringer Menge vorhanden sind, oder teurer verkauft werden;

5. **Irreführende Angaben:** über sich selbst oder die geschäftlichen Verhältnisse (Größe und Bedeutung des Unternehmens, der Verkaufsfläche, Umsatzhöhe, Mitarbeiterzahl); über die Ware oder Leistung (Beschaffenheit, Zustand, Echtheit, Wirkung, Ursprung, Herstellungsverfahren);

6. **Bestechung von Angestellten anderer Unternehmen;**

7. **Verwendung fremder Firmen- oder Geschäftsbezeichnungen;**

8. **Verrat von Geschäftsgeheimnissen;**

9. **Geschäftsschädigende Behauptungen:** üble Nachrede oder Verleumdung, um den Konkurrenten zu schädigen.

Vergleichende Werbung

Eine vergleichende Werbung liegt vor, wenn sie unmittelbar oder mittelbar einen Mitbewerber oder seine Produkte oder Dienstleistungen erkennbar macht. – *Kritisierend-vergleichende Werbung* ist zulässig; sie darf aber nicht irreführend oder herabsetzend sein; vergleichen darf man nur Waren und Dienstleistungen desselben Bedarfs oder derselben Zweckbestimmung.

Zulässig ist der objektive Vergleich wichtiger und für den Verbraucher nachprüfbarer typischer Eigenschaften (wozu auch der Preis gehören kann); doch muss der Nachdruck auf der sachlichen Information liegen – Wertungen sind nicht erlaubt.

Preisvergleiche

Preisgegenüberstellungen sind grundsätzlich erlaubt; irreführende Preisgegenüberstellungen sind jedoch verboten. Beispiele: Die Werbung täuscht vor, der frühere Preis sei der eigene Preis (tatsächlich aber war er eine Preisempfehlung des Produzenten); der frühere Preis wurde so hoch angesetzt, dass keine korrekte Preisbemessung möglich ist („Mondpreis"); die Preise betreffen unterschiedliche Waren.

Aufgaben zum unlauteren Wettbewerb

■ **6-12 Gesundheitstee**
Als Mitarbeiter der Arzneimittelfabrik Reichert & Wagner AG, Postfach 13 07, 37151 Northeim, fordern Sie von der Engel-Apotheke, Grüner Weg 11, 37412 Herzberg, das eingetragene Wortzeichen „R-W-Gesundheitstee" nicht mehr zu benutzen. Sie fragen, seit wann die Apotheke Gesundheitstee eigener Herstellung unter dieser Bezeichnung verkauft, und wie groß der Lagerbestand ist.

■ **6-13 Alleskleber**
Die Büromittelfabrik Becker & Schön GmbH, Postfach 51 07, 96465 Neustadt, bietet Alleskleber „Beckfix" an und vergleicht den Preis mit dem des Klebers „Allfix" der Bürobedarfswerke Schnell & Regen AG, Postfach 20 03 09, 90405 Nürnberg. Dabei gibt Becker & Schön einen zu hohen Preis für „Allfix" an. Als Prokurist bei Schnell & Regen fordern Sie Becker & Schön auf, die vergleichende Werbung sofort einzustellen. Sie behalten sich Schadenersatzansprüche vor.

■ **6-14 Bestechung des Außendienstmitarbeiters**
Die Electronic-GmbH, Postfach 11 18, 53721 Siegburg, entnimmt dem Bericht ihres Außendienstmitarbeiters Herrn Ulrich Brey, dass der Electronic-Service Kurt Petermann KG, Kölner Straße 82, 57518 Betzdorf, versucht hat, von Herrn Brey Kundenanschriften zu erfahren. Als Gegenleistung wurde dem Außendienstmitarbeiter ein „Präsent" (Wert etwa 250 EUR) in Aussicht gestellt. Sie sind Verkaufsleiter der Electronic-GmbH und fordern heute den Electronic-Service auf, sich unverzüglich zu dem Vorgang zu äußern. Ferner kündigen Sie an, der Industrie- und Handelskammer den Sachverhalt mitzuteilen und gerichtliche Schritte einzuleiten.

133

Johann Balthasar Noll

Fabrik für Fitnessgeräte

Ihr Zeichen:
Ihre Nachricht vom:
Unser Zeichen: ru-wa
Unsere Nachricht vom:

Johann Balthasar Noll · Postfach 10 41 · 35391 Gießen

Einschreiben
Sportgerätefabrik
Gebrüder Felschbecker
Postfach 10 81 03
28101 Bremen

Name: Oskar Ruf
Telefon: 0641 2253-403
Telefax: 0641 2253-983
E-Mail: oskar.ruf@nollfitness-wvd.de

Datum: 20..-09-19

134

Widerrechtliche Benutzung unseres Wortzeichens „Fittester"

Sehr geehrte Damen und Herren,

als Inhaber des Wortzeichens „Fittester" Nr. 456 723 haben wir festgestellt, dass Sie einen Universal-Heimtrainer unter derselben Bezeichnung in den Handel bringen. Damit verletzen Sie unsere Warenzeichenrechte.

Deshalb fordern wir Sie auf, den Verkauf unter dem Namen „Fittester" sofort einzustellen, und erbitten bis zum 1. n. M. diese Angaben:

1. Seit wann benutzen Sie die Warenbezeichnung „Fittester"?
2. Wie viele Geräte wurden unter dieser Bezeichnung verkauft?
3. Welche Werbemaßnahmen haben Sie getroffen?
4. Welche Bestände lagern bei Ihnen?

Ferner erbitten wir Ihre rechtsverbindliche Zusicherung über die sofortige Einstellung des Verkaufs und etwaiger Werbemaßnahmen.

Nachdem wir Ihre Unterlagen geprüft haben, behalten wir uns Schadenersatzanspruch vor.

Hochachtungsvoll

Johann Balthasar Noll
Fabrik für Fitnessgeräte

i. A.

Oskar Ruf

Geschäftsräume
Kaiserstraße 26
35398 Gießen

E-Mail
info@nollfitness-wvd.de
Internet
www.nollfitness-wvd.de

Bankverbindung
Sparkasse Gießen
IBAN: DE84 5132 0025 0000 6614 83
BIC: HELADEFF1DAS

positives Beispiel

7 Schriftwechsel zwischen Betrieb und Mitarbeitern

7.1 Berufsplanung

Am Anfang jeder Berufsplanung stehen Fragen: Was möchten Sie? Was trauen Sie sich zu? Welche Eigenschaften, Fähigkeiten und Kenntnisse haben Sie? Wer könnte Sie beraten und Ihnen helfen? Eltern, Lehrer, Bekannte, Praktiker, Berufsberater, Berufsverbände, Industrie- und Handelskammern, Erkenntnisse aus Betriebserkundungen – es gibt viele Möglichkeiten, um gute Tipps zu bekommen. Doch die Entscheidung können nur Sie treffen – bei der ersten Berufswahl ebenso wie im späteren Berufsleben.

Bewerbungsunterlagen kann man nicht von heute auf morgen ausarbeiten und zusammenstellen. Beginnen Sie damit so früh wie möglich. Sammeln Sie Ihre persönlichen und beruflichen Daten und alle Unterlagen in einer Mappe. Dazu gehören auch gute Entwürfe für Bewerbungsschreiben, die Sie aber bei jeder Bewerbung auf den konkreten Fall abstimmen müssen.

7.2 Stellenbewerbung

Bewerben können Sie sich auf eine Stellenanzeige (Tageszeitungen, Zeitschriften, Internet) oder unaufgefordert, weil Sie annehmen, dass der Empfänger einen Ausbildungsplatz besetzen will oder Mitarbeiter für bestimmte Positionen sucht. Sie können aber auch eine eigene Stellenanzeige aufgeben, sich im Internet als stellensuchend eintragen oder eine Bewerbungs-Website ins Netz stellen. In allen drei Fällen werben Sie für sich selbst. Ihre Eigenwerbung hat nur Chancen, wenn Sie sorgfältig und gründlich vorgehen. Beachten Sie vor allem diese vier Grundsätze:

1. Halten Sie sich bei allen Angaben an die Wahrheit.
2. Werben Sie um Vertrauen, indem Sie den Empfänger überzeugen.
3. Schreiben Sie weder überheblich noch unterwürfig. Gesundes Selbstbewusstsein – ohne Angeberei oder übertriebene Bescheidenheit – überzeugt am ehesten.
4. Prüfen Sie Ihre Bewerbung oder Ihr Inserat selbstkritisch und sehr genau.

7.3 Internetstellenmarkt (Jobbörsen)

Neben dem traditionellen Stellenmarkt in Tageszeitungen und Fachzeitschriften werden auch im Internet viele Stellen angeboten oder gesucht.

Stellenangebote. Die Bundesagentur für Arbeit und die meisten Branchen haben im Internet eigene Jobbörsen. Sie sind gegliedert nach Berufsbildern und Funktionen, Anforderungsprofilen, Inlandsregionen und ausländischen Anbietern. Die Zahl der Unternehmen, die im Internet eine Bewerbungsmöglichkeit per E-Mail anbieten, wächst. Wenn die elektronische Bewerbung Interesse geweckt hat, wird der Bewerber meistens dazu aufgefordert, seine vollständige schriftliche Bewerbung auf dem Postweg nachzureichen.

Für Bewerbungen per E-Mail gelten dieselben Regeln wie für die Bewerbung auf dem üblichen Postweg. Vergleichen Sie hierzu die Abschnitte 7.2 und 7.4.

Stellengesuche. Wie beim Zeitungsinserat können qualifizierte Kräfte ihr Stellengesuch auch online aufgeben. Die Jobbörsen geben Tipps, wie das Stellengesuch optimal zu gestalten ist. Ferner informieren sie über Eignungstests, Weiterbildungsmöglichkeiten und Existenzgründungen. Für Schüler und Studenten gibt es spezielle Jobbörsen, die über entsprechende Angebote informieren. Diese Zielgruppen können im Internet, aber auch nach vorheriger Eintragung der persönlichen Angaben, des Praktikumswunschs, der Branche und der gewünschten Praktikumsdauer selbst nach einem geeigneten Praktikum suchen.

Jobbörsen (Auswahl):

www.arbeitsagentur.de	www.jobs.de	www.monster.de
www.kimeta.de	www.jobware.de	www.stellenanzeigen.de
www.jobvector.de	www.jobworld.de	www.stepstone.de
www.jobnet.de	www.meinestadt.de	

7.4 Bewerbungsunterlagen

„ . . . mit den üblichen Bewerbungsunterlagen" – so steht es in vielen Stellenanzeigen. Gemeint sind: Lebenslauf, Zeugniskopien, Bescheinigungen über geleistete Praktika und Foto. Für diese Bewerbungsunterlagen gilt die Forderung: sauber, übersichtlich und korrekt.

Das Foto sollte nicht älter als 6 Monate sein. Automaten- und Amateurfotos sprechen kaum an. Sagen Sie im Fotogeschäft, wofür Sie das Bild brauchen. Ob schwarz-weiß oder farbig, das ist Geschmackssache. Nicht wenige Leiter von Personalabteilungen halten Schwarz-Weiß-Aufnahmen für solider, eleganter und unaufdringlicher. Farbfotos sollten nicht zu bunt sein und in den Tönen harmonieren. Bei der Bildgröße entscheiden sich die meisten Bewerber immer noch für ein Passbild (4 x 5 cm). Aussagekräftiger ist jedoch ein größeres Format, etwa 7 x 9 cm (ohne Rand). Vermerken Sie auf der Rückseite des Fotos Ihren Namen und Ihre Anschrift. Wenn Sie über die entsprechende Soft- und Hardware verfügen, können Sie das Foto auch direkt auf dem Bewerbungsschreiben und/oder dem Lebenslauf ausdrucken.

Verpackung. Die Bewerbung ist Ihre Visitenkarte. Es versteht sich, dass Eselsohren, Tintenkleckse, Fettflecke und andere Unsauberkeiten keinen guten Eindruck machen. Versenden Sie Ihre Bewerbung niemals in einer kleinen Briefhülle. Schon ein einmaliges Falten genügt, um den Gesamteindruck empfindlich zu stören. Stellen Sie alle Unterlagen in einer Bewerbungsmappe zusammen und verwenden Sie zum Versand eine weiße Briefhülle im Format B4.

7.4.1 Bewerbungsschreiben

Gestaltung. Erstellen Sie das Bewerbungsschreiben nach den Informationen der Abschnitte 1.2.4 bis 1.2.6. Achten Sie auf gutes tintenfestes Papier und ein sauberes, ansprechendes Schriftbild.

Aufbau. Sie werben in eigener Sache. Ihre Bewerbung ist also ein echter Werbebrief. Darum bietet sich auch hier die „AIDA-Formel" an. Nähere Informationen hierzu finden Sie im Abschnitt 6.3.1. Ehe Sie sich auf eine Anzeige bewerben, müssen Sie das Inserat sorgfältig analysieren:

– *Wie präsentiert sich das inserierende Unternehmen?*
Branche, Standort, Betriebsgröße, Mitarbeiter, Marktanteil
– *Welche Schlüsse lassen sich aus der Formulierung ziehen?*
Image, Unternehmenskultur und -leitbild
– *Wie wird die zu besetzende Stelle beschrieben?*
Aufgabengebiet, Zuständigkeit, Verantwortung, Aufstiegsmöglichkeiten
– *Was wird beim Bewerber vorausgesetzt?*
Schulbildung, Berufsausbildung, Berufserfahrung, sonstige Kompetenzen, sofortiger (frühester) Einstellungstermin
– *Welche Qualifikationen sind nicht zwingend, aber erwünscht?*
Sprachkenntnisse, EDV-Praxis, Anwendungskenntnisse einer bestimmten Software
– *Was wird dem Bewerber geboten?*
Ausbildung, Einarbeitung, Weiterbildung, Entgelt, soziale Leistungen
– *Welche Anforderungen können Sie voll erfüllen, welche nur teilweise, welche (noch) gar nicht?*

Beispiel 1: Bewerbung um eine nicht angebotene Ausbildungsstelle

Bewerbung um einen Ausbildungsplatz als Bankkaufmann

Sehr geehrte(r) Frau/Herr …,

bei einer Informationsveranstaltung der hiesigen Agentur für Arbeit bin ich auf den Beruf des Bankkaufmanns aufmerksam geworden.

Das Bankwesen interessiert und fasziniert mich schon seit vielen Jahren. Deshalb habe ich einen Berufsberater gebeten, mich noch genauer über die Ausbildungsinhalte und Tätigkeitsmerkmale dieses Berufes zu informieren. Schon während des Gesprächs habe ich festgestellt, dass die Anforderungen exakt meinen Neigungen und Fähigkeiten entsprechen.

Zurzeit besuche ich die 13. Klasse des Gymnasiums in … Meine Schulausbildung endet im Sommer n. J. mit der allgemeinen Hochschulreife. Danach möchte ich gern eine Ausbildung in Ihrer Bank beginnen.

Wenn Ihnen meine Bewerbung zusagt, freue ich mich über Ihre Einladung zu einem Vorstellungsgespräch.

Freundliche Grüße

Karsten Wagner

Anlagen
Lebenslauf
Foto
2 Zeugniskopien

Beispiel 2: Bewerbung um eine angebotene Stelle

Bewerbung als Zahnmedizinische Fachangestellte

Sehr geehrte(r) Frau/Herr Dr. …,

im Juli d. J. beende ich meine Ausbildung zur Zahnmedizinischen Fachangestellten mit voraussichtlich gutem Erfolg. Da das Team meiner Ausbildungspraxis komplett ist, kann ich dort nicht übernommen werden, obwohl mein Chef mit mir sehr zufrieden ist. Auch die Zusammenarbeit mit dem Praxisteam ist sehr harmonisch.

Ich bewerbe mich um die in der … Zeitung vom … angebotenen Stelle, weil ich sicher bin, alle Anforderungen zu erfüllen.

Kolleginnen und Patienten beschreiben mich als aufgeschlossen und freundlich. Am Empfang und in der Terminverwaltung habe ich in meiner Ausbildung selbstständig und oft eigenverantwortlich gearbeitet. Mit allen Tätigkeiten, die in einer Zahnarztpraxis anfallen, bin ich vertraut.

Mein Beruf bereitet mir viel Freude. Deshalb interessiere ich mich sehr für Fortbildungsmaßnahmen. Bei der Landeszahnärztekammer habe ich mich schon über geeignete Kurse und Seminare informiert.

Hohes Engagement und große Eigeninitiative sind für mich selbstverständlich. Ich bin überzeugt, dass ich mich gut in ein neues Praxisteam integrieren kann. Wenn Sie mir als Berufsanfängerin eine Chance geben, werde ich Sie nicht enttäuschen.

Über Ihre Einladung zu einem Vorstellungsgespräch freue ich mich.

Freundliche Grüße   **Anlage**
                                                        Bewerbungsmappe

Julia Bergmann

Ilse Neuberger
Marktstraße 9 a
99084 Erfurt
Telefon: 0361 510744
E-Mail: ilse.neuberger.wvd@freenet.de

.
.
.
.

Ilse Neuberger · Marktstraße 9 a · 99084 Erfurt

FORTUNA-Vertriebsgesellschaft
Hofer & Teichmann KG
Frau Rita Attenhausen
Postfach 70 01 77
81301 München
.
.

20..-10-06

.

Ihre Stellenausschreibung im „Erfurter Kurier" vom 4. Oktober 20..
Bewerbung als Sekretärin des Leiters Ihrer Kemptener Niederlassung
.

Sehr geehrte Frau Attenhausen,

nach meiner Ausbildung beim Erfurter Weiterbildungswerk und der mit Erfolg abgelegten IHK-Prüfung zur Fachkauffrau für das Büromanagement im Oktober v. J. arbeite ich als Teilzeitkraft in Ihrer Erfurter Niederlassung. Nun möchte ich endlich als Vollzeitsekretärin tätig sein. Da mein Freund bereits seit Mai d. J. in Kaufbeuren arbeitet, möchte ich gern dort hinziehen. Da wäre meine Beschäftigung in Kempten, das ja nicht allzu weit von Kaufbeuren entfernt liegt, natürlich günstig.

Ich brauche Ihnen keinen Lebenslauf usw. zu schicken, da Sie ja meine Personalakte aus meiner jetzigen Teilzeitarbeit in Ihrer Erfurter Niederlassung zur Genüge kennen.

Im Übrigen beherrsche ich alles, was Sie in der o. g. Stellenausschreibung verlangen. Das hat Frau Christine Zimmermann, meine hiesige Chefin, auch in der Beurteilung geschrieben, die ich Ihnen beifüge.

Ich hoffe, dass ich mich umgehend bei Ihnen vorstellen kann und verbleibe
.

mit den besten Grüßen
.
.

Anlage
1 Beurteilung

Tipps zum Versand Ihres Bewerbungsschreibens

- Schicken Sie keine Bewerbungsbriefe, die als Kopie oder Vervielfältigung zu erkennen sind. Ihr Bewerbungsschreiben muss immer ein Original sein.
- Achten Sie auf die korrekte und vollständige Empfängeranschrift: Bezeichnung des Unternehmens oder der Behörde, richtige Schreibung der Personennamen, Unternehmensform, Abteilung, Postfach (oder Straße und Hausnummer), Postleitzahl und Bestimmungsort.
- Wird in der Stellenanzeige ein Ansprechpartner genannt, vermerken Sie seinen Namen in der Empfängeranschrift. Erkundigen Sie sich ggf. telefonisch nach dem zuständigen Ansprechpartner; dies zeugt von Eigeninitiative.
- Frankieren Sie Ihre Bewerbung ausreichend. Nicht selten erhalten Personalabteilungen von Bewerbern unfrankierte Sendungen.
- Bei immer mehr Firmen ist der Versand der Bewerbung auch online möglich. Nutzen Sie – wenn möglich – diese Versendungsform.

Aufgaben für Bewerbungsschreiben

Entwerfen Sie Bewerbungsschreiben auf diese Stellenangebote:

■ 7-1

Unser Haus gehört zu einer europäischen Finanzgruppe mit Beteiligungen in der Schweiz, Frankreich, Großbritannien und den Niederlanden.

Als regionales Kreditinstitut pflegen wir sowohl die Geschäftsverbindung zu unserer privaten Kundschaft und dem gewerblichen Mittelstand als auch die Kooperation mit unseren europäischen Schwesterinstituten.

Für unsere Geschäftsstelle in Osnabrück suchen wir eine(n) engagierte(n)

Bankkauffrau/ Bankkaufmann

für die Kundenberatung und Geschäftsabwicklung im Einlagengeschäft. Neben einem attraktiven Arbeitsplatz mit Aufstiegschancen bieten wir eine großzügige Vergütung mit entsprechenden Sozialleistungen. Wenn Sie eine solche Aufgabe in einem kleinen, aber dynamischen Team reizt, so richten Sie bitte Ihre Bewerbung an den Vorsitzenden der Geschäftsleitung:

**Herrn Kurt Klöckner
Westfalen-Bank AG
Postfach 64 81 03, 49076 Osnabrück**

■ 7-2

139

Telefonieren – Verkaufen – Disponieren

Wir suchen für unsere Niederlassung Marburg eine(n) engagierte(n)

Kauffrau/-mann,

die/der als

Abteilungsleiter(in)

an einer Stelle mit viel Eigeninitiative Freude hat.

Wenn Sie eine fundierte kaufmännische Ausbildung mitbringen und vielleicht schon Erfahrung in der Mitarbeiterführung haben, wäre das ideal. Über Gehalt und Nebenleistungen sprechen wir am besten persönlich.

Interessiert? Dann freuen wir uns auf Ihre Bewerbung unter Kennziffer 9260 an die von uns beauftragte Agentur. Firmeninfo und Stellenbeschreibung schicken wir Ihnen sofort.

**Personalwirtschaftliche Werbung
Oskar Schäffers KG
Postfach 30 01 88, 50663 Köln**

7-3

Wir sind ein erfolgreiches mittelständisches Unternehmen der Wellpappenindustrie. Unsere Produkte versenden wir sowohl durch eigene Fahrzeuge als auch über Spediteure.

Wir suchen zum nächstmöglichen Termin

eine Versandleiterin/ einen Versandleiter

Wir erwarten:
- Führungserfahrung und gute EDV-Kenntnisse
- Engagement und selbstständiges Arbeiten
- die Bereitschaft zur Teamarbeit

Sind Sie interessiert? Dann senden Sie Ihre vollständigen Bewerbungsunterlagen an

KURT STEINBECK AG
Frau Doris Speicher
Postfach 11 60, 96401 Coburg

140

7-4

Zur Verstärkung meines jungen, dynamischen Praxisteams suche ich zum 1. August 20.. eine(n) Auszubildende(n) zur/zum

Zahnmedizinischen Fachangestellten.

Habe ich Ihr Interesse geweckt? Dann senden Sie Ihre aussagekräftige Bewerbung mit den üblichen Unterlagen an

Dr. med. dent. Brigitte Hildebrandt
Zahnärztin
Carl-Zeiss-Straße 35
77656 Offenburg
Telefon 0781 334455

7-5

Weltweites Transport- und Logistik-Management

Wir sind eines der führenden Transport- und Logistikunternehmen der Welt. Zum nächstmöglichen Zeitpunkt suchen wir eine(n)

Kauffrau/Kaufmann
für Spedition und Logistikdienstleistung

für die Abwicklung unserer Luftfracht-Import-Exportverkehre.

Voraussetzungen:
- abgeschlossene Berufsausbildung zum/zur Speditionkaufmann/-frau
- englische Sprachkenntnisse
- Luftfracht- und/oder Seefrachtkenntnisse
- EDV-Anwenderkenntnisse

Bitte senden Sie Ihre aussagefähige Bewerbung an

Rau & Krüger AG
Frau Erika Becker
Postfach 11 50
59401 Unna

7-6

Zur Verstärkung unseres Teams stellen wir ab sofort ein:

Außendienstmitarbeiter(in)

mit Kenntnissen in Warenkunde Lebensmittel/Gastronomie.

Ihre Aufgaben sind Betreuung, Beratung und Ausbau des übertragenen Kundenbestandes. Wir bieten eine Dauerstellung mit leistungsbezogener Bezahlung, flexible Arbeitszeitgestaltung, einen Dienstwagen, ein angenehmes Arbeitsklima.

Sind Sie interessiert?

Rufen Sie uns an oder schreiben Sie uns

Paul Fischbach GmbH
Herrn Kurt Reich
Postfach 14 03
73404 Aalen
Telefon 07361 3885-23

■ 7-7

Auf Schienen in die Zukunft

Wir sind ein junges, expandierendes Bauunternehmen mit dem Schwerpunkt Gleis- und Hochbau. Zur Erweiterung unseres Einkaufs suchen wir eine(n)

Mitarbeiter(in) im Einkauf

Was Sie mitbringen sollten:
- eine abgeschlossene kaufmännische Ausbildung
- Erfahrungen im Einkauf (möglichst Baubranche)
- EDV-Kenntnisse (MS-Office)
- Team- und Kommunikationsfähigkeit
- Zuverlässigkeit und Einsatzbereitschaft
- Fähigkeit zu eigenverantwortlichem Arbeiten

Wir bieten Ihnen:
- eine leistungsgerechte Vergütung
- ein modernes, angenehmes Arbeitsumfeld
- ein gutes Arbeitsklima

Peter Schneider KG
Postfach 1 70
15201 Frankfurt

■ 7-8

Für unsere Kunden im Raum Kassel suchen wir zur Festeinstellung:

Industriekauffrau/-mann

für die Bereiche Bestandsmanagement, Logistik, Import und Export

Ihre Qualifikation:
Englisch in Wort und Schrift
Gute MS-Office-Kenntnisse
Gern Erfahrung in Warenwirtschaftssystemen

Bewerben Sie sich jetzt bei

kassel@personalservice.de
oder unter Telefon 0561 99191-0

■ 7-9

Die neu eingerichtete Stelle in unserem Krankenhaus ist spätestens zum 1. Oktober d. J. mit einer

EDV-Fachkraft

qualifiziert zu besetzen.

Aufgabenschwerpunkte sind die Weiterentwicklung der autonomen Datenverarbeitung einschließlich interner Programmpflege und der datenverarbeitungsbezogenen Ablauforganisation. Die Position ist in die Stabsstelle Controlling, Organisation und EDV integriert und dem Verwaltungsdirektor direkt unterstellt.

Wir erwarten:
- betriebswirtschaftliche Kenntnisse
- Kenntnisse in der EDV-Organisation
- System-Operating und -Steuerung
- Programmierungsgrundkenntnisse
- PC-, Hard- und Software-Betreuung
- Schulung des Personals
- Kontaktfreudigkeit, Durchsetzungsvermögen und Eigeninitiative

Praktische Erfahrungen im Krankenhauswesen wären von Vorteil, sind aber nicht Bedingung.

Wir bieten:
- leistungsgerechte Vergütung nach AVR analog BAT
- 13. Monatsgehalt als Weihnachtszuwendung
- Urlaubsgeld
- beitragsfreie Zusatzversorgung
- berufliche Weiterbildung
- auf Wunsch Unterkunft im Personalwohnheim mit Hallenbad und Sauna

Reizt Sie diese Aufgabe? Dann senden Sie bitte Ihre aussagefähigen Bewerbungsunterlagen mit Lebenslauf, Foto und Zeugniskopien innerhalb 3 Wochen an den

Verwaltungsdirektor des
St.-Elisabeth-Hospitals GmbH
Marienstraße 18 – 22, 83278 Traunstein

141

■ 7-10

Wir sind ein regional bedeutsames Unternehmen und suchen im Lebensmitteleinzelhandel für die Betreuung unserer Kundschaft eine Verstärkung als

Gebietsleiter(in)
für Mittelhessen

Ihre Aufgaben:
- Betreuung des vorhandenen Kundenstamms
- Akquisition von Neukunden
- Planung und Durchführung von Verkaufsaktivitäten
- Controlling vereinbarter Budgets und Ziele

Ihr Profil:
- Sie haben eine fundierte kaufmännische Ausbildung.
- Sie besitzen Berufserfahrung in einer vergleichbaren Position.
- Sie sind eine erfolgsorientierte Persönlichkeit.

Wir bieten:
- ein attraktives Aufgabengebiet in einem inhabergeführten Unternehmen mit leistungsgerechter Vergütung und allen Vergünstigungen eines Großunternehmens
- einen Firmen-Pkw, der Ihnen auch zur privaten Nutzung zur Verfügung steht.

Interessiert?
Dann senden Sie Ihre aussagekräftigen Bewerbungsunterlagen unter Angabe Ihrer Gehaltsvorstellungen und des frühesten Eintrittstermins per Post oder E-Mail an

**Hersfelder Mineralbrunnen GmbH
Herrn Richard Keller
Rotenburger Straße 78–82
36251 Bad Hersfeld
Telefon: 06621 4567-0
E-Mail: r.keller@hef-mineralbrunnen-wvd.de**

■ 7-11

**Steuerfachangestellte(r)
Steuerfachwirt(in)
Bilanzbuchhalter(in)**

zur Erstellung von Abschlussarbeiten gesucht (Datev- und Office-Kenntnisse werden vorausgesetzt). Wir bieten einen modernen, flexiblen Arbeitsplatz in verkehrsgünstiger Lage.

**Paul Steinhauser, Steuerberater,
Postfach 12 60, 69402 Eberbach**

142

■ 7-12

Wir suchen:

kaufm. Angestellte(n)
in der Baubranche

mit abgeschlossener Berufsausbildung für allgemeine Bürotätigkeiten und Schreibarbeiten.

Wenn Sie im Umgang mit dem PC fit und mit dem Textverarbeitungsprogramm WORD vertraut sind, dann zögern Sie nicht länger und bewerben Sie sich bei uns mit den üblichen Unterlagen unter

Chiffre BRZ 200 001 an den Verlag.

■ 7-13

Alles für den Haushalt

Wir sind ein leistungsfähiges Unternehmen der Eisen- und Metallbranche und suchen

Berater(innen)

Sie sind dynamisch, haben Humor und Charme und wollen selbstständig arbeiten.

Bewerbungen unter Chiffre LUH 33001 an die Anzeigenabteilung des Verlages

■ 7-14

CITY-HOTEL Bad Hersfeld

Das Hotel und Tagungszentrum

Drei unter einem Dach

Tagungshotel mit 102 Zimmern, Restaurant „Zum Römer", Bierpub „Gambrinus" mit vier Bundeskegelbahnen, sucht Verstärkung für das Rezeptionsteam.

Sie sind freundlich, flexibel und gelernte(r)

Hotelfachfrau/-mann

mit Berufserfahrung.

**CITY-HOTEL Bad Hersfeld
Frau Sabine May
Postfach 14 03
36224 Bad Hersfeld
Telefon 06621 87522-34**

■ 7-15

Internationale Transporte Lange & Ruf GmbH

Wir sind nicht nur auf deutschen Straßen zu Hause, sondern transportieren europaweit. Luft- und Seefracht gehören genauso zu unserem Tagesgeschäft. Schnell, zuverlässig und flexibel bieten wir unseren Kunden Logistik von A bis Z.

Als erfolgreiches Dienstleistungsunternehmen in Thüringen suchen wir kurzfristig:

Bürokauffrau/-mann
für Telefonzentrale/Empfang

Zu Ihren Aufgaben gehören:
- Vermittlung ein- und ausgehender Gespräche
- obligate Tätigkeiten im Bereich Empfang
- Fertigstellung der gesamten Ausgangspost
- Vordruckverwaltung und -bestellung

**Internationale Transporte
Lange & Ruf GmbH
Postfach 1 14
99961 Mühlhausen**

■ 7-16

Nach langjähriger Tätigkeit möchte die Sekretärin unseres Prokuristen einmal „etwas anderes" kennen lernen, so leid es uns tut. Daher ist zum schnellstmöglichen Termin diese Position als

Fachkauffrau/Fachkaufmann für Büromanagement

neu zu besetzen. Wir sind ein internationales Unternehmen der Automobilzulieferindustrie; daher sollten Sie diesen Anforderungen entsprechen:

- Ihr persönliches Auftreten und Ihre Kommunikation am Telefon sind freundlich und verbindlich.
- Ihre schnelle Auffassungsgabe sowie Ihr ausgezeichnetes Organisationstalent machen es Ihnen leicht, sich auf unterschiedliche Gesprächspartner und Situationen einzustellen.
- Ihre gute Allgemeinbildung, Ihre guten Kenntnisse der englischen Sprache und Ihre sehr guten Kenntnisse der gängigen PC-Programme runden Ihr Profil ab.

Wir bieten Ihnen einen Arbeitsplatz in einer angenehmen Atmosphäre, leistungsgerechte Bezahlung und die üblichen Sozialleistungen.

Erfüllen Sie unsere hohen Erwartungen? Dann schicken Sie Ihre Bewerbung per E-Mail an Frau Dr. Regina Weißenfels.

**RICHTER-Industrieprodukte GmbH
Falderbaumstraße 30–32
34123 Kassel
dr.regina.weissenfels@richter-industrie.de**

143

Formulierungshilfen für Anfangs- und Schlusssätze

Manchem Bewerber fällt es schwer, für den Bewerbungsbrief einen guten Anfang und Schluss zu finden. Die folgenden Hilfen sind nur als Anregung gedacht; sie dürfen nicht kritiklos übernommen werden. Prüfen Sie, ob der eine oder andere Vorschlag – vielleicht etwas geändert – in Ihre Bewerbung passt oder ob Sie nach einem ansprechenden und wirkungsvollen Anfang und Schluss suchen müssen.

Anfangssätze für aufgeforderte Bewerbungen (Zuschriften auf Stellenanzeigen)

- Von der Berufsberatung der hiesigen Arbeitsagentur habe ich erfahren, dass Sie Auszubildende für den Beruf der/des … einstellen. Genau diese Ausbildung strebe ich an. Darum erhalten Sie heute meine Bewerbungsunterlagen.
- Ihre Anzeige hat mich angesprochen. Mein Wunsch ist es, in Ihrem Team mitzuarbeiten.
- Im Juni d. J. werde ich die Umschulung zum/zur … abschließen. Deshalb bewerbe ich mich heute auf Ihre Anzeige.
- Nach Abschluss des Wirtschaftsgymnasiums in … suche ich einen Ausbildungsplatz als …

Anfangssätze für unaufgeforderte Bewerbungen

- Gerne möchte ich in einem bekannten Unternehmen wie Ihrem Erfahrungen sammeln. Deshalb bewerbe ich mich heute bei Ihnen. Ich studiere im 3. Semester Informatik an der TU Darmstadt und möchte die Semesterferien nutzen, um einen Einblick in die Praxis zu gewinnen.
- Frau Petersen, Referentin der IHK Mannheim, hat mich darauf hingewiesen, dass Sie an Mitarbeitern mit guten EDV-Kenntnissen interessiert sind.
- Im Juni n. J. werde ich die allgemeine Hochschulreife erreichen. Ich habe vor, eine Ausbildung zum/zur … zu absolvieren. Über diesen Beruf habe ich mich informiert und dabei auch erfahren, dass Ihr Unternehmen erfolgreich ausbildet.

Schlusssätze

- Ich würde mich freuen, in Ihrem Unternehmen arbeiten zu können.
- Meine Leistungen werden bestimmt Ihren Anforderungen entsprechen. Für Ihre Einladung zum Vorstellungsgespräch danke ich Ihnen schon heute.
- Bitte behandeln Sie meine Bewerbung vertraulich.
- Bitte geben Sie mir die Möglichkeit zu einem Gespräch mit Ihrem Personalleiter.
- Geben Sie mir die Chance zu einem Vorstellungsgespräch?
- Werden Sie mir Gelegenheit geben, mich Ihnen vorzustellen?
- Bitte lassen Sie mich wissen, wann ich mich bei Ihnen vorstellen darf.
- Gern stelle ich mich bei Ihnen vor. Bitte nennen Sie mir einen Termin.
- Beim Vorstellungsgespräch lege ich Ihnen gern einige Arbeitsproben vor.
- Darf ich weitere Einzelheiten in einem Vorstellungsgespräch mit Ihnen klären?
- Wenn Sie an einem flexiblen und motivierten Mitarbeiter interessiert sind, stehe ich Ihnen gern zu einem persönlichen Gespräch zur Verfügung.

7.4.2   Konventioneller Lebenslauf

Form. Früher wurde der Lebenslauf meist handschriftlich und in Berichtsform verfasst. Diese Darstellung ist wenig übersichtlich und erschwert den Vergleich mit anderen Bewerbern. Darum hat sich der maschinenschriftliche Lebenslauf in Tabellenform durchgesetzt. Nur gelegentlich wird in Stellenangeboten auch ein handschriftlicher Lebenslauf verlangt. Der Inserent legt Wert auf eine Handschriftprobe. (Auch im Computerzeitalter ist am Arbeitsplatz eine deutliche und zügige Handschrift erwünscht.) Vielleicht will der Inserent auch ein grafologisches Gutachten einholen.

Inhalt. Der tabellarische Lebenslauf enthält die persönlichen Daten, die Schul- und Berufsausbildung, die Berufspraxis, die Weiterbildung und ggf. „Sonstiges": Kenntnisse und Fertigkeiten, die nicht unmittelbar zum Anforderungsprofil gehören, für den Empfänger aber bedeutsam sein könnten (z. B. Ausbildung in Erster Hilfe, sportliche oder musische Betätigung, Fremdsprachen). Welche Angaben unter „Sonstiges" gemacht werden, hängt von der zu besetzenden Stelle ab. In einer Bewerbung beim Sportverband interessieren Ihre sportlichen Aktivitäten bestimmt. In anderen Fällen könnten sie eher negativ wirken, weil man häufigen Arbeitsausfall wegen Verletzungen befürchtet. Wer in der Verwaltung einer großen Bibliothek arbeiten möchte, wird sein Hobby „Lesen" nicht verschweigen. In einer Bewerbung bei einer Kirchenbehörde ist die Konfession nicht unwichtig.

Wer sich um einen Ausbildungsplatz bewirbt und noch nicht volljährig ist, nennt auch Namen und Beruf der Eltern, manchmal auch Geschlecht und Alter seiner Geschwister.

Referenzen sollten Sie nur nennen, wenn Sie dazu aufgefordert werden, z. B. nachdem Sie in die „engere Wahl" gezogen wurden. Auskünfte über Sie interessieren aber nur von Personen, die für kompetent gehalten werden: Lehrer und Ausbilder, Personalchefs, Leiter von Banken, Persönlichkeiten des öffentlichen Lebens. Selbstverständlich müssen Sie deren Einwilligung vorher einholen.

Lebenslauf

Persönliche Daten

Name:	Freiburger
Vornamen:	**Peter** Kurt
Anschrift:	Otto-Hahn-Straße 15
	76726 Germersheim

Geburtsdatum:	24. September 19..
Geburtsort:	Karlsruhe

Familienstand:	verheiratet, eine Tochter, 7 Jahre

Staatsangehörigkeit:	deutsch

Führerschein:	Klasse B und C (seit ....)

Schulausbildung

.... bis	Grundschule in Karlsruhe
.... bis	Hauptschule in Germersheim
.... bis	Berufsbildende Schule
	Wirtschaft in Germersheim

Berufsausbildung

.... bis	zum Industriekaufmann in der Metallwarenfabrik
	Kruse & Lay AG, Karlsruhe

Berufspraxis

seit	Sachbearbeiter in der Personalabteilung der Büromöbel
	Sommer & Nold AG, Osnabrück
seit	Abteilungsleiter in der Personalabteilung der Maschinenfabrik
	K. Brinkmann AG, Germersheim

Weiterbildung

....	VHS Karlsruhe, PC-Führerschein

20..–03–18

(Unterschrift)

7.4.3 Europäischer Lebenslauf

Anfang der 2000er-Jahre hat die europäische Kommission ein europäisches Muster für Lebensläufe vorgelegt. Diese Form des tabellarischen Lebenslaufs soll es allen Bewerbern ermöglichen, effizienter als bisher über ihre Qualifikationen zu informieren. Der Zugang zu den Stellenangeboten in Europa soll mit dieser Form des Lebenslaufs erleichtert werden.

Der europäische Lebenslauf empfiehlt sich, wenn Sie schon über Berufserfahrung(en) verfügen. Bewerben Sie sich zum ersten Mal um eine Ausbildungsstelle, ist die konventionelle Form des Lebenslaufs besser geeignet.

Was ist anders?
Stärker als beim konventionellen Lebenslauf liegt der Nachdruck auf den persönlichen Fähigkeiten und Kompetenzen – und nicht auf der Berufs- und Schulbildung. Im Vordergrund steht also Ihr Können und nicht irgendeine Zeugnisnote.

Aussagekräftig, übersichtlich und korrekt – das sind drei wesentliche Vorteile, die den europäischen Lebenslauf auszeichnen. Sie können Ihre Qualifikationen und Kompetenzen systematisch aufführen und damit ein umfassendes Profil von sich abbilden. Die Darstellung können Sie flexibel den persönlichen Vorlieben und Anforderungen anpassen.

Wichtige Hilfen
Das Bundesministerium für Bildung und Forschung informiert auf seiner Internetseite www.europass-info.de ausführlich über den europäischen Lebenslauf. Sie finden dort auch Hinweise, wie Sie Ihre Sprachkenntnisse realistisch einstufen und Ihre digitalen Kompetenzen richtig einschätzen. Ferner besteht die Möglichkeit, Ihren europäischen Lebenslauf auf dieser Internetseite digital zu erstellen und auf Ihrem eigenen Computer zu speichern.

Hauptüberschriften
Der europäische Lebenslauf besteht (meistens) aus 7 Abschnitten:

- Angaben zur Person
- Angestrebte Tätigkeit
- Berufserfahrung
- Berufs- und Schulbildung
- Persönliche Fähigkeiten und Kompetenzen
- Zusätzliche Informationen
- Anlagen

Bei der Berufserfahrung sowie bei der Berufs- und Schulbildung (Hauptüberschriften 3 und 4) geht der europäische Lebenslauf – im Gegensatz zum konventionellen Lebenslauf – von der letzten Tätigkeit bzw. von der letzten Berufsbildung aus. Ordnen Sie also nicht chronologisch, sondern beginnen Sie mit dem, was aktuell ist.

Ihre Fähigkeiten und Kompetenzen (Hauptüberschrift 5) lassen sich z. B. gliedern in Sprachkenntnisse, kommunikative, digitale, soziale, organisatorische und künstlerische Fähigkeiten. Auch die Fahrerlaubnis(se) zählen zu diesem Abschnitt.

Bei den Datenangaben wählen Sie die aufsteigende Reihenfolge: Tag – Monat – Jahr, die Sie mit Punkten gliedern, z. B. 02.01.20...

Beispiel für einen europäischen Lebenslauf

Angaben Zur Person

Name	Freiburger, **Peter** Kurt
Anschrift	Otto-Hahn-Straße 15, 76726 Germersheim, Deutschland
Telefon	+49 7274 471188
Mobiltelefon	+49 178 8765432
Telefax	+49 7274 471189
E-Mail	peter.freiburger.wvd@web.de
Nationalität	deutsch
Geburtsdatum	24. September ... .

Angestrebte Tätigkeit

Leiter der Personalabteilung

Berufserfahrung

01.01. ..... – heute

Abteilungsleiter der Personalabteilung
Maschinenfabrik K. Brinkmann AG, 55543 Bad Kreuznach,
Johann-Gutenberg-Straße 15

- Teamleitung
- Kontrolle der Lohn- und Gehaltsabrechnungen

01.08.... – 31.12....

Sachbearbeiter in der Personalabteilung
Büromöbel Sommer & Nold AG, 49076 Osnabrück,
Dieselstraße 25
Lohn- und Gehaltsabrechnungen

Berufs- und Schulbildung

01.08.... – 31.07....

Berufsausbildung

zum Industriekaufmann
Metallwarenfabrik Krause & Lay AG, Karlsruhe

- kaufmännische Kenntnisse (Rechnungswesen, Betriebswirtschaft)
- EDV-Grundlagen
- Schriftverkehr

Abschluss: IHK-Prüfung „Industriekaufmann"

01.08.... – 31.07....

Schulbildung

Berufsbildende Schule Wirtschaft, Germersheim

- kaufmännische Fächer
- Textverarbeitung
- Tabellenkalkulation
- Deutsch, Englisch, Französisch

Abschluss: mittlere Reife

147

Name	Freiburger, **Peter** Kurt
15.09.... – 18.03....	
Weiterbildung	„PC-Führerschein", VHS Karlsruhe

- Textverarbeitung
- Tabellenkalkulation
- Datenbank
- Präsentation

Abschluss: VHS-Zertifikat „PC-Führerschein"

Persönliche Fähigkeiten und Kompetenzen

Sprachen

Muttersprache	Deutsch
1. Fremdsprache	Englisch
	Lesefähigkeit: sehr gut
	Schreibfähigkeit: gut
	Sprechfertigkeit: gut
2. Fremdsprache	Französisch
	Lesefähigkeit: gut
	Schreibfähigkeit: befriedigend
	Sprechfähigkeit: befriedigend

Soziale Fähigkeiten und Kompetenzen	Freiwilliger Feuerwehrhelfer in Germersheim – Teamarbeit mit deutschen und ausländischen Helfern
Organisatorische Fertigkeiten und Fähigkeiten	Organisatorische Erfahrungen als Teamleiter im Beruf und bei der Feuerwehr

- Koordination der Mitarbeiter im Lohnbüro
- administrative Erfahrungen im Sportverein

Technische Fertigkeiten und Fähigkeiten	Umgang mit Computer und Organizer Fertigkeiten im Umgang mit Heimwerkermaschinen und -geräten Erfahrung mit Auto- und Fahrradreparaturen
Künstlerische Fähigkeiten und Kompetenzen	Klavierspielen
Sonstige Fähigkeiten und Kompetenzen	Gebärdensprache für Gehörlose (Schwester gehörlos) Sport: Radfahren (Mountainbike) Leichtathletik (Sportverein)
Führerscheine	Klassen B und C

Zusätzliche Informationen

Referenz	Dr. Peter Schneider, Personalleiter der Maschinenfabrik K. Brinkmann AG, Germersheim
Anlagen	5 Zeugniskopien

7.4.4   Erinnerungsschreiben

Wie bei der Werbung, so kann es auch bei der Bewerbung ratsam sein, an das Angebot zu erinnern: Der Bewerber wartet nach einem Zwischenbescheid schon länger auf die Einladung zum Vorstellungsgespräch. Oder er hat sich bereits vorgestellt, aber danach nichts mehr von dem Unternehmen gehört.

Möglicher Inhalt:

- Sie danken nochmals für den Zwischenbescheid oder das Vorstellungsgespräch.
- Sie betonen wiederum Ihr Interesse an der ausgeschriebenen Position.
- Sie ergänzen – nach Möglichkeit – Ihre Bewerbung durch eine Arbeitsprobe: Brief- und Anzeigenentwürfe aus Ihrer früheren oder jetzigen Berufstätigkeit; Verbesserungsvorschläge für Ihr früheres oder jetziges Arbeitsgebiet; Manuskripte von Referaten; Artikel, die Sie für Zeitungen oder Fachzeitschriften verfasst haben usw.
- Sie stellen Ihre positiven Eindrücke vom Unternehmen heraus: Firmeninfos, Hauszeitschrift, Prospekte, Kataloge; Eindrücke aus dem Vorstellungsgespräch oder einer Betriebsbesichtigung.
- Sie zeigen sich zuversichtlich, am neuen Arbeitsplatz engagiert und erfolgreich tätig zu werden.

Tipps für das Vorstellungsgespräch

Wenn Ihre schriftliche Bewerbung überzeugt hat, werden Sie zum Vorstellungsgespräch eingeladen. Die Einladung geht in der Regel auch an andere Mitbewerber. Beachten Sie vor allem folgende Tipps:

1. Informieren Sie sich, z. B. im Internet, über das Unternehmen so umfassend wie möglich: Produkte oder Dienstleistungen, Marktanteil; Aufgaben in Ihrer künftigen Position; Firmengeschichte.
2. Bereiten Sie sich auf Fragen des Personalleiters vor. Typische Fragen: Warum wollen Sie sich verändern? Woher kennen Sie unser Unternehmen? Warum haben Sie sich gerade bei uns beworben? Was haben Sie in letzter Zeit für Ihre Weiterbildung getan? Welche Hobbys haben Sie? Was ist Ihr Gehaltswunsch?
3. Tragen Sie Kleidung, die der Branche, dem Unternehmen und Ihrer künftigen Position angemessen ist: bei konservativen Unternehmen betont korrekt (Bewerber: Anzug und Krawatte; Bewerberinnen: Kostüm oder Hosenanzug); bei Unternehmen mit durchweg jungem Team entsprechend sportlicher.
4. Machen Sie eine „gute Figur". Treten Sie selbstbewusst, aber nicht überheblich auf. Achten Sie auf Ihre Sprache, Mimik und Gestik. Verkrampfen Sie nicht, bleiben Sie natürlich, aber korrekt.
5. Am Ende des Vorstellungsgesprächs – wenn die wichtigsten Punkte behandelt sind –, sollten auch Sie Fragen stellen, vor allem zu Einzelheiten, die Sie noch klären wollen.

Karin Dorn
Amselweg 5 a
06849 Dessau

	Ihr Zeichen: op-ma
	Ihre Nachricht vom: 20..-07-21
	Mein Zeichen: kd
Karin Dorn · Amselweg 5 a · 06849 Dessau	Meine Nachricht vom: 20..-07-15

REICH-Consulting GmbH
Hauptverwaltung
Frau Irene Opitz
Postfach 13 19
38253 Zerbst

Telefon: 0345 45375
Mobil: 0172 1234567
E-Mail: karin.dorn.wvd@web.de

Datum: 20..-08-12.

Ihr Zwischenbescheid auf meine Bewerbung

Guten Tag, Frau Opitz,

für Ihren Zwischenbescheid danke ich Ihnen. Ich freue mich, dass Sie meine Bewerbung in die engere Wahl gezogen haben.

Wie Sie aus den Bewerbungsunterlagen schon wissen, korrespondiere ich zurzeit für das Hoch- und Tiefbauunternehmen Burmeister & Langenfeld KG in Deutsch, Englisch und Französisch. Zu meinen Aufgaben gehört ferner die Übersetzung von Prospekten ins Englische.

Aus dieser Tätigkeit stammen die beigefügten Arbeitsproben:

> 3 englische Werbebriefe
> 2 französische Werbebriefe
> 1 englischer Prospekt

Diese selbstständig verfassten Schriftstücke zeigen Ihnen, dass ich mich gut ausdrücken kann und in der englischen und französischen Sprache versiert bin.

Bei einem Vorstellungsgespräch können Sie sich einen Eindruck von meiner mündlichen Kommunikation verschaffen. Gern zeige ich Ihnen bei dieser Gelegenheit auch, dass ich mit Office-Anwendungen wie Word, Excel oder PowerPoint souverän umgehen kann.

Freundliche Grüße

Anlagen
6 Arbeitsproben

150

Horst Meyer
Hoffgarten 12 b
59069 Hamm

Horst Meyer · Hoffgarten 12 b · 59069 Hamm

Textilwerke
Roth & Schneider AG
Herrn Dr. Robert Wagner
Postfach 11 15
59331 Lüdinghausen

Ihr Zeichen: wa-kr
Ihre Nachricht vom: 20..-08-25
Mein Zeichen: hm
Meine Nachricht vom: 20..-08-03

Telefon: 02381 766022
Mobil: 0171 7654321
E-Mail: horst.meyer.wvd@gmx.net

Datum: 20..-09-24

Mein Vorstellungsgespräch in Ihrem Haus am 9. September d. J.

Sehr geehrter Herr Dr. Wagner,

ich danke Ihnen heute auch noch einmal auf schriftlichem Wege für das Vorstellungsgespräch, das ich am 9. d. M. mit Ihnen führte und welches mir interessante Eindrücke vermittelte, die mir zeigen, dass es durchaus richtig war, mich gerade bei Ihnen zu bewerben.

Außerdem danke ich Ihnen für die aufschlussreiche Betriebsbesichtigung, die ebenfalls wesentlich dazu beigetragen hat, dass ich meine Bewerbung bei Ihnen im Nachhinein nur gutheißen kann. Nicht zuletzt aber haben Ihre modern eingerichteten Verwaltungsräume meinen uneingeschränkten Beifall gefunden.

Nun warte ich naturgemäß darauf, von Ihnen wieder zu hören bzw. Ihre Nachricht zu erhalten, dass Sie sich für mich entschieden haben.

Freundlichen Gruß

7.4.5   Stellengesuch

Eine Sonderform der Bewerbung ist das Stellengesuch: Der Inserent wirbt mit seinen Kenntnissen und Fähigkeiten, seiner Berufserfahrung, seinem Fachwissen und seiner Persönlichkeit – wie im Bewerbungsbrief, jedoch in kürzerer Form. Mit seinem Stellengesuch will er seine Chancen auf dem Arbeitsmarkt verbessern. Durch seine Insertion beweist er Aktivität und unternehmerischen Mut.

Stellengesuche kosten Geld (wenn sie auch einen günstigeren Tarif haben als Geschäftsanzeigen). Der Zwang zur Kürze und Prägnanz darf nicht dazu führen, dem Leser mit gewagten Abkürzungen ein Silbenrätsel vorzusetzen; auch nicht zu dem häufigen Fehler, nur von sich zu sprechen und die möglichen Interessenten zu vergessen. Bei aller Knappheit muss Ihre Anzeige aussagekräftig sein und vor allem Ihre Qualifikation deutlich herausstellen.

Lassen Sie sich bei der Gestaltung Ihres Stellengesuchs von der Anzeigenabteilung der Zeitung beraten. Dort legt man Ihnen auch Gestaltungsbeispiele vor für Größe, Anordnung, Schriftart usw. Informieren Sie sich über den Anzeigenschluss (besonders für die Mittwoch- und Wochenendausgaben).

Eine innovative Möglichkeit des Stellengesuchs ist die Onlinebewerbung. Dabei können sich Bewerber nach Eingrenzung ihres Profils über die Internetseiten von Jobbörsen (siehe auch Abschnitt 7.3) bei potenziellen Arbeitgebern online bewerben oder ihre Bewerbungsunterlagen auf einer eigenen Internetseite abrufbar machen.

Möglicher Inhalt:
- Geben Sie Ihre Berufsbezeichnung und derzeitige Position an. Beispiel: Industriekaufmann, Fremdsprachensekretärin.
- Erfassen Sie Ihre persönlichen Daten; besonders wichtig ist Ihr Alter.
- Nennen Sie die Ausbildungsdaten (Schulen, Abschlüsse).
- Beschreiben Sie Ihre Berufspraxis: Dauer, Position, Arbeitsgebiet.
  Beispiel: 2-jährige Praxis als Stellvertreter des Versandleiters.
- Nennen Sie den Geschäftszweig, in dem Sie tätig sind oder tätig waren.
- Formulieren Sie Ihr Stellengesuch. Beispiel: Ich suche eine neue, verantwortungsvolle Aufgabe.
- Präzisieren Sie nach Möglichkeit Ihr Gesuch. Beispiel: Ich suche … als Versandleiter eines mittleren Unternehmens der Elektrobranche, möglichst im Raum Hannover.

Tipps für Ihr Stellengesuch
1. Lesen Sie aufmerksam Stellengesuche in Tageszeitungen, Wochen- und Fachzeitschriften sowie „offene" Anzeigen oder Websites im Internet. Lernen Sie aus guten Beispielen.
2. Zeigen Sie sich flexibel und mobil. Wenn Sie Ihr Stellengesuch räumlich und/oder zeitlich allzu sehr eingrenzen, haben Sie nur geringe Chancen.
3. Gliedern Sie Ihr Inserat in Schlagzeilen: Vorstellung – Gesuch – Erwartung – Angebot.
4. Formulieren Sie prägnant, vermeiden Sie Phrasen und Allgemeinplätze. Ihre Anzeige soll durch klare Informationen überzeugen.

Beurteilen Sie kritisch die Wirkung der Stellengesuche Nr. 7-17 bis 7-23. Vervollständigen Sie – falls erforderlich – die Angaben, verbessern Sie die Texte.

■ 7-17

Kaufmann

Niederländer, 33 Jahre, led., Wohnort Rotterdam

- 8-jährige Erfahrung im Vertrieb von Computern
- Kenntnis der deutschen und niederländischen Märkte
- Serviceerfahrungen
- sucht zum 1. April Position als Verkaufs- oder Niederlassungsleiter für deutsche Unternehmen in den Niederlanden, evtl. auch Aufbau eines Vertriebsnetzes
- Korrespondenz in deutscher Sprache

Zuschriften unter 87 430 an die „Düsseldorfer Post",
Postfach 31 33 01, 40213 Düsseldorf

■ 7-18

Außendienstmitarbeiter

Gelernter Einzelhandelskaufmann mit 4-jähriger Außendiensterfahrung sucht neuen Wirkungskreis im Bereich Thüringen/Sachsen.

Zuschriften unter 20 600 an die „Thüringer Post",
Postfach 33 40, 99423 Weimar

■ 7-19

Beruflicher Werdegang

Kaufmann für Bürokommunikation, EDV-Erfahrung, ungekündigte Stellung

Persönliches Profil

38 J., verh., 2 Kinder, einsatz- und kontaktfreudig, kreativ, verhandlungserfahren, rationeller und systematischer Arbeitsstil, rasche Auffassungsgabe

Gewünschtes Angebot

Anspruchsvolle, ausbaufähige Position in Großunternehmen

Zuschriften unter P 65 033 an den Verlag

■ 7-20

Groß- und Außenhandelskauffrau

24 J., mit Englischkenntnissen, in ungekündigter Stellung, sucht per 1. April neuen Aufgabenbereich, z. B. Export- oder Auftragssachbearbeiterin.

Zuschriften unter VI 70 230 an den Verlag

■ 7-21

Kaufmännische Angestellte

26 J., in ungekündigter Stellung, sucht zum 1. April .... (evtl. später) neuen Wirkungskreis im Raum Hannover.

Angebote unter RZ 30 877 an den Verlag

■ 7-22

Auslandskorrespondentin

29, Englisch, Spanisch, mehrjährige Export-/Importerfahrung, sucht neuen Wirkungskreis, nicht ortsgebunden, auch Ausland.

Angebote unter 91 030 an den „Neckar-Kurier",
Postfach 34 22, 72073 Tübingen

■ 7-23

Nicht alltägliche

Fremdsprachensekretärin

34 J., in ungekündigter Stellung, ist nicht länger bereit, unterhalb ihrer Möglichkeiten und am Rande ihrer Interessen zu arbeiten.

Ich biete: Englisch, Französisch (Dipl.-Wirtschaftsfranzösisch), Spanisch (aufzufrischen), EDV-Kenntnisse

Ich suche: Tätigkeit mit Schwerpunkt „Bearbeitung und Übersetzung von Texten" in kollegialer Atmosphäre bei motivierender Bezahlung

Reaktionen erbeten
unter BET 40 889 an den Verlag.

153

7.5 Bearbeitung von Bewerbungen

Der Empfänger prüft die schriftlichen Bewerbungen. Dabei ergeben sich drei Bewerbergruppen:

1. Bewerber, die für die angebotene Stelle geeignet erscheinen;
2. Bewerber, die vielleicht geeignet sind, die aber ihre Bewerbung vervollständigen sollen;
3. Bewerber, die von vornherein ausscheiden, weil ihre Qualifikation als unzureichend erachtet wird.

Die in die engere Wahl gezogenen Bewerber erhalten manchmal einen Personalfragebogen. Er ist auf das Unternehmen und das Anforderungsprofil abgestimmt. Der Fragebogen ist auszufüllen, zurückzusenden oder zum Vorstellungsgespräch mitzubringen. Dem Gespräch vorgeschaltet wird nicht selten ein Eignungstest. Ein ordentlich geführtes Unternehmen beantwortet jede Bewerbung. Der erforderliche Schriftwechsel ist vielfältig:

– Zwischenbescheide (um Zeit für eine gründliche Auswahl zu gewinnen);
– Zusenden eines Personalfragebogens;
– Zusenden von Broschüren u. Ä. zur Vorinformation für das Vorstellungsgespräch;
– Einladung zum Vorstellungsgespräch (Vorstellungstermin);
– Einladung zu einer betriebsinternen Prüfung oder zum Eignungstest;
– Absage an ungeeignete Bewerber (ggf. mit Rücksendung aller Bewerbungsunterlagen).

Dieser Schriftwechsel eignet sich gut für die programmierte Textverarbeitung mit Textbausteinen und/oder Serienbriefen. Bitte vergleichen Sie hierzu Abschnitt 10.7 (Antworten auf Bewerbungen) und 11.3 (Serienbrief).

7.6 Innerbetrieblicher Schriftverkehr

In jedem Unternehmen müssen Schriftstücke verfasst werden, die nur für den internen Gebrauch bestimmt sind: Telefon- und Aktennotizen, Aktenvermerke, Protokolle und Rundschreiben. Auch innerbetriebliche Texte sollten inhaltlich und sprachlich die Anforderungen erfüllen, die man heute an den gesamten kaufmännischen Schriftverkehr stellt.

Im Folgenden finden Sie Kurzbeispiele zu Themen des innerbetrieblichen Schriftverkehrs. Die Protokollführung wird nicht behandelt, weil dieses komplexe Thema über den Rahmen dieses Buches hinausgeht.

7.6.1 Akten-, Gesprächs- und Telefonnotizen

Viele Gespräche mit Besuchern oder beim Besuch in anderen Firmen (oder Dienststellen) sind so wichtig, dass es ratsam ist, das Wesentliche daraus festzuhalten und übersichtlich und sauber zu schreiben. Dies trifft selbstverständlich auch auf wichtige Telefonate zu. Solche Niederschriften dienen zunächst als eigene Gedächtnisstützen. Oft sollen sie aber auch andere Mitarbeiter oder Vorgesetzte informieren. Aus nahezu allen Besprechungen, Verhandlungen und wichtigen Telefongesprächen ergeben sich ferner Folgerungen: Wer soll was und wann erledigen? Welche Maßnahmen sind nach dem Gespräch noch zu treffen?

Aktennotizen. Eine Aktennotiz ist eine kurze Niederschrift, die ausschließlich für den Gebrauch innerhalb einer Firma (Dienststelle u. Ä.) oder aber für den Verfasser selbst bestimmt ist. Der Inhalt der Aktennotiz wird aus dem Gedächtnis oder nach Stichworten festgehalten. Bei aller Kürze muss die Aktennotiz aber das Wesentliche enthalten.

Für Aktennotizen (wie auch für Telefonnotizen und Aktenvermerke) gibt es keine allgemein verbindlichen Vorschriften. Doch empfiehlt es sich, diese Notizen einheitlich und übersichtlich zu gliedern (viele Unternehmen haben dafür besondere Vordrucke).

Am besten gliedern Sie Ihre Aktennotizen durch Leitwörter: Betreff – Ort und Zeit – Teilnehmer. Die eigentliche Aktennotiz besteht in der Regel aus dem Gesprächsergebnis und den Folgerungen. Selbstverständlich sind alle Notizen dieser Art zu unterschreiben. In den Mustern steht dafür jeweils „gez. ..." = gezeichnet ...

Aktennotiz

Betreff: Ausstellung „Bürowelt"
vom 3. bis 7. Oktober 20.. in Köln;
Besprechung des Ausstellungsteams

Ort und Zeit: Wiesbaden; 20..-04-03; 10:15 – 11:30 Uhr

Teilnehmer: Direktor Dr. Wolf
Werbeleiter Dr. Unterberg
die Damen Fischer, Klein und Weber
die Herren Burg und Lichtenberg

Gesprächsergebnis
Die Vorbereitungen sollen am 15. April anlaufen. Federführend sind Dr. Unterberg, Frau Weber und Herr Burg.

Folgerungen
1. Bildung einer Arbeitsgruppe „Ausstellung Bürowelt";
   Leitung: Dr. Unterberg; Mitglieder: Frau Fischer und Herr Burg; 1. Sitzung: 10. April, 10:30 Uhr, Raum 211
2. Schriftliche Vorschläge: Neue Strategien für die Ausstellung;
   Termin für die Abgabe: 8. April 20.... an Dr. Unterberg

gez. Heiko Burg

Gesprächs- und Telefonnotizen. Jedes wichtige Telefongespräch sollten Sie gut vorbereiten. Was wollen Sie von Ihrem Gesprächspartner erfahren oder mit Ihrem Anruf erreichen? Notieren Sie zuvor die Hauptgesprächspunkte, bringen Sie diese in die optimale Reihenfolge und legen Sie alle Unterlagen zurecht, die Sie voraussichtlich benötigen. Ein entsprechender Vordruck erleichtert Ihnen die Arbeit.

Die Gesprächs- oder Telefonnotiz gliedert sich in drei Teile: Leitwörter (Datum, Gesprächspartner, Kontaktdaten), Gesprächsinhalt (Stichworte) und Ergebnisse/Konsequenzen.

156

Fahrradgroßhandel Joachim Kleinhaus GmbH

Gesprächsvorbereitung

über: ❏ persönliches Gespräch
       ❏ Telefongespräch

Datum und Uhrzeit: _____

Gesprächspartner: _____

Firma: _____

Telefon: _____

Telefax: _____

E-Mail: _____

Was soll besprochen werden?

_____

_____

_____

Benötigte Unterlagen: _____

_____

_____

_____

Unterschrift: _____

Fahrradgroßhandel Joachim Kleinhaus GmbH

Gesprächsnotiz

über: ❏ persönliches Gespräch
       ❏ Telefongespräch

Datum und Uhrzeit: _____

Gesprächspartner: _____

Firma: _____

Telefon: _____

Telefax: _____

E-Mail: _____

Inhalt des Gesprächs: _____

_____

_____

_____

Was muss veranlasst werden?

_____

_____

_____

Unterschrift: _____

7.6.2   Aktenvermerke

Die Kürze der Aktennotiz gibt keine Möglichkeit, neben dem knapp formulierten Gesprächsergebnis auch Hintergründe aufzuführen. Oft aber ist es vorteilhaft, nicht nur die Fakten zu nennen, sondern auch zu erläutern, wie es zu dem Gespräch gekommen ist („Vorgeschichte"), und die eigene Meinung zum Ausdruck zu bringen. In solchen Fällen schreiben Sie einen ausführlicheren „Aktenvermerk". Das Muster auf Seite 157 zeigt Ihnen, wie Sie Ihre Aktenvermerke gliedern können. Oft ist es ratsam, sich wiederholende Bezeichnungen abzukürzen.

7.6.3   Rundschreiben

Innerbetriebliche Rundschreiben werden den entsprechenden Abteilungen bzw. Sachbearbeitern zugestellt und oft auch noch am Schwarzen Brett ausgehängt. Rundschreiben müssen klar formuliert und übersichtlich gegliedert sein. Der Verteilvermerk wird häufig nicht am Schluss, sondern gleich zu Anfang des Rundschreibens angegeben. Dies gilt auch für Rundschreiben von Vereinen, Verbänden und Organisationen an deren Mitglieder (vgl. Muster auf Seite 158).

Möbel-Einkaufs-GmbH   20..-05-16
Dach & Wintershausen

Aktenvermerk

Gegenstand: Liefermöglichkeiten und Lkw-Transporte
             der Möbelwerke Wagner & Zobel AG
             (im Folgenden abgekürzt: W & Z)
             32051 Herford, Uhlandplatz 46 – 48

Ort und Zeit: Herford; 20..-05-14; 09:45 – 10:30 Uhr

Teilnehmer: Herr Dr. Heibel, Verkaufsleiter W & Z
             Frau Mehrholz, Einkäuferin W & Z
             Frau Karbach, Sekretärin des Verkaufsleiters
             Dieter Weck, Möbel-Einkaufs-GmbH Siegen

Inhalt

Nach dem mehrmaligen Lieferverzug von W & Z, insbesondere Lieferungen an unsere Lager in
Trier und Oranienburg, war ein klärendes Gespräch mit den Verantwortlichen der Möbelwerke
unumgänglich. Es kommt hinzu, dass wir in letzter Zeit mehrmals bei W & Z wegen Transport-
schäden reklamieren mussten.

Herr Dr. Heibel wollte den Lieferverzug als „derzeit für unsere Branche völlig normal" hinstellen.
Ich verwies auf die uns vorgelegten Angebote mehrerer Konkurrenten mit garantierten Liefer-
terminen. Frau Mehrholz bezweifelte, dass diese Firmen im Ernstfall pünktlich liefern können.
Aus den gegensätzlichen Auffassungen entwickelte sich eine ziemlich gespannte Atmosphäre.

Sie verschärfte sich, als ich auf die Beschädigungen zu sprechen kam, die wir bei mir destens fünf
Lkw-Transporten von W & Z beklagen mussten. Wiederum versuchte Herr Dr. Heibel, mit rheto-
rischen Tricks die Vorkommnisse zu bagatellisieren. Erst auf meine nochmalige entschiedene
Darlegung des Sachverhalts (vor allem die Lieferungen vom 3. März und 15. April d. J.) lenkte der
Verkaufsleiter ein und versprach, für Abhilfe zu sorgen.

Nach diesem wenig erfreulichen Gespräch schlage ich vor, zunächst der Firma Fischer & Ackermann KG (Bielefeld) versuchsweise einige kleinere Aufträge zu erteilen. Danach bleibt abzuwarten,
wie wir die Geschäftsbeziehung zu W & Z künftig gestalten.

gez. Dieter Weck   **Verteiler**
                                                    HV Siegen, Abt. R
                                                    Abt. Einkauf (Frau Stein)

Chemische Werke   20. .-03-22
Roland & Kaiser AG
Geschäftsleitung

Rundschreiben Nr. 5/20..

Verteiler: Abteilungen 1 – 6; 8, 10 und 12
            Betriebsrat
            Sekretariat IV
            Frau Dr. Klein

Einrichtung der Büroräume im Neubau Ulmer Straße 19 – 21

Liebe Mitarbeiterinnen, liebe Mitarbeiter,

wie Sie schon wissen, konnten die Arbeiten am Neubau Ulmer Straße zu einem guten Abschluss gebracht werden. Der Umzug der Direktion und des gesamten kaufmännischen Personals ist für Anfang
August d. J. vorgesehen.

Bei der Einrichtung der neuen Büroräume sollen selbstverständlich auch alle ergonomischen Aspekte
berücksichtigt werden. Deshalb bitten wir Sie, uns bis 15. April Ihre Wünsche für die Einrichtung Ihrer
Büroarbeitsplätze in kurzer Form schriftlich mitzuteilen. Als Anreiz sind für die drei besten Lösungsvorschläge folgende Prämien ausgesetzt:

1. Preis: 250,00 EUR, 2. Preis: 150,00 EUR, 3. Preis: 50,00 EUR

Besonderen Wert legen wir auf die Beantwortung folgender Fragen:

1. Wie beurteilen Sie die Arbeitsmöglichkeiten Ihres bisherigen Arbeitsplatzes? Welche Mängel hat
   Ihr bisheriger Arbeitsplatz?

2. Haben Sie spezielle Wünsche für die Einrichtung Ihres neuen Arbeitsplatzes?

3. Sind Sie bisher an jedem Arbeitstag zum Essen nach Hause gefahren? Oder haben Sie sich in der
   Regel am Imbissstand im Industriegebiet versorgt?

4. Der Neubau hat eine moderne Kantine, die täglich vier Gerichte (darunter eines für besonders
   Ernährungsbewusste und eines für Vegetarier) anbieten wird. Werden Sie das Essen (nahezu) regelmäßig in der neuen Kantine einnehmen?

Für die Geschäftsleitung ist es sehr wichtig und aufschlussreich, von Ihnen ganz persönliche Antworten auf diese Fragen zu erhalten. So können alle Mitarbeiter dazu beitragen, dass wir die neuen
Büroräume, die Kantine und die Küche optimal einrichten.

Freundliche Grüße

8   Elektronische Korrespondenz

8.1   Internet

Das Internet ist ein weltweiter Zusammenschluss vieler Netzwerke und dient dem Informations-austausch und der Kommunikation. Der bekannteste Dienst im Internet ist das World Wide Web (www), ein Hypertextsystem, das über einen Webbrowser abgerufen werden kann. Es bietet Informationen aller Art und Diskussionsforen. Im Internet können u. a. Bankgeschäfte abgewickelt (Homebanking), Einkäufe getätigt (E-Commerce) sowie geschäftliche und private Korrespondenz erledigt werden (E-Mail).

Für den Zugang zum Internet sind erforderlich:

– Computer,
– DSL-Anschluss oder WLAN, Kabel, LTE oder Glasfaser
– Zugangsberechtigung über einen Anbieter (Provider) sowie
– Software für das Internet (Browser).

Mit Internetpräsentationen bieten Firmen sowie Selbstständige und Freiberufler ihre Produkte und Dienstleistungen an, Behörden und Organisationen stellen ihre Ziele und Aufgaben dar, und Privat-personen informieren über ihre Hobbys und Interessen.

8.2   Elektronische Post (E-Mail)

E-Mail ist der meistgenutzte Dienst im Internet. Die erforderliche Software gehört zum Browser-Paket und wird in der Regel vom Provider mitgeliefert. Die elektronische Post ist der schnellste und kos-tengünstigste Weg, um weltweit zu korrespondieren. Deshalb wählen immer mehr geschäftliche und private Absender E-Mails statt Briefe oder Telefaxe.

8.2.1   Bestandteile einer E-Mail

Um eine rationelle Bearbeitung der E-Mails zu gewährleisten, enthält die Norm DIN 5008 „Schreib- und Gestaltungsregeln für die Textverarbeitung" zahlreiche Hinweise, die für die Verwendung von E-Mails als Geschäftsbriefersatz gelten. Danach besteht eine E-Mail aus E-Mail-Kopf, Anrede, Text, Abschluss und elektronischer Signatur bzw. Verschlüsselung.

Der E-Mail-Kopf enthält Anschrift (E-Mail-Adresse), Verteiler, Betreff und ein Feld „Angefügt" für An-lagen.

Die *E-Mail-Adresse* gestaltet sich nach den Vorgaben des jeweiligen Anbieters. Sie muss korrekt eingegeben werden, sonst kann sie den Empfänger nicht erreichen. Der Absender wird automatisch informiert, wenn die E-Mail nicht zustellbar ist. Die E-Mail-Adresse besteht aus zwei Teilen, die durch das @-Zeichen getrennt sind, Benutzername@Domain-Name. Dieses Zeichen steht für englisch *at* = bei.

Die weltweiten Domain-Endungen kennzeichnen den Ländercode oder stehen für andere Bereiche. Beispiele:

info@firmenname.de
schneider@firmenname.de
erik.schaefer@t-online.de
Daniel_Klein@aol.com

info	= Kontaktadresse eines Unternehmens
schneider erik.schaefer Daniel_Klein	= (Vor- und) Zuname des Absenders oder Empfängers einer E-Mail
Firmenname (z. B. winklers)	= Domain eines Unternehmens im Internet
t-online aol	= Provider
.de .com	= Länderkürzel (hier: Deutschland) = kommerzieller Anbieter

Verteiler. In das elektronische Verteilerfeld können weitere E-Mail-Adressen eingetragen werden:

Cc = Carbon copy: Der Empfänger erkennt, wer eine Kopie erhält. Die Bezeichnung Carbon copy geht auf das veraltete Verfahren zurück, Durchschläge mit Schreibmaschine und Carbon-Papier (Kohlepapier) herzustellen.

Bcc = Blind carbon copy: Der Empfänger wird nicht darüber informiert, an wen eine Kopie der Information geschickt wird.

Betreff. Wie beim herkömmlichen Brief dient der Betreff als stichwortartige Inhaltsangabe. Sie soll die Bearbeitung und Verwaltung von E-Mails erleichtern. Am besten wählt man einen aussagekräftigen Kurztext.

Angefügt. Hier werden die Anlagen genannt, die Sie der E-Mail beifügen.

Anrede. Der Grundsatz „kein Brief ohne Anrede" gilt selbstverständlich auch für E-Mails. Wie beim Brief beginnt die Anrede an der Fluchtlinie und wird vom folgenden Text durch eine Leerzeile getrennt.

Text. Er wird mit Zeilenabstand 1 (einzeilig) geschrieben und ist ohne Worttrennungen am Zeilenende zu erfassen. Der Umbruch wird durch die Software des Empfängers gesteuert. Der Text ist nach den Regeln für das Beschriften von Briefblättern zu gestalten: Absätze, Aufzählungen, Hervorhebungen usw.

Abschluss. Gruß, Kommunikations- und Geschäftsangaben werden meist in Form einer Signatur automatisch zugesteuert. Beispiel:

Freundliche Grüße

Lampenfabrik
Schulz & Hofmann GmbH

ppa. Anne Meister

Telefon: +49 621 483211-411
Telefax: +49 621 483211-983
E-Mail: anne.meister@lampenschulz-wvd.de
Internet: www.lampenschulz–wvd.de
Sitz der Firma: Mannheim
Registergericht Mannheim HRB 6789
Geschäftsführer: Georg Schulz

Postanschrift. Sie ist unverzichtbar, wenn der Absender vom Empfänger Postsendungen erbittet, z. B. Prospekte, Bücher u. Ä. Beispiel:

Freundlichen Gruß

Eva Gäßner
St.–Martin–Straße 26
56073 Koblenz

Telefon: 0261 88402
E-Mail: Eva_Gaessner_wvd@web.de

Elektronische Signatur bzw. Verschlüsselung. Bei der elektronischen Korrespondenz ist Vorsicht geboten, weil E-Mails auch von Unbefugten gelesen werden können. Wichtige Informationen sollten durch digitale Signatur und/oder verschlüsseltes Übertragen gegen unberechtigtes Lesen und Veränderungen geschützt werden.

161

8.2.2   E-Mail-Muster: Absender ist eine Privatperson

An ...   service@westermanngruppe.de
Cc ...
Bcc ...
Betreff: Kalenderdaten

Sehr geehrte Damen und Herren,

mit der Schreibung der Kalenderdaten habe ich einige Probleme. Denn in der Eingangspost, die ich als Korrespondentin eines großen Unternehmens bearbeite, lese ich sehr unterschiedliche Schreibungen. Auch in den einzelnen Abteilungen meines Arbeitgebers wird bei Kalenderdaten nicht einheitlich verfahren.

Deshalb bitte ich Sie um Informationen über die normgerechten Schreibungen der numerischen und alphanumerischen Kalenderdaten.

Vielleicht haben Sie auch eine Broschüre, die die Schreibung der Kalenderdaten erläutert. Interessiert bin ich ferner an Informationen über andere Regelungen, z. B. Empfängeranschriften und Briefabschlüsse. Denn ich möchte nicht nur gut formulierte, sondern auch normgerechte Briefe schreiben.

Auf Ihre Antwort, für die ich Ihnen im Voraus danke, freue ich mich schon.

Freundliche Grüße

Manuela Schreiber
Amselweg 12 // W 407
97688 Bad Kissingen

Telefon: 0971 28433
Telefax: 0971 45201
E-Mail: manuela.schreiber-wvd@gmx.de

8.2.3 E-Mail-Muster: Absender ist ein Unternehmen (hier: GmbH)

An ... manuela.schreiber-wvd@gmx.de

Cc ...

Bcc ...

Betreff: Normgerechte Schreibung der Kalenderdaten

Sehr geehrte Frau Schreiber,

für Ihre Anfrage danken wir Ihnen. Gern geben wir Ihnen die gewünschten Informationen.

Numerische Schreibung. Die absteigende Form – also Jahr, Monat, Tag – entspricht einer EU-Norm und gilt daher grundsätzlich auch für die deutsche Norm DIN 5008. Bei dieser Schreibung gliedert man mit dem Kurzstrich.

Beispiel: 20..-08-04

In einer Anmerkung heißt es in DIN 5008: „Bei Schreiben an inländische Empfänger ist auch die Reihenfolge Tag, Monat, Jahr – gegliedert mit dem Punkt – gängig. Eine gemischte Verwendung der beiden numerischen Formen in einem Schriftstück ist nicht zweckmäßig."

Die aufsteigende Form (mit Punkten) gilt als **Nebenvariante**. Darum empfehlen wir Ihnen die absteigende Form (mit Kurzstrichen).

Alphanumerische Schreibung. Wichtig ist, dass die Jahreszahl nicht verkürzt wiedergegeben werden darf. Das „Ausnullen" bei der Tagangabe ist nicht korrekt.

Winklers Ratgeber für die Textverarbeitung. Diese Broschüre erläutert in alphabetischer Folge alle Schreib- und Anordnungsregeln nach DIN 5008, ferner Abkürzungen, Straßennamen, Buchstabiertafel, neue Rechtschreibung, Worttrennung und Korrekturzeichen. Mit getrennter Post erhalten Sie unser Gesamtverzeichnis. Darin werden Sie bestimmt noch viel Interessantes entdecken.

Freundliche Grüße

Bildungsverlag EINS GmbH

Ettore-Bugatti-Straße 6-14
51149 Köln
Telefon: +49 2203 8982-0
Telefax: +49 2203 8982-250

Kunden-Service:

Telefon: 0531 708-8686
Telefax: 0531 708-664
E-Mail: service@westermanngruppe.de
Internet: www.westermanngruppe.de

Geschäftsführer: Ralf Halfbrodt, Thomas Michael, Dr. Peter Schell
Amtsgericht Braunschweig – HRB 9572

Anmerkung: Je nach Rechtsform des Unternehmens sind unterschiedliche Geschäftsangaben erforderlich. Für eine geschäftliche E-Mail gelten die gleichen rechtlichen Bestimmungen wie für einen Geschäftsbrief (siehe auch Seite 13).

8.2.4 Tipps für Ihren E-Mail-Stil

Für die Formulierung von E-Mail-Texten gelten dieselben Stilregeln wie für Briefe. Vergleichen Sie hierzu die Abschnitte 3 und 4.1. Berücksichtigen Sie die folgenden Punkte:

1. Schreiben Sie Ihre E-Mails mit derselben Sorgfalt wie Ihre Briefe. Das Tempo der E-Mail-Kommunikation darf Sie nicht dazu verleiten, weniger auf Richtigkeit, Vollständigkeit, Orthografie, Interpunktion und treffenden Ausdruck zu achten.
2. Bleiben Sie auch im E-Mail-Text stets höflich. Vergessen Sie nicht Anrede und Gruß sowie bitte und danke.
3. Verzichten Sie auf Abkürzungen, z. B. *mfg* für *Mit freundlichen Grüßen* u. Ä.
4. Verraten Sie keine Geheimnisse. Schreiben Sie nur, was Sie auch auf einer Postkarte mitteilen würden. Denn Sie wissen nicht, wer Ihre Texte liest.

Aufgaben, die auf bestimmte Geschäftszweige abgestellt sind, können für die gewünschten Branchen abgewandelt werden. Verwenden Sie entsprechende Bezugzeichen sowie Auftrags-, Kunden-, Lieferschein- und Rechnungsnummern.

9-1 Anfrage

Sie sind Sachbearbeiter in einer Großhandlung für Bürobedarf. In der Fachzeitschrift „Büro heute" haben Sie eine Anzeige gelesen, in der ein Hersteller für viele Artikel Ihres Geschäftszweigs wirbt. Es ist nicht klar ersichtlich, ob die angegebenen Preise Brutto- oder Nettopreise sind. Einige Artikel scheinen Ihnen besonders preisgünstig zu sein. Fordern Sie für einige Artikel (genau bezeichnen) ein verbindliches Angebot an, mit Namen und Daten nach Ihrer Wahl.

9-2 Anfrage – Angebot

Die Großhandlung für Bürobedarf, in der Sie tätig sind, will das Sortiment um mehrere Artikel erweitern. Sie sehen die Lieferantendatei nach geeigneten Bezugsquellen durch. Die gewünschten Artikel sind bei einem Ihrer Lieferer offensichtlich in Auswahl, Ausstattung oder Aufmachung und im Preis besonders günstig. Sie interessieren sich auch für die Liefer- und Zahlungsbedingungen, vor allem für einen längeren Warenkredit.

Schreiben Sie zunächst eine Anfrage. Versetzen Sie sich dann in die Lage des Lieferers und beantworten Sie die Anfrage mit einem

a) verbindlichen und
b) unverbindlichen Angebot.

9-3 Nachfassbrief

Sie schreiben einem langjährigen Kunden, der Ihnen – entgegen seiner Gewohnheit – seit einigen Monaten keine Bestellung mehr erteilt hat. Bringen Sie sich in Erinnerung, machen Sie ihm gleichzeitig ein günstiges Angebot mit vorteilhaften Zahlungsbedingungen.

9-4 Alternativangebot

Ein langjähriger Kunde hat Sie nach einem bestimmten Artikel (genau angeben) gefragt. Sie hatten diesen Artikel nicht auf Lager, haben ihn aber sofort bei Ihrem Lieferer bestellt. Heute hat Ihnen der Lieferer mitgeteilt, dass der Artikel nicht mehr hergestellt wird. Sie schreiben Ihrem Kunden und bieten ihm eine ähnliche Ausführung mit ebenso guter Qualität und günstigem Preis an.

9-5 Erlöschen eines Angebots

Sie haben einem Kunden auf dessen Anfrage vom … am … mehrere Artikel für den Bürobedarf angeboten. Ihr Angebot war verbindlich, aber bis … befristet. Eine Woche nach Fristablauf trifft die Bestellung ein. Was schreiben Sie Ihrem Kunden?

9-6 Änderung des Angebots

Sie haben von der Firma … ein sehr günstiges Angebot über Computer erhalten. Das Angebot sagt Ihnen zu, ausgenommen die Bedingung „Zahlung innerhalb 8 Tagen mit 2 % Skonto, innerhalb 20 Tagen netto Kasse". Sie wünschen ein Mindestzahlungsziel von 3 Monaten, u. U. Wechselakzept und stellen größere Aufträge in Aussicht. Barzahlung ist möglich, wenn 3 % Skonto und Mengenrabatt gewährt werden.

■ 9-7 Der Auftrag wird zurückgenommen

Sie sind Mitarbeiter der Elektrogroßhandlung Baumgartner KG, Postfach 70 63 48, 70177 Stuttgart. Ihre Firma hat gestern beim Außendienstmitarbeiter der Lampenfabrik Schulz & Hofmann, Postfach 24 13 05, 68162 Mannheim, 20 Pendelleuchten Nr. 550 bestellt. Sie haben den Auftrag bereits telefonisch zurückgezogen.

Schreiben Sie einen Brief, in dem Sie auf den Auftrag und den telefonischen Widerruf hinweisen. Nennen Sie die Gründe. Kündigen Sie Ersatzaufträge an.

■ 9-8 Bitte um kürzere Lieferzeit

Sie sind Mitarbeiter des Spielwarengeschäfts Johann Berger, Heinrich-Heine-Straße 1, 07422 Bad Blankenburg, und schreiben heute an die Kleiderfabrik Wilhelm Kreiner & Co., Postfach 20 11 51, 40212 Düsseldorf.

Eine Mitarbeiterin der Firma Kreiner & Co. hat Ihnen ein Angebot über Berufskleidung gemacht. Den genauen Inhalt Ihrer Bestellung bestimmen Sie selbst. Die Lieferfrist war für Ende n. M. festgelegt worden. Bitten Sie, die Lieferzeit zu verkürzen, und begründen Sie Ihre Bitte.

■ 9-9 Bestellung und Zahlungsausgleich

Sie sind Bevollmächtigter der Kleiderfabrik Jürgen Höfer & Söhne, Goethestraße 11, 29410 Salzwedel. Vor einigen Tagen hat Ihnen die Weberei Fritz Meister, Postfach 18 92, 78531 Tuttlingen, ein Angebot über Wollstoffe gemacht (Menge und Preise nach Ihrer Wahl). Der Lieferer hebt die besonderen Vorzüge der Stoffe hervor und fügt mehrere Proben bei. Geliefert wird frei Haus, Verpackung unberechnet. Zahlungsbedingungen: binnen 10 Tagen mit 2 % Skonto oder binnen 30 Tagen ohne Abzug.

1. Sie bestellen nach dem Angebot der Weberei.
2. Sie bestätigen den Empfang der Ware und überweisen 3 Tage später den Betrag, wovon Sie 2 % Skonto abziehen. Bankverbindung: Postbank Stuttgart, IBAN DE87 6001 0070 0071 2317 05.

■ 9-10 Teilwiderruf einer Bestellung

Sie sind Sachbearbeiter der Elektrogroßhandlung Rainer Fenske, Saarbrücker Straße 85, 45138 Essen. Vor 4 Tagen hat das Elektrogeschäft Kapur, Postfach 19 91, 56621 Andernach, bei Ihnen Kaffeemaschinen bestellt. Heute bittet Sie der Kunde telefonisch, nur die Hälfte der bestellten Kaffeemaschinen zu liefern. Ihre Versandabteilung sagt Ihnen jedoch, dass die Ware schon gestern Nachmittag versandt worden ist.

Schreiben Sie dem Elektrogeschäft, das seit vielen Jahren zu Ihren besten Kunden zählt. Was schlagen Sie vor?

■ 9-11 Bitte um Rechnungsprüfung

Sie sind Mitarbeiter der Textilfabrik Rudolf Schnellinger KG, Postfach 14 14, 74821 Mosbach. Die Färberei Kurt Heick, Postfach 10 07, 69461 Weinheim, hat für das Färben verschiedene Preise berechnet:

Auftrag Nr. 14 200 (20..-03-15) 18,20 EUR
Auftrag Nr. 20 105 (20..-04-10) 20,60 EUR

In beiden Fällen wurde je eine Wolldecke gleicher Qualität und Größe gefärbt. Fragen Sie, warum die Färberei für das Färben verschiedene Preise berechnet hat. Stellen Sie einen Großauftrag (50 Decken) in Aussicht.

■ 9-12 Schlechtleistung

Sie haben mangelhafte Ware erhalten und schreiben Ihrem Lieferer. Art der Ware und des Mangels, Anschriften und Daten nach Ihrer Wahl. Schreiben Sie dem Lieferer, welche Rechte Sie geltend machen.

■ 9-13 Schlechtleistung

Sie haben vor einem Monat bei einem Lieferer Waren bestellt. Gestern traf die Sendung ein; sie wies bestimmte Mängel auf. Schreiben Sie Ihrem Lieferer, benennen Sie die Mängel und machen Sie von einem der Ihnen zustehenden Rechte Gebrauch. Namen, Art der Ware und der Mängel nach Ihrer Wahl.

■ 9-14 Schlechtleistung

Sie sind Mitarbeiter eines Textilfachgeschäfts und haben heute Waren von Ihrem Lieferer, der Textilfabrik Helmut Staller GmbH, Postfach 16 58, 33601 Bielefeld, erhalten. Sie stellen folgende Mängel fest: Von den 100 gelieferten Baumwolloberhemden Nr. 10 sind 30 leicht angeschmutzt, 20 Hemden weisen grobe Falten am Kragen auf.

1. Schreiben Sie die Mängelrüge.
2. Versetzen Sie sich in die Lage des Lieferers, beantworten Sie die Mängelrüge. Begründen Sie die Mängel und schlagen Sie vor, wie Sie dem Kunden entgegenkommen können.

■ 9-15 Beanstandung einer Rechnung

Sie sind Sachbearbeiter der Schokoladenfabrik Lutz Simon & Co., Postfach 40 38 94, 80334 München, und haben der Konditorei Wiese, Luisenstraße 88, 53721 Siegburg, verschiedene Schokoladenartikel geliefert. Der Nettorechnungsbetrag lautet über 500,00 EUR, dazu kommt die Umsatzsteuer.

Ihr Kunde schreibt, dass nach dem Umsatzsteuergesetz Schokoladenlieferungen mit dem ermäßigten Steuersatz besteuert werden. Beantworten Sie den Brief Ihres Kunden.

■ 9-16 Schlechtleistung

In Ihrem Betrieb, der Großhandlung Halim, Wormser Straße 10, 55543 Bad Kreuznach, wurde ein Wasserenthärtungsgerät installiert, das Kalkablagerungen verhindern soll. Nach 2 Wochen stellen Sie fest, dass das Gerät den Anforderungen nicht genügt.

Welche Rechte können Sie geltend machen? Schreiben Sie dem Installationsgeschäft (Anschrift und Daten nach Ihrer Wahl).

■ 9-17 Schlechtleistung

Ihr Betrieb hat von der Keramikfabrik Joachim Specht KG, Ostanlage 49, 35390 Gießen, Keramikvasen und -übertöpfe bezogen. Einzelne Stücke sind zerbrochen (Verpackung unzureichend).

1. Schreiben Sie der Keramikfabrik.
2. Schreiben Sie die Antwort der Keramikfabrik (Verpackung handelsüblich, kein Verschulden, Versandbedingungen „auf Gefahr des Empfängers"). Ersatz wird

   a) geleistet (begründen!),
   b) abgelehnt (mit Recht?).

167

■ 9-18 Beanstandung einer Rechnung mit Zahlungsanzeige

Sie haben von Ihrem Lieferer, der Büromöbelfabrik Sommer & Nold AG, Postfach 31 20, 49073 Osnabrück, eine Rechnung über 3.400,00 EUR erhalten. Ihre Prüfung ergab einen Additionsfehler von 100,00 EUR zu Ihren Ungunsten. Ferner wurde ein Skonto von 3 %, der Ihnen nach den Zahlungsbedingungen zustand, nicht berücksichtigt. Teilen Sie Ihrem Lieferer den Sachverhalt mit und fügen Sie einen Verrechnungsscheck über den Betrag bei, der dem Lieferer zusteht.

■ 9-19 Schlechtleistung

Von den EUROPA-Werken AG (bitte bestimmen Sie, ob Lebensmittel, Textilien o. a.), Postfach 30 81 77, 70173 Stuttgart, hat Ihr Unternehmen Waren bezogen. Die Prüfung der Sendung ergab Mängel. (Wählen Sie typische Waren Ihrer Branche.) Schreiben Sie die Mängelrüge. Bestimmen Sie die Art des Artikels und erläutern Sie den Mangel genau. Welches Recht wollen Sie geltend machen?

■ 9-20 Nicht-Rechtzeitig-Lieferung

Ihr Betrieb, der Hoch- und Tiefbau Horst Becker & Sohn, Postfach 1 94 13, 56061 Koblenz, hat im Juni bei Horst Kramer GmbH, Postfach 10 94, 75171 Pforzheim, 80 Stahlmatten 2,50 x 3,00 m; Stärke 0,8 cm, bestellt. Als Liefertermin wurde Ende Juli/Anfang August vereinbart. Die Ware ist am 15. August noch nicht eingetroffen.

1. Schreiben Sie dem Lieferer und setzen Sie eine Nachfrist. Kündigen Sie auch an, was Ihre Firma zu tun gedenkt, falls dieser Termin nicht eingehalten wird.
2. Behandeln Sie jetzt denselben Vorgang als Fixgeschäft. (Als Liefertermin wurde der 14. August vereinbart.)

■ 9-21 Nicht-Rechtzeitig-Lieferung

Ihre Firma, die Großhandlung Werner Hübner, Postfach 12 08, 24931 Flensburg, erhält einen Brief des Bürofachgeschäfts Alfred Hiller, Bahnhofstraße 8, 07407 Rudolstadt.

Auszug dieses Briefes vom 28. November 20..: *Die am 15. Oktober bestellten 20 Kopierer Nr. 105, obwohl schon berechnet …, sind bis heute noch nicht eingetroffen. Die Lieferung war in Ihrer … bis 18. November fix zugesagt. … in Verzug geraten. Schadenersatz wegen Nichterfüllung.*

Beantworten Sie diesen Brief. Bedauern Sie die Verzögerung (Gründe?). Die Sendung wird heute als Expressgut abgeschickt. Kommen Sie dem Kunden in irgendeiner Form entgegen, damit Sie ihn nicht verlieren. Schreiben Sie den Brief in zwei Fassungen.

■ 9-22 Nicht-Rechtzeitig-Lieferung

Sie sind Mitarbeiter des Fachgeschäfts Klaus Opitz, Klosterstraße 18, 02763 Zittau, und bestellen bei der Textilfabrik Helmut Staller GmbH, Postfach 16 58, 33601 Bielefeld:

100 Duschlaken Nr. 25, hellblau, je Stück 19,75 EUR
200 Handtücher Nr. 125, weiß, je Stück 7,75 EUR
200 Handtücher Nr. 225, hellblau, je Stück 7,75 EUR
200 Handtücher Nr. 325, rosa, je Stück 7,75 EUR

Der Liefertermin 31. März ist unbedingt einzuhalten, weil die Duschlaken und Handtücher für die Eröffnung eines neuen Hotels bestimmt sind. Am 1. April ist die Sendung noch nicht eingetroffen. Sie verzichten auf die Lieferung. Wegen des Mehrpreises (durch einen Deckungskauf) wird noch genau abgerechnet. Schreiben Sie der Textilfabrik wegen des Lieferverzugs.

9-23 Annahmeverzug

Sie haben am ... Waren an ... geliefert. Ihr Kunde hat die Abnahme der ordnungsgemäß gelieferten Ware verweigert. Der Spediteur am Wohnort des Käufers ist gleichzeitig der Lagerhalter. Sie schreiben dem Kunden heute einen entsprechenden Brief. Dabei soll es sich

a) um leicht verderbliche Ware,
b) um länger lagerfähige Ware

handeln.

9-24 Annahmeverzug

Die Möbelfabrik Franz Kaiser GmbH & Co., Postfach 90 18 14, 50669 Köln, schreibt an das Möbelfachgeschäft Kiefermann & Eschenberger, Mühlenstraße 28, 06484 Quedlinburg.

Die am 15. August bestellten 2 Hochschränke „Elite" und 4 Schreibtische „Komfort" (beides Sonderanfertigungen) sind am 10. Oktober mit Lkw geliefert worden. Die Annahme wurde aber verweigert, ohne dem Fahrer den Grund zu nennen. Kiefermann & Eschenberger wurden am 15. Oktober benachrichtigt, dass die Möbel am 25. Oktober im Selbsthilfeverkauf veräußert werden (Ort und Zeit wurden mitgeteilt). Die Möbelfabrik hat die Lieferbedingungen eingehalten. Die Ware ist in einwandfreiem Zustand geliefert worden. Der Selbsthilfeverkauf ist abgeschlossen.

Abrechnung:
Mindererlös	1.215,00 EUR
Kosten	90,00 EUR
	1.305,00 EUR

Zahlungsziel: 20. November – Setzen Sie das Möbelfachgeschäft davon in Kenntnis.

9-25 Nicht-Rechtzeitig-Zahlung

Das Hotel „Zum Prinzen", Lindauer Straße 18–20, 87439 Kempten, schreibt an die Konservenfabrik Arktis KG, Herzog-Friedrich-Straße 14, 87600 Kaufbeuren.

Das Hotel hatte eine sehr schlechte Saison (witterungsbedingt) und kann seinen Zahlungsverpflichtungen nicht nachkommen. Der Rechnungsbetrag lautet über 620,00 EUR. Das Hotel bittet, das Zahlungsziel um 3 Monate zu verlängern, da schon bald wieder mehr Gäste zu erwarten sind. Bitten Sie die Konservenfabrik um diese Zielverlängerung.

9-26 Nicht-Rechtzeitig-Zahlung

Die Büromaschinenfabrik Peter Hansen AG, Postfach 50 32 18, 20145 Hamburg, wendet sich an das Bürohaus Gosch KG, Postfach 21 11 03, 28192 Bremen.

Auszug aus dem Brief vom 30. Mai 20.. an Gosch: *Rechnung über 2.360,00 EUR ... 10. Mai fällig ... wegen verspäteter Überweisung am 25. Mai mit 7,82 EUR (Verzugszinsen 9 %) belastet.*

Prüfen Sie, ob die Verzugszinsen richtig berechnet sind, und veranlassen Sie das Weitere, falls Sie zu einem anderen Ergebnis kommen.

9-27 2. Mahnung

Einer Ihrer Kunden schuldet Ihnen 625,00 EUR. Sie hatten bereits vor etwa 4 Wochen in Ihrer 1. Mahnung an den fälligen Betrag erinnert.

Schreiben Sie heute eine 2. Mahnung. (Anschriften und Daten nach Ihrer Wahl.)

9-28 Stundungsgesuch und Wechselziehung

Das Einrichtungshaus Fritz Kannberger, Konrad-Adenauer-Platz 6, 53225 Bonn, schreibt an die Möbelfabrik Ernst Bergmann, Postfach 28 41, 47052 Duisburg. Das Einrichtungshaus kann den Rechnungsbetrag von 3.200,00 EUR Ende d. M. nicht zahlen und bittet, das Ziel um 2 Monate zu verlängern.

1. Sie schreiben den Brief des Einrichtungshauses und berücksichtigen dabei folgende Hinweise:
   a) auf fällige Schuld Bezug nehmen;
   b) Antrag auf Stundung (Gründe: größere Außenstände nicht eingegangen; Neubau eines Geschäftshauses).
2. Schreiben Sie die Antwort der Möbelfabrik und stellen Sie einen Wechsel aus. Beachten Sie Folgendes:
   a) Empfangsbestätigung
   b) ausnahmsweise einverstanden
   c) Vorschlag einer Wechselziehung
   d) Bitte um Akzept und Rücksendung

9-29 Irrtümliche Mahnung

Die Mahnabteilung Ihres Betriebs hat einen Kunden wiederholt, und zwar das letzte Mal in recht schroffem Ton gemahnt. Ihr Kunde ist darüber sehr ungehalten, vor allem, weil er den angemahnten Rechnungsbetrag sofort nach der 1. Mahnung überwiesen hatte und alle Rechnungen bisher stets pünktlich beglichen hat. Die Antwort des Kunden erweist sich als richtig. Schreiben Sie ihm heute. (Wählen Sie selbst Namen und Daten.)

9-30 Werbung

Sie sind in der Werbeabteilung des Büromöbel-Versandhauses „Hermes" GmbH beschäftigt. Ihr Chef beauftragt Sie, einen Werbebrief für neue Artikel zu entwerfen:

Konferenztisch „Black & White" mit Kristallglasplatte, äußerst belastbar, in wenigen Minuten problemlos zusammengebaut; quadratische Ausführung: 120 x 74 x 120 cm, Gewicht 48 kg, 300,00 EUR; rechteckige Ausführung: 160 x 74 x 90 cm, Gewicht 50 kg, 375,00 EUR.

Sonderangebot (Auslaufmodell): Wanduhr „Chronos IV", Durchmesser 40 cm, Gewicht 2,2 kg, 1,5-Volt-Batterie, weißes oder schwarzes Ziffernblatt; Preis einschl. Batterie 82,50 EUR.

Selbstabholer erhalten auf diese Preise 15 % Rabatt.

9-31 Werbung

Sie arbeiten für die Großhandlung Computer@Müller GmbH, Schwanallee 34, 35037 Marburg, und wollen für ein neues Notebook zum Preis von 499,00 EUR werben. Stellen Sie die technische Ausstattung (nach Ihrer Wahl) ausführlich heraus. Entwerfen Sie einen wirkungsvollen Werbebrief an den Fachhandel, legen Sie einen Farbprospekt bei, der weitere interessante Infos über aktuelle Angebote Ihrer Firma enthält.

9-32 Nachfassbrief

Entwerfen Sie nach den Angaben zur Aufgabe 9-31 einen Nachfassbrief an ausgewählte Kunden (Fachgeschäfte). Stellen Sie dabei nur die Hauptvorteile heraus. Bieten Sie bei Abnahme von mindestens 10 Geräten 15 % Mengenrabatt an.

170

■ 9-33 Werbung

Sie sind Verkaufsleiter der Büromaschinenwerke Bayer & Huber GmbH, Postfach 12 15, 48141 Münster. Entwerfen Sie einen Werbebrief an Handwerksbetriebe.

Sie werben für KOMPLETT & KOMPAKT – eine Kombination von schnurlosem Telefon mit integriertem Anrufbeantworter und Faxgerät, Preis 175,00 EUR. Das Komforttelefon hat Wahlwiederholung, 24 Zielwahltasten und eine große Farbdisplayanzeige. Der Anrufbeantworter meldet sich mit einem melodischen Gong und zeichnet auch die Anrufzeit auf. Das Telefaxgerät hat 64 Graustufen für die optimale Übertragung von Bildern und schwierigen Textvorlagen.

Jedes Gerät ist auch einzeln einsetzbar. Einzelpreise:
Komforttelefon 98,90 EUR
Telefaxgerät 101,00 EUR

Sie empfehlen die Kombination, die im beigefügten 6-seitigen Faltblatt ausführlich vorgestellt wird.

■ 9-34 Nachfassbrief

Entwerfen Sie nach den Angaben zur Aufgabe 9-33 einen Nachfassbrief. Empfänger sind diesmal nur Malergeschäfte der näheren Umgebung. Laden Sie zum Besuch Ihrer ständigen Ausstellung ein. Bieten Sie ferner an: Tonerkassetten für Laserdrucker, 34,99 EUR je Stück.

■ 9-35 Werbung

Sie sind Abteilungsleiter des Möbelhauses Vogel & Tack GmbH, Rheinstraße 13, 55116 Mainz. Entwerfen Sie einen Werbebrief, der mit einem 16-seitigen Farbprospekt der „Rheinhessen-Zeitung" beigelegt werden soll.

Sie bieten an: Kompaktsystem LONDON für eindrucksvolle Wandlösungen, zahlreiche Funktionselemente, geschlossen oder kombiniert mit Nischenregalen und Glastüren möglich. Jeder kann damit eine individuelle Wohnwand zusammenstellen. Günstige Preise und schnelle Liefermöglichkeit (entgegen der branchenüblichen sehr langen Lieferzeiten).

Abbildungen und Preise enthält der Prospekt. Doch ist ein Besuch im Möbelhaus zu empfehlen, um überzeugende Beispiele von Gestaltungsvarianten zu sehen. Der Besuch ist unverbindlich. Die Besucher (auch deren Kinder sind eingeladen) erwartet eine Kaffeetafel.

■ 9-36 Werbung

Ihr Betrieb hat einen Gebrauchsartikel (oder einen Luxusartikel) ins Sortiment aufgenommen, der in seiner Originalität, Qualität und im Preis etwas Außergewöhnliches auf dem Markt ist. Dieser Artikel soll dem großen Kundenkreis Ihres Geschäfts so bald wie möglich vorgestellt werden. (Artikel – es kann auch ein Fantasieartikel sein! – und Geschäftsnamen nach Ihrer Wahl.) Entwerfen Sie

a) eine Zeitungsanzeige,
b) einen Werbebrief.

9-37 Bewerbung

Frankfurter Allgemeine Zeitung vom letzten Wochenende:

Die Textilfabrik Weber & Söhne, Postfach 51 12 62, 30155 Hannover, sucht mehrere Mitarbeiter für Büro- und rechnerische Arbeiten. Gute Fertigkeiten in Tastschreiben und Textverarbeitung Bedingung, Englisch- und Kurzschriftkenntnisse erwünscht. Bewerbungen unter FAZ 30 001.

Schreiben Sie heute einen Bewerbungsbrief und den Lebenslauf. Sie fügen Zeugniskopien und Foto bei. Geben Sie auch den frühesten Eintrittstermin und Ihre Gehaltswünsche an.

9-38 Bewerbung

Die Kleiderfabrik Wilhelm Kreiner & Co., Postfach 30 11 51, 40213 Düsseldorf, sucht einen EDV-Buchhalter. Verlangt werden: selbstständige Führung der EDV-Buchhaltung, Lohn- und Gehaltsabrechnung, Mahnwesen und Sicherheit im Schriftverkehr. Geboten werden: überdurchschnittliches Gehalt, sehr gute Sozialleistungen, bestes Betriebsklima.

1. Entwerfen Sie nach diesen Angaben eine wirkungsvolle Anzeige.
2. Schreiben Sie die Bewerbung und den tabellarischen Lebenslauf.

9-39 Geschäftsübergabe

Die Elektrogroßhandlung Baumgartner KG, Postfach 70 63 48, 70177 Stuttgart, möchte am 1. Januar n. J. das Geschäft an die bisherige Geschäftsführerin, Frau Marlene Steinbrück, übergeben. Informieren Sie die Kundschaft rechtzeitig über die Geschäftsübergabe. Entwerfen Sie

1. eine Zeitungsanzeige,
2. ein Rundschreiben.

Beachten Sie dabei, dass jede Form der Mitteilung auch ein Werbemittel ist; Hinweis auf Auswahl, Bedienung, Lage des Geschäfts usw.

9-40 Bitte um Auskunft

Die Ihnen bisher unbekannte Großhandlung Herbert Schwarz, Postfach 14 05, 89071 Ulm, bestellt bei Ihnen erstmals verschiedene Waren im Gesamtwert von etwa 2.500,00 EUR. Die Großhandlung möchte mit einem 3-Monats-Akzept bezahlen.

1. Holen Sie bei einer Auskunftei eine Auskunft ein.
2. Bitten Sie einen Geschäftsfreund (die Firma Kurt Augenfels, Postfach 23 34, 34112 Kassel), den Schwarz als Referenz genannt hat, um eine ausführliche Auskunft.
3. Versetzen Sie sich in die Lage der Firma Augenfels und geben Sie
   a) eine günstige Auskunft,
   b) eine ungünstige Auskunft (große Außenstände, Auftragsrückgang).

Korrespondenzanalyse. Ein großer Teil der Briefe wiederholt sich in seiner Gesamtheit oder in einzelnen Briefabschnitten. Je nach Geschäftszweig und Unternehmen liegt dieser Anteil bei 30 bis 80 %. Dieser Routinepost gegenüber stehen Briefe, die jeweils individuell aufgebaut werden müssen und nicht standardisiert werden können.

Textbausteine. Aus der Analyse der Korrespondenz geht hervor, warum, was und wie oft in einem Unternehmen korrespondiert wird. Einige komplette Schriftstücke kann man speichern. Aber nicht in allen Fällen passt ein vorformulierter Brief auch in allen Teilen genau für den nächsten Anlass.

Dieses Problem wird mithilfe von Textbausteinen gelöst. Ein Textbaustein besteht aus einigen Zeichen, Zeilen, mehreren Absätzen oder sogar mehreren Seiten. Am häufigsten sind Textbausteine aus Sätzen oder Absätzen, die öfter wiederkehrende Informationen enthalten. Geeignet sind ferner oft gebrauchte Empfängeranschriften, Anreden und Briefabschlüsse. Von den Geschäftsvorfällen lassen sich vor allem Anfragen, Angebote, Bestellungen, Mängelrügen, Mahnungen und Antworten auf Bewerbungen programmieren.

Texthandbuch. Die Textbausteine sind in Verbindung mit einer Kennziffer (Selektions- oder Auswahlnummer) im Texthandbuch zusammengefasst. Das Texthandbuch dient dem Sachbearbeiter als Grundlage für den Schreibauftrag. Soll ein Brief geschrieben werden, bestehen innerhalb einer Entscheidungsgruppe meist mehrere Auswahlmöglichkeiten. Eine Entscheidungsgruppe bilden die Textbausteine innerhalb von Linien, die durch Fettdruck, Farbe oder Doppelstriche gekennzeichnet sind. Alle Textbausteine sind nummeriert und schnell aufzufinden. Innerhalb der Textbausteine können Variablen (individuelle Einfügungen) vorgesehen werden.

Schreibauftrag. Auf einem Vordruck vermerkt der Sachbearbeiter handschriftlich: Empfängeranschrift, Selektionsnummern und Variablen. Nach diesem Schreibauftrag wird der Brief mit einem Textverarbeitungsprogramm erstellt.

Der fertige Brief ist das Ergebnis der Arbeit mit Texthandbuch und Schreibauftrag. Der Anwender hat nur die Selektionsnummern, Variablen und allgemeinen Angaben des Schreibauftrags einzugeben. Zu den Variablen zählen alle Stellen, die im Texthandbuch und in den Textbausteindateien durch Stoppcodes » markiert sind.

Die folgenden Beispiele erheben keinen Anspruch auf Vollständigkeit. Sie sollen dazu anregen, mit Textbausteinen zu arbeiten. Aus Platzgründen wurden Betreffangabe, Anrede und Gruß nur beim ersten Beispiel (Anfragen) aufgenommen.

10.1   Texthandbuch: Anfragen

Text	Sel.
Anfrage nach »	101
Bitte um ein Angebot über »	102
Sehr geehrte »	103
Wir haben Bedarf an ».	104
Wir brauchen dringend ».	105
Wegen der Ausdehnung unseres Sortiments auf » erbitten wir Ihr Angebot.	106
Wir erbitten Ihr verbindliches Angebot über ».	107
Durch Ihre Anzeige in der » wurden wir auf Ihr Unternehmen aufmerksam. Bitte bieten Sie uns an: ».	108
Bitte senden Sie uns Ihren Katalog.	109
Bitte senden Sie uns Ihre Muster.	110
Für die Zusendung einiger » wären wir Ihnen dankbar.	111
Wir brauchen die Ware sofort.	112
Mit welcher Lieferzeit müssen wir rechnen?	113
Können Sie spätestens » Tage nach Eingang unseres Auftrags liefern?	114
Wir haben einen monatlichen Bedarf von ».	115
Wir benötigen wöchentlich etwa ».	116
Wir brauchen vierteljährlich ungefähr ».	117
Wenn Ihr Angebot besonders preisgünstig ist, können Sie regelmäßig mit größeren Aufträgen rechnen.	118
Zu welchen Preisen können Sie uns liefern?	119
Bitte senden Sie uns Ihre neueste Preisliste.	120
Wir sind nur an Spitzenqualitäten interessiert.	121
Wir können unserem anspruchsvollen Kundenkreis nur hochwertige Erzeugnisse anbieten.	122
Wir legen größten Wert auf tadellose Verarbeitung.	123
Nur einwandfreie Ware aus bestem Material kommt in Betracht.	124
Nur einwandfreie Ware aus besten Rohstoffen kommt in Betracht.	125
Falls möglich, erwarten wir in Kürze Ihren Außendienstmitarbeiter.	126
Wann kann uns Ihr Vertreter für das Gebiet » besuchen?	127
Ihr Außendienstmitarbeiter kann uns sicherlich bei » beraten.	128
Bitte nennen Sie uns Ihre Zahlungsbedingungen.	129
Wir müssen unsere Aufträge von günstigen Preisen und Bedingungen abhängig machen.	130
Können Sie uns ein Zahlungsziel von » Monaten gewähren?	131
Mit welchen günstigen Bedingungen können Sie uns den Start erleichtern?	132
Freundliche Grüße	133
Freundlichen Gruß	134
Hochachtungsvoll	135
Anlage »	136
Anlagen »	137

10.2 Texthandbuch: Angebote

Text	Sel.
Für Ihre Anfrage danken wir Ihnen.	201
Für Ihre Anfrage nach » danken wir Ihnen.	202
Sie interessieren sich für unsere ». Hierfür danken wir Ihnen.	203
Sie geben uns Gelegenheit, Sie mit unsere» bekannt zu machen. Dafür sind wir Ihren sehr dankbar.	204
Auf Ihre Anfrage bieten wir Ihnen an: ».	205
Vorteilhafte Einkäufe in den letzten Wochen machen es möglich, Ihnen heute besonders günstig anzubieten: ».	206
Heute haben wir für Sie etwas ganz Besonderes: ».	207
An dieses Angebot halten wir uns bis ».	208
Unser Angebot ist befristet bis ».	209
Bitte bestellen Sie spätestens bis ». Sonst müssten wir umdisponieren.	210
Bitte entscheiden Sie sich sofort, weil wir nur begrenzte Mengen vorrätig haben.	211
Auf Ihren Wunsch erhalten Sie heute unser spezifiziertes Angebot: ».	212
Gern entsprechen wir Ihrem Wunsch, Ihnen ein Angebot über » vorzulegen.	213
Lange haben wir nichts von Ihnen gehört. Darum legen wir Ihnen heute ein besonders günstiges Angebot vor.	214
Haben Sie uns die Freundschaft gekündigt? Wir möchten sie aufrechterhalten und bitten Sie, unser heutiges Angebot zu prüfen. Sie werden feststellen: hervorragende Qualität, günstiger Preis.	215
Halt! Werfen Sie diesen Brief bitte nicht in den Papierkorb. Sie könnten es bereuen, sich von unseren Sonderangeboten nicht überzeugt zu haben.	216
Für die » in » können Sie sich aus dem beigefügten neuesten » über unser Sortiment informieren.	217
Auf der » in » haben Sie detaillierte Angaben über unseren Artikel » gewünscht. Mit diesem Brief erhalten Sie dazu unsere ausführlichen Informationen.	218
Ihr Besuch auf der » hat uns ermutigt, Ihnen heute ein spezifiziertes Angebot zu machen: ».	219
Von einem Geschäftsfreund haben wir erfahren, dass Sie an » interessiert sind. Daher bieten wir Ihnen an: ».	220
Ihre Anschrift verdanken wir ». Gern greifen wir den Tipp auf und machen Sie heute mit unseren » bekannt.	221
Gern kommen wir Ihrem Wunsch nach und senden Ihnen unseren neuesten ». Wir haben ihn zur » in » herausgebracht.	222
Der beigefügte » stellt Ihnen unser umfangreiches Sortiment vor. Angebote, die Sie vermutlich besonders interessieren, haben wir angekreuzt.	223
Die neue Preisliste wird gerade gedruckt. Sie erhalten Sie schon in etwa » Tagen.	224
Es wird noch etwas dauern, bis die neue Preisliste vorliegt. Darum nennen wir Ihnen in diesem Brief die jetzt gültigen Preise.	225
In den nächsten Tagen erhalten Sie eine ». Sie können daraus alles Wissenswerte ersehen.	226
Wir haben besonders günstig eingekauft. Den Preisvorteil geben wir gern weiter. Wie gefällt Ihnen das beigefügte Sonderangebot?	227
Die Waren, die Ihnen das beigefügte Sonderangebot nennt, sind erstklassig. Wir haben die Preise wegen der Erweiterung des Sortiments stark heruntergesetzt. Greifen Sie jetzt zu!	228

Angebote *(Fortsetzung)*

Text	Sel.
Sie profitieren immer davon, dass wir so genau kalkulieren. Ein Sonderangebot wie dieses ist bei uns nicht alltäglich. Wir können dieses Sonderangebot auch nur unseren Stammkunden vorlegen.	229
Sie waren so freundlich, uns » anzurufen. Gern bieten wir Ihnen an: ».	230
Auf Ihren Anruf vom » bieten wir Ihnen an: ».	231
Unser Außendienstmitarbeiter Herr » könnte alles Weitere mit Ihnen besprechen. Wann darf er Sie besuchen?	232
Unsere Außendienstmitarbeiterin Frau » könnte alles Weitere mit Ihnen besprechen. Wann wünschen Sie ihren Besuch?	233
Wenn Sie es wünschen, wird Sie unser» Mitarbeiter» » » besuchen.	234
Gern beauftragen wir unser» Mitarbeiter» im Außendienst » », Sie an einem Ihnen angenehmen Termin zu besuchen.	235
Unser» Außendienstmitarbeiter» » » ist in den nächsten Tagen in ». Wir haben » beauftragt, Sie zu besuchen.	236
Für die freundliche Aufnahme unsere» Mitarbeiter» in Ihrem Hause danken wir Ihnen verbindlich.	237
Sie waren so freundlich, mit unsere» Mitarbeiter» zu sprechen. Hierfür sind wir Ihnen sehr dankbar.	238
Wir haben etwas gegen „Kleingedrucktes". Deshalb erhalten Sie heute unsere Geschäftsbedingungen in einer übersichtlichen und erläuterten Aufstellung.	239
Mit diesem Brief erhalten Sie die „Allgemeinen Geschäftsbedingungen". Sie bilden in jedem Fall die Grundlage für einen Vertragsabschluss. Änderungen sind nur nach Absprache möglich.	240
Die beigefügten Geschäftsbedingungen gelten für alle Mitgliedsfirmen des Fachverbandes; daran können wir nichts ändern.	241
Sie können sofort jede gewünschte Menge der angebotenen Artikel erhalten. Je früher Sie bestellen, desto schneller können wir Sie beliefern.	242
Jeden Auftrag erledigen wir innerhalb 3 Werktagen nach Eingang.	243
Alle Bestellungen führen wir in der Reihenfolge des Eingangs aus. In eiligen Fällen machen wir aber eine Ausnahme.	244
Ihren Auftrag können wir in » Tagen ausführen.	245
In der Saison häufen sich die Bestellungen. Deshalb empfehlen wir Ihnen, uns Ihren Auftrag so früh wie möglich zu erteilen.	246
Nach den Allgemeinen Geschäftsbedingungen unseres Fachverbandes trägt der Käufer die Kosten für Verpackung, Porto und Versicherung.	247
Die Verpackung berechnen wir Ihnen zu unseren Selbstkosten; sie wird nicht zurückgenommen.	248
Alle Aufträge über » EUR führen wir ohne Nebenkosten (Verpackung, Fracht, Porto, Versicherung) aus.	249
Bitte entnehmen Sie unsere Liefer- und Zahlungsbedingungen den beigefügten „Allgemeinen Geschäftsbedingungen".	250
Die Preise betragen für die Artikel » EUR.	251
Die genannten Preise gelten bis ».	252
Wir sind überzeugt: Die Preise halten auch einem kritischen Vergleich mit anderen Qualitätserzeugnissen stand.	253

Angebote *(Fortsetzung)*

Text	Sel.
Billige Waren sind am Ende teurer als Qualitätserzeugnisse. Diese Erfahrung hat schon mancher » machen müssen. Sie können bei uns sicher sein: Qualität zahlt sich aus.	254
Bei Barzahlung erhalten Sie 3 % Skonto; bei Zahlung binnen » Tagen netto Kasse.	255
Sie erhalten » % Barzahlungsskonto und » % Mengenrabatt, wenn Sie für mindestens » EUR bestellen.	256
Bitte haben Sie Verständnis dafür, dass wir nur gegen Nachnahme liefern. Deswegen sind unsere Preise so günstig.	257
Nur ausnahmsweise und nach besonderer Vereinbarung können wir das Zahlungsziel von » Tagen auf » Tage ohne Aufschlag verlängern.	258
Bitte entnehmen Sie die Zahlungsbedingungen den „Allgemeinen Geschäftsbedingungen". Abweichungen bedürfen unserer schriftlichen Zustimmung.	259
Auf Ihren Auftrag freuen wir uns schon.	260
Sie dürfen ganz sicher sein, dass wir Ihren Auftrag mit größter Sorgfalt ausführen werden.	261
Unser höchstes Ziel ist es, alle Kunden durch erstklassige Waren sowie sorgfältige und pünktliche Auftragserledigung jederzeit zufriedenzustellen.	262
Sie jederzeit zufriedenzustellen, darin sehen wir unsere wichtigste Aufgabe.	263

10.3 Texthandbuch: Bestellungen

Text	Sel.
Für Ihr Angebot danken wir Ihnen. Bitte liefern Sie uns: ».	301
Nach Ihrer Preisliste Nr. » bestellen wir: ».	302
Bitte liefern Sie uns nach Ihrem Angebot folgende Artikel: ».	303
Aus Ihrem Angebot bestellen wir zur sofortigen Lieferung: ».	304
Bitte liefern Sie uns so bald wie möglich: ».	305
Wir bestätigen unser Telefongespräch. Danach haben wir bestellt: ».	306
Aus Ihre» bestellen wir: ».	307
Ihr» sagt uns zu. Bitte liefern Sie uns: ».	308
Bitte betrachten Sie die beigefügte Bestellung als Probeauftrag. Falls uns Ihre Erzeugnisse zusagen und bei unseren Kunden gut ankommen, können Sie bald mit größeren Aufträgen rechnen.	309
Bitte bestätigen Sie unseren Auftrag.	310
Wir bitten Sie, unseren Auftrag sofort zu bestätigen und uns den Versandtermin zu nennen.	311
Sie brauchen unseren Auftrag nicht zu bestätigen.	312
Dürfen wir Sie bitten, diesen Auftrag telefonisch zu bestätigen?	313
Mit Ihren Allgemeinen Geschäftsbedingungen sind wir einverstanden.	314
Ihre Allgemeinen Geschäftsbedingungen können wir in dieser Form nicht akzeptieren. Bitte nennen Sie uns einen Termin, zu dem wir mit einem Ihrer Bevollmächtigten Einzelheiten besprechen können.	315
Wir müssen auf Lieferung bis spätestens » bestehen. Sonst bitten wir Sie, uns sofort zu benachrichtigen.	316
Bitte nennen Sie uns telefonisch Ihren verbindlichen Liefertermin.	317
Falls Sie nicht bis zum » liefern können, müssen wir von einer Bestellung absehen.	318
Mit Ihren Lieferbedingungen sind wir einverstanden.	319

Bestellungen *(Fortsetzung)*

Text	Sel.
Ihre Qualitäten schätzen wir seit Jahren. Doch liegen Sie mit Ihren Preisen weit über der Konkurrenz. Bitte prüfen Sie, inwieweit Sie uns entgegenkommen können.	320
Mit Ihren neuen Preisen können wir in unserem Verkaufsgebiet nicht konkurrieren. Deshalb bitten wir Sie, unseren Auftrag nur auszuführen, wenn Sie uns zu den bisherigen Preisen liefern.	321
In unserem Telefongespräch mit » haben Sie angeblich Endpreise genannt. Jetzt berechnen Sie zusätzlich die Umsatzsteuer. Wir erhalten daher unseren Auftrag nur aufrecht, wenn es bei der Absprache mit » bleibt.	322
Nur wenn Sie uns auch bei kleineren Aufträgen neben dem Barzahlungsskonto » % Mengenrabatt einräumen, können Sie in Zukunft noch mit unseren Bestellungen rechnen.	323
Mit Ihren Zahlungsbedingungen sind wir einverstanden.	324
Wie Sie wissen, haben wir es bei der starken Konkurrenz der hiesigen Großmärkte nicht leicht. Deshalb erbitten wir ein 90-Tage-Ziel. Nur dann können Sie mit weiteren Aufträgen rechnen.	325

178

10.4 Texthandbuch: Schlechtleistungen (Mängelrügen)

Text	Sel.
Soeben ist Ihre Sendung hier eingetroffen.	401
Der Spediteur lieferte uns soeben Ihre Sendung aus.	402
Soeben haben wir Ihre Sendung durch die Post erhalten, obwohl wir ausdrücklich den Versand als Expressgut gewünscht hatten.	403
Ihr Fahrer hat soeben die bestellten Artikel hier abgeliefert.	404
Wir haben Ihre Sendung geprüft und folgende Mängel festgestellt: ».	405
Wir haben Ihre Sendung geprüft und festgestellt, dass Sie statt » jedoch » geliefert haben.	406
Sie haben uns mit Ihrer Falschlieferung in Bedrängnis gebracht. Wir hatten nämlich einem Kunden die Ware schon fest zugesagt.	407
Offenbar werden Ihren Sendungen Kontrollzettel ohne Prüfung beigelegt. Sonst dürften solche Pannen nicht vorkommen.	408
Damit haben Sie nun uns schon »mal hintereinander falsch beliefert. Wir erwarten, dass Sie unsere Aufträge künftig sorgfältiger ausführen.	409
Ein Teil Ihrer Sendung war jedoch so stark beschädigt, dass wir diese Artikel nicht verkaufen können. Es handelt sich um: ».	410
Die gesamte Ware ist bereits verdorben hier angekommen, obwohl die » die Sendung nachweisbar auf dem schnellsten Wege befördert und ausgeliefert hat. Den Mangel haben also ausschließlich Sie zu vertreten.	411
Einige Artikel Ihrer Sendung sind durch den Transport beschädigt: » Bitte liefern Sie uns einwandfreien Ersatz bis zum ».	412
Für die beschädigten Artikel Nr. » bitten wir um eine Ersatzlieferung bis zum ».	413
Offensichtlich wurde die gesamte Sendung mit einer anderen verwechselt. Für die falsch gelieferten Waren haben wir keine Verwendung. Bitte liefern Sie uns bis zum » die Waren, die wir bestellt haben.	414
Die Qualität entspricht nicht dem Muster, das uns Ihr» Vertreter» vorgelegt hat.	415
Die Artikel weichen in der Qualität erheblich von Ihren bisherigen Lieferungen ab. Welche Erklärung haben Sie dafür?	416

Schlechtleistungen *(Fortsetzung)*

Text	Sel.
Sie haben zwar nicht die Preise erhöht, dafür aber die Qualität gemindert. Das hat unser Test einwandfrei ergeben.	417
Sie wissen, dass wir es uns nicht leisten können, unseren anspruchsvollen Kunden keine einwandfreie Ware zu verkaufen. Warum also sagen Sie nicht, dass Sie offenbar nicht mehr die besten Rohstoffe wie bisher verwenden? Gerade darum haben wir Ihre Artikel geschätzt.	418
In Ihrer Sendung vom » fehlen nach dem Lieferschein: ».	419
Von dem Artikel » haben Sie » Stück zu wenig geliefert.	420
Aus dem Telefongespräch mit » wissen Sie schon, dass Ihre Sendung stark beschädigt und nicht vollständig angekommen ist. Wir haben die Ware in Gegenwart Ihres Lkw-Fahrers kontrolliert. Es fehlen: ».	421
Diese Artikel können wir unmöglich verkaufen. Bitte liefern Sie uns so schnell wie möglich einwandfreie Ware.	422
Wir müssen auf eine Neulieferung bestehen. Mehrere Kunden warten schon auf die Erfüllung unserer Zusage.	423
Durch Ihr Versehen haben Sie uns in große Schwierigkeiten gebracht. Wir behalten uns deshalb den Anspruch auf Ersatz des entstandenen Schadens vor.	424
Wir müssen folgende Schadenersatzforderung geltend machen: ».	425
Wegen Ihrer nicht einwandfreien Lieferungen treten wir vom Kaufvertrag zurück. Sie können über die Sendung verfügen.	426
Wir treten vom Kaufvertrag zurück und sehen nach diesen nicht erfreulichen Vorkommnissen keine Möglichkeit mehr, mit Ihnen zusammenzuarbeiten.	427
Ihre Entscheidung erwarten wir so schnell wie möglich.	428
Auf Ihre Vorschläge, wie Sie unsere berechtigte Reklamation regeln wollen, sind wir gespannt.	429
Bitte benachrichtigen Sie uns sofort, was Sie in diesem Fall zu tun gedenken.	430

10.5 Texthandbuch: Beantwortung von Mängelrügen

Text	Sel.
Unsere Prüfung hat ergeben, dass hier wirklich ein Versehen vorliegt. Bitte entschuldigen Sie den Fehler.	501
Wir bitten Sie in aller Form, das Vorkommnis zu entschuldigen.	502
Uns bleibt nur, Sie um Entschuldigung zu bitten und eine weiterhin gute Geschäftsverbindung zu erhoffen.	503
Es ist uns nicht gerade angenehm, dass wir Ihnen Ärger bereitet haben.	504
Ein solches Versehen sollte eigentlich nicht vorkommen. Wir versichern Ihnen, dass es uns nicht gerade angenehm ist, Ihnen Unannehmlichkeiten bereitet zu haben. Der Fall wird sich nicht wiederholen.	505
Gehen Sie bitte nicht allzu hart mit uns ins Gericht. Irrtümer sind bei aller Sorgfalt nicht zu vermeiden. Wir werden bemüht sein, dass es bei diesem einmaligen Fehler bleibt.	506
Dass Sie gleich bei Ihrem Probeauftrag Grund zur Beanstandung hatten, ist uns nicht gerade angenehm. Wir haben alles Erdenkliche getan, damit sich ein solches Versehen nicht wiederholt.	507
Mit Ihrem Vorschlag sind wir einverstanden. Eine Ersatzlieferung ist bereits unterwegs.	508
Selbstverständlich erhalten Sie einwandfreie Ware als Ersatz. Die Sendung geht noch heute an Sie ab.	509

Beantwortung von Mängelrügen *(Fortsetzung)*

Text	Sel.
Die Ersatzlieferung werden wir am » an Sie abschicken.	510
Unter diesen Umständen müssen wir eine Neulieferung ablehnen.	511
Wir erbitten Ihr Verständnis dafür, dass wir bei dieser Sachlage eine Neulieferung ablehnen müssen.	512
Ihrer Forderung nach Ersatzlieferung können wir jedoch nicht nachkommen. Hierfür erbitten wir Ihr Verständnis.	513
Wir können Ihnen zz. keinen gleichwertigen Ersatz liefern. Wenn Sie die Ware behalten, können Sie » % vom Rechnungsbetrag kürzen.	514
Die gleiche Ware haben wir nicht mehr am Lager. Wir können Ihnen aber einen völlig gleichwertigen Ersatz liefern: ».	515
Selbstverständlich kommen wir für den Ihnen entstandenen Schaden auf.	516
Wer im Unrecht ist, muss auch die Konsequenzen tragen. Bitte lassen Sie uns Ihre Schadenaufstellung bald zukommen.	517
Auch ohne Drohungen pflegen wir Schäden zu ersetzen, für die wir verantwortlich sind.	518
Wie Sie aus dem Telefongespräch mit » schon wissen, trifft uns keine Schuld. Deshalb müssen wir uns jeder Schadenersatzforderung widersetzen.	519
Wir haben Ihnen schon geschrieben, dass wir schuldlos sind. Deshalb lehnen wir Ihre Schadenersatzforderung ab.	520
Warum bestehen Sie auf Ihrer Forderung nach Schadenersatz? Wir waren zu einer Neulieferung bereit. Das sollte unter Geschäftsfreunden doch eine akzeptable Lösung sein.	521
Warum denn gleich mit Kanonen nach Spatzen schießen? Wir haben Ihnen unsere Bereitschaft zugesichert, die unangenehme Sache zu bereinigen. Ihre Drohung mit Vertragsrücktritt halten wir für die schlechteste Lösung. Bitte denken Sie nochmals in Ruhe darüber nach.	522
Bitte prüfen Sie nochmals unseren Vorschlag, ehe Sie vom Vertrag zurücktreten.	523
Auf eine gütliche Einigung legen wir großen Wert. Deshalb bitten wir Sie, Ihren Rücktritt vom Vertrag nicht zu verwirklichen. Eine Aussprache wirkt oft Wunder; wir sind zu einem Gespräch bereit.	524
Es ist schade, dass Sie unseren Vorschlag nicht berücksichtigt und die Auflösung des Vertrags vollzogen haben.	525
Schade, aber wir müssen Ihren Vertragsrücktritt akzeptieren. Meinen Sie nicht, dass wenigstens einer unserer Vorschläge annehmbar und für beide Teile besser gewesen wäre?	526
Ihr voreiliger Vertragsrücktritt hat jede weitere Zusammenarbeit unmöglich gemacht. Wir bedauern das sehr.	527
In unserem Brief vom » hatten wir ausdrücklich auf die Gebrauchsanleitung hingewiesen, die der Sendung beilag. Das wurde offensichtlich außer Acht gelassen. Wie unsere Prüfung ergeben hat, ist der Mangel auf nicht sachgemäße Behandlung zurückzuführen. Daher können wir Ihre Beanstandung nicht anerkennen.	528
Die Mängel, die Sie nennen, sind die Folge nicht sachgemäßer Behandlung der Ware. Daher können wir Ihre Beanstandung nicht anerkennen.	529
Obwohl die Gebrauchsanleitung nicht beachtet und das Gerät nicht richtig bedient wurde, kommen wir Ihnen entgegen: Wir reparieren » in unserer Werkstatt – ausnahmsweise auf unsere Kosten.	530
Die Mängel können nur auf dem Transport entstanden sein; denn die Sendung hat unser Lager nachweisbar in einwandfreiem Zustand verlassen. Daher können wir Ihre Beanstandung nicht anerkennen. Bitte reklamieren Sie bei ».	531

Beantwortung von Mängelrügen *(Fortsetzung)*

Text	Sel.
Da der Schaden offensichtlich auf dem Transport entstanden ist, müssen wir Ihren Vorwurf unzulänglicher Sorgfalt zurückweisen. Die Sendung war vorschriftsmäßig verpackt.	532
Wir werden die Ware in den nächsten Tagen bei Ihnen abholen.	533
Wir werden die Ware am » bei Ihnen abholen.	534
Bitte senden Sie uns die Ware, die Sie nicht verkaufen können, in den nächsten Tagen zurück – selbstverständlich auf unsere Kosten.	535
Bevor wir weiter über die Ware verfügen, wird Sie unser» » am » besuchen und sich den Schaden ansehen. Wir sind sicher, dass dann eine gütliche Lösung gefunden werden kann.	536
Erst nach genauer Prüfung an Ort und Stelle können wir entscheiden, was mit der Sendung geschehen soll. Deshalb wird unser» spätestens am » bei Ihnen eintreffen.	537
Künftige Aufträge werden wie bisher mit der größten Sorgfalt erledigt. Aber menschliches Versagen können auch wir nicht ganz ausschließen.	538
Wir versprechen Ihnen, dass wir Ihre Bestellungen künftig mit größerer Genauigkeit ausführen werden.	539
Solche Fehler werden sich nicht wiederholen. Das versichern wir Ihnen.	540
Wir hoffen, dass Sie uns trotz der berechtigten Reklamation auch künftig Ihr Vertrauen schenken. Dafür danken wir Ihnen.	541

10.6 Texthandbuch: Nicht-Rechtzeitig-Zahlungen (Mahnungen)

Text	Sel.
Mit diesem Brief erhalten Sie eine Kopie unserer Rechnung Nr. »; sie war am » fällig. Bitte überweisen Sie uns den Betrag von » EUR recht bald.	601
Vor » Wochen haben Sie die bestellten » erhalten und waren damit sicherlich auch zufrieden. Unsere Rechnung war schon am » fällig. Bitte überweisen Sie uns den Betrag von » EUR auf unser Postbankkonto. Hierfür danken wir Ihnen im Voraus.	602
Irgendetwas hat Sie bisher daran gehindert, den Betrag von » EUR, der am » fällig war, zu begleichen. Es ist immer unangenehm, an Zahlungen erinnern zu müssen. Bitte machen Sie es uns und sich selbst leicht und überweisen Sie uns den Betrag von » EUR in den nächsten Tagen.	603
Am » hatten wir Sie an den Ausgleich unserer Rechnung Nr. » über » EUR erinnert. Jedoch haben Sie darauf nicht reagiert. Deshalb bitten wir Sie, den Betrag von » EUR bis spätestens » zu überweisen.	604
Erinnern Sie sich? Am » hatten wir Sie gebeten, die fällige Rechnung über » EUR auszugleichen. Bitte sorgen Sie dafür, dass uns die » EUR spätestens bis » überwiesen werden.	605
Am » hatten wir Ihnen eine Kopie unserer Rechnung Nr. » über » EUR geschickt und Sie gebeten, den fälligen Betrag recht bald zu überweisen. Bitte erfüllen Sie diese Bitte bis spätestens ». Hierfür danken wir Ihnen im Voraus.	606
Bis zum heutigen Tage haben Sie unsere Zahlungserinnerung nicht beachtet. Bitte überweisen Sie bis » den Betrag von » EUR. Auch wir müssen unseren Zahlungsverpflichtungen pünktlich nachkommen. Deshalb bitten wir Sie, den neuen Zahlungstermin unbedingt einzuhalten.	607
Bisher sind Sie Ihren Zahlungsverpflichtungen immer pünktlich nachgekommen. Wir finden keine Erklärung dafür, dass wir heute schon zum zweiten Mal den Ausgleich unserer Rechnung Nr. » über » EUR anmahnen müssen. Wir rechnen jetzt fest bis » mit dem Eingang Ihrer Überweisung, wofür wir Ihnen heute schon danken.	608

Nicht-Rechtzeitig-Zahlungen *(Fortsetzung)*

Text	Sel.
Sie haben bisher unsere beiden Mahnungen unbeachtet gelassen. Deshalb müssen wir Ihnen heute eine letzte Frist setzen. Sollten Sie Ihrer Verpflichtung bis » nicht nachgekommen sein, werden wir einen Mahnbescheid beantragen. Die Kosten gehen dann selbstverständlich zu Ihren Lasten.	609
Heute müssen wir Sie zum dritten Mal auffordern, unsere Rechnung Nr. » über » EUR endlich zu begleichen, und zwar bis spätestens ». Sonst sehen wir keinen anderen Weg, als einen Mahnbescheid zu beantragen. Bedenken Sie die hohen Kosten, die Ihnen dadurch entstehen.	610
Wir schreiben Ihnen heute zum dritten Mal wegen des Ausgleichs unserer Rechnung vom » über » EUR. Ihr ungewöhnliches Verhalten können wir uns nicht erklären. Sie werden verstehen, dass unsere Geduld auch Grenzen hat. Daher fordern wir Sie heute auf: Lassen Sie uns keinen Tag mehr länger warten.	611
Zu unseren säumigen Zahlern haben Sie bisher nicht gehört. Darum finden wir auch keine Erklärung dafür, dass Sie uns sogar zu dieser dritten Mahnung zwingen. Wir erwarten Ihre Überweisung nunmehr bis ». Sonst nehmen wir an, dass Sie mit dem Einzug des Betrags durch Postnachnahme einverstanden sind.	612
Wir verbinden unsere heutige Erinnerung mit einem für Sie besonders günstigen Angebot: ».	613
Schon bald haben Sie sicherlich Bedarf an ». Die beigefügte Preisliste gibt Ihnen viele Einkaufstipps. Bitte bestellen Sie aber recht bald. Denn wir erwarten in den nächsten Wochen viele Aufträge.	614
Kennen Sie schon unseren neuen Artikel »? Der beigefügte Prospekt stellt ihn in Wort und Bild vor. Viele Händlerkunden bestätigen uns die sehr guten Verkaufschancen dieses Produkts.	615
Mit diesem Brief erhalten Sie ein Angebot über ». Es lohnt sich gerade jetzt, diese günstige Gelegenheit zu nutzen.	616

10.7 Texthandbuch: Antworten auf Bewerbungen

Text	Sel.
Sie haben sich auf unsere Anzeige beworben. Hierfür danken wir Ihnen.	701
Sie haben sich auf unsere Anzeige beworben. An Ihrer Mitarbeit sind wir interessiert.	702
Für Ihre Bewerbung um » danken wir Ihnen.	703
Sie haben sich bei uns beworben. Hierfür danken wir Ihnen. Selbstverständlich behandeln wir Ihre Bewerbung streng vertraulich.	704
Es haben sich mehrere Kandidaten beworben, sodass wir die Auswahl erst nach sorgfältiger Prüfung treffen können. Bitte gedulden Sie sich noch kurze Zeit.	705
Auf unser Inserat haben wir viele Zuschriften erhalten, die wir in Ruhe prüfen müssen. Daher können wir unsere Entscheidung erst in etwa » Tagen treffen.	706
Es haben sich mehrere Kandidaten beworben. Um alle Zuschriften sorgfältig prüfen zu können, brauchen wir genügend Zeit. Sie werden aber spätestens in » Wochen wieder von uns hören.	707
Wir haben Ihre Bewerbung geprüft und festgestellt, dass Ihre Qualifikation erheblich von der Stellenbeschreibung in unserem Inserat abweicht. Daher erhalten Sie Ihre Unterlagen mit diesem Brief zurück. Für Ihre nächste Bewerbung – bei einem anderen Unternehmen – wünschen wir Ihnen mehr Glück.	708

Antworten auf Bewerbungen *(Fortsetzung)*

Text	Sel.
Wir haben alle Zuschriften sorgfältig geprüft und uns für einen anderen Bewerber entschieden. Hierfür bitten wir Sie um Verständnis.	
Mit diesem Brief senden wir Ihnen Ihre Unterlagen zurück. Für Ihre berufliche Zukunft wünschen wir Ihnen viel Glück.	709
Ihre Bewerbung haben wir sorgfältig geprüft. Jedoch gehören Sie nicht zu den Kandidaten, die wir in die engere Wahl ziehen konnten.	
Mit diesem Brief erhalten Sie Ihre Unterlagen zurück. Für Ihre berufliche Zukunft wünschen wir Ihnen guten Erfolg.	710
Die beigefügte Broschüre soll Ihnen etwas mehr über unser Unternehmen sagen, als dies in unserer Anzeige möglich war.	711
Mit der beigefügten Broschüre stellen wir uns Ihnen kurz vor.	712
Vielleicht möchten Sie sich auf ein mögliches Bewerbungsgespräch schon ein wenig vorbereiten. Die beigefügte Broschüre über unser Unternehmen will Ihnen dabei helfen.	713
Ihre Bewerbungsunterlagen sind noch nicht vollständig. Senden Sie uns bitte bis zum ».	714
Zur Vervollständigung Ihrer Bewerbung benötigen wir noch Kopien folgender Zeugnisse und Bescheinigungen: ».	715
Zur Vervollständigung Ihrer Bewerbung benötigen wir noch den Tätigkeitsnachweis für die Zeit vom » bis ».	716
Um alle Daten über Ihre Qualifikation zu erfassen, haben wir den beigefügten Personalbogen ausgearbeitet. Schicken Sie uns bitte » Exemplare bis zum » zurück.	717
Der beigefügte Personalbogen soll dazu dienen, alle Daten über Ihre Qualifikation zu erfassen. Bitte beantworten Sie die Fragen so exakt wie möglich. Hierfür danken wir Ihnen besonders.	718
Damit uns alle Daten über Ihre berufliche Qualifikation vorliegen, bitten wir Sie, den beigefügten Personalbogen auszufüllen und zurückzusenden.	719
Wir möchten Sie kennen lernen und bitten Sie, uns am » zu besuchen. Den Weg zu uns finden Sie auf dem beigefügten Stadtplan eingezeichnet. Alle Kosten, die Ihnen durch das Bewerbungsgespräch entstehen, übernehmen wir.	720
Wir möchten Sie kennen lernen und bitten Sie, uns einen Termin für das Bewerbungsgespräch vorzuschlagen. Ihre Fahrtkosten tragen wir.	721
» Leiter» unserer Personalabteilung würde sich gern mit Ihnen über Ihre Mitarbeit bei uns unterhalten. Rufen Sie bitte an, um einen Termin zu vereinbaren. Sie erreichen die Personalabteilung direkt unter der oben angegebenen Durchwahlnummer.	722
Sicher werden Sie verstehen, dass wir die besten Bewerber in einem Test ermitteln möchten. Bitte besuchen Sie uns am » um » Uhr. Die Fahrtkosten werden Ihnen erstattet.	723
Die Bewerber der engeren Wahl werden wir in etwa » Tagen zu einem Eignungstest schriftlich einladen.	724
Sicher werden Sie verstehen, dass wir die besten Bewerber in einem Test ermitteln möchten. In den nächsten Tagen werden wir Sie anrufen und Ihnen den Termin nennen.	725
Sie haben mit Erfolg an unserem Eignungstest teilgenommen. Wir freuen uns, Sie als neue» Mitarbeiter» begrüßen zu können, und bitten Sie, uns am » zu besuchen, um mit Ihnen alle Einzelheiten Ihrer Einstellung zu besprechen.	726
Sie haben mit Erfolg an unserem Eignungstest teilgenommen. Am » werden wir Sie daher als » einstellen. Wir freuen uns auf eine gute Zusammenarbeit.	727

Antworten auf Bewerbungen *(Fortsetzung)*

Text	Sel.
Sie waren bei unserem Eignungstest erfolgreich. Herzlichen Glückwunsch! Bitte lassen Sie uns wissen, wann Sie als Mitarbeiter» bei uns beginnen können. Für Ihre Nachricht danken wir Ihnen schon heute.	728
Bitte unterzeichnen Sie die beigefügten » Exemplare des Arbeitsvertrages, der in dieser Form für alle Mitarbeiter gilt. Senden Sie dann » Vertragsausfertigungen so bald wie möglich zurück. Ein Exemplar ist für Sie bestimmt.	729
Der beigefügte Vertrag gilt für alle ». Bitte unterzeichnen Sie diese » Ausfertigungen und senden Sie » Exemplare zurück. Eine Ausfertigung ist für Sie bestimmt.	730
Bitte prüfen Sie den beigefügten Vertrag, der in dieser Form für alle » gilt. Wir hoffen, dass Sie mit den Vertragsbedingungen einverstanden sind, und bitten Sie, » unterschriebene Exemplare so bald wie möglich zurückzusenden. Eine Ausfertigung ist für Sie bestimmt.	731
Aufgrund Ihrer Bewerbung hatten wir Sie zu einem Eignungstest eingeladen. Die Auswertung hat jedoch ergeben, dass Sie sich dabei nicht qualifizieren konnten. Ihre Bewerbungsunterlagen erhalten Sie mit diesem Brief zurück.	732
Für Ihre Teilnahme am Eignungstest danken wir Ihnen nochmals. Jedoch hat es diesmal nicht geklappt.	733
Sie haben an unserem Eignungstest zur Besetzung der ausgeschriebenen Stelle als » teilgenommen. Hierfür danken wir Ihnen nochmals. Sicher werden Sie verstehen, dass nur die Allerbesten berücksichtigt werden können. Jedoch waren Sie diesmal nicht dabei.	734
Mit diesem Brief erhalten Sie Ihre Unterlagen zurück. Für Ihre berufliche Zukunft wünschen wir Ihnen gute Erfolge.	735
Ihre Bewerbungsunterlagen senden wir Ihnen heute zurück. Kopien davon haben wir – Ihr Einverständnis vorausgesetzt – behalten, damit wir Ihnen bei Bedarf eine Stelle anbieten können. Wir empfehlen Ihnen, unsere Inserate zu beachten, solange Sie an einem neuen Arbeitsplatz interessiert sind.	736
Ihre Unterlagen senden wir Ihnen hiermit zurück. Wir empfehlen Ihnen, sich in etwa » nochmals zu bewerben, falls Sie dann noch an einer neuen Position interessiert sind.	737

Aufgaben für Schreibaufträge mit Textbausteinen

Schreibauftrag	
Anschrift:	
Büromaschinenwerke	
Max Fischer AG	
Postfach 9 12 77	
60319 Frankfurt	
Ihr Zeichen,	
Ihre Nachricht vom:	
Unser Zeichen,	
unsere Nachricht vom:	*he-vg*
Betreff:	

Sel.-Nr.	Variable
101	*Tischrechnern*
103	*Damen und Herren*
106	*Büroartikel*
114	*14*
118	
126	
131	*3*
133	

Der Vordruck „Schreibauftrag" wird handschriftlich ausgefüllt.

Aus Platzgründen sind die folgenden Aufgaben für die Zusammenstellung von Briefen aus Textbausteinen in Typendruck und ohne den Vordruck „Schreibauftrag" wiedergegeben.

Setzen Sie unter *Unser Zeichen* stets Ihr eigenes Zeichen ein.

Die zu ergänzenden Variablen sind durch » gekennzeichnet. Bitte vergleichen Sie hierzu auch die Bausteindateien:

Anfragen	(Sel. **101 – 137**)
Angebote	(Sel. **201 – 263**)
Bestellungen	(Sel. **301 – 325**)
Schlechtleistungen	
(Mängelrügen)	(Sel. **401 – 430**)
Beantwortung	
von Mängelrügen	(Sel. **501 – 541**)
Mahnungen	(Sel. **601 – 616**)
Antworten auf	
Bewerbungen	(Sel. **701 – 737**)

Vorbemerkung: Sie lesen hier 16 Schreibaufträge (vereinfacht). Bitte stellen Sie danach den jeweiligen Brief zusammen, wählen Sie jeweils den passenden Absender und Briefabschluss.

Erfassen Sie die Textbausteine mit Ihrem Textverarbeitungsprogramm und speichern Sie diese.

■ **10-1 Anfrage**
Anschrift: Büromaschinenwerke Max Fischer AG, Postfach 9 12 77, 60319 Frankfurt
101 » Tischrechnern
103 » Damen und Herren; **106** » Büroartikel; **114** » 14; **118**; **126**; **131** » 3; **133**

■ **10-2 Angebot**
Anschrift: Buchhandlung Doris Becker & Co., Postfach 14 12, 61161 Friedberg
Ihr Zeichen, Ihre Nachricht vom: be-fr … (vor 3 Tagen)
Betreff: Angebot über Tischrechner
103 » Damen und Herren; **206** » Junior 10, klein und handlich, aber stark in der Leistung, Preis 45,00 EUR; Pocket 10, für Batterie- und Solarbetrieb, Preis 20,25 EUR; **209** » (14 Tage); **236** » e, in, Frau Stahlberg, Friedberg, sie; **250**; **262**; **133**; **136** AGB

■ **10-3 Angebot**
Anschrift: Elektrogeschäft Hans Baumann & Söhne OHG, Postfach 10 17, 83601 Holzkirchen
Betreff: Angebot
103 » Damen und Herren; **216**; **207** » Kopierer Z 50 für Beruf, unterwegs und zu Hause, sehr gute Kopierergebnisse bis A4-Format, einfache Bedienung und Wartung, tragbar, automatischer Papiereinzug, 10 Kopien/Min., Best.-Nr. 850 Z 50, Preis 199,00 EUR; **241**; **261**; **134**; **136** AGB

■ **10-4 Bestellung**
Anschrift: Papierfabrik Berger & Kühn GmbH, Postfach 41 49, 33334 Gütersloh
Betreff: Bestellung
103 » Damen und Herren; **301** » Recycling-Versandtaschen, aus 100 % Altpapier, mit gummierter Kappe
Format C5, 5000 Stück, 14,50 EUR je 500 Stück
Format C4, 3000 Stück, 15,25 EUR je 250 Stück
311; **325**; **134**

■ **10-5 Schlechtleistung (Mängelrüge)**
Anschrift: Großhandlung Bauer & Roth OHG, Postfach 13 08, 29521 Uelzen
Betreff: Reklamation
103 » Damen und Herren; **405** » Der Drucker Nr. 8000 arbeitet viel lauter als das Gerät, das uns Ihre Außendienstmitarbeiterin Frau Weber am … (vor 10 Tagen) vorgeführt hatte; **429**; **133**

■ **10-6 Antwort auf Mängelrüge**
Anschrift: Herrn Rechtsanwalt Dr. Frank Brückner, Postfach 80 11, 29228 Celle
Betreff: Ihre Beanstandung
103 »r Herr Dr. Brückner; **504**; **537** »e Außendienstmitarbeiterin Frau Andrea Hof
» Dienstag nächster Woche; **133**

■ **10-7 Zahlungserinnerung**
Anschrift: Baustoffhandlung Georg Strack KG, Postfach 15 10, 76641 Bruchsal
Betreff: Unsere Rechnung vom … (vor 2 Monaten)
103 » Damen und Herren; **603** » 785,00, » (vor 30 Tagen); » 785,00, **613** »
EUROPA-Farbbänder für Drucker, besonders dicht gewebtes Nylonband für hoch auflösende Matrixdrucker
Best.-Nr. 51 001, 9,10 EUR je Stück
261; **134**; **136** 1 Prospekt Ny

■ **10-8 Erste Mahnung**
Anschrift und Betreff siehe Aufgabe 10-7
103 » Damen und Herren; **604** » (vor 30 Tagen), » 805, » 785,00 » 785,00 » (in 8 Tagen); **134**

■ **10-9 Zweite Mahnung**
Anschrift und Betreff siehe Aufgabe 10-7
103 » Damen und Herren; **611** » (vor 3 Monaten), » 785,00; **135**

■ **10-10 Zwischenbescheid auf eine Bewerbung**
Anschrift: ... (Ihre eigene)
Betreff: Ihre Bewerbung
103 » (Ihr Name); **701**; **706** » 14; **713**; **133**; **136** » 1 Broschüre

■ **10-11 Zusendung eines Personalbogens**
Anschrift: ... (Ihre eigene)
Betreff: Ihre Bewerbung
103 » (Ihr Name); **702**; **718**; **133**; **136** » 1 Personalbogen

■ **10-12 Einladung zum Test**
Anschrift: ... (Ihre eigene)
Betreff: Ihre Bewerbung
103 » (Ihr Name); **704**; **723** » (bitte aktuelles Datum einsetzen), 10:30; **134**

■ **10-13 Eignungstest war erfolgreich**
Anschrift: ... (Ihre eigene)
Betreff: Ergebnis des Eignungstests
103 » (Ihr Name); **726** » (in 8 Tagen); **714** » 20..-..-.. den beigefügten Personalbogen ausgefüllt zurück; **133**; **136** » 1 Personalbogen

187

■ **10-14 Eignungstest war nicht erfolgreich**
Anschrift: Herrn Heinz Schwarz, Neckarstraße 5 b, 69434 Hirschhorn
Betreff: Ergebnis des Eignungstests
103 »r Herr Schwarz; **734** » Korrespondent; **735**; **133**; **137** » Ihre Bewerbungsunterlagen

■ **10-15 Absage auf eine Bewerbung**
Anschrift: Frau Heidi Richter, Oberer Markt 85, 92507 Nabburg
Betreff: Ihre Bewerbung
103 » Frau Richter; **703** » die Position einer Schreibdienstleiterin; **710**; **133**; **137** » Ihre Bewerbungsunterlagen

■ **10-16 Zusendung des Vertrags**
Anschrift: ... (Ihre eigene)
Betreff: Ihre Einstellung
103 » (Ihr Name); **727** » (nach Ihrer Wahl); **729** » vier, » drei; **133**; **137** » 4 Vertragsexemplare

Aufgaben für Sachbearbeitung mit Textbausteinen

Vorbemerkung: Suchen Sie aus der jeweils angegebenen Bausteindatei die geeigneten Textbausteine. Fertigen Sie dann zu jeder Aufgabe einen Schreibauftrag. Schreiben Sie die vollständigen Schriftstücke – je nach Ihren Möglichkeiten – maschinen- oder handschriftlich. Mit Ihrem Textverarbeitungsprogramm können Sie die Bausteindateien auch erfassen, speichern, drucken und später abrufen.

10-17 Anfrage: Schneidemaschine

Bausteindatei Sel. **101 – 137**

Sie fragen bei den Büromaschinenwerken Kurt Schneider AG, Postfach 44 31, 28194 Bremen, an, ob sie Ihnen Schneidemaschinen liefern können. Bitten Sie um einen Katalog. Sie brauchen die Schneidemaschinen spätestens 8 Tage nach Eingang Ihres Auftrags. Der monatliche Bedarf liegt bei 30 Stück. Stellen Sie regelmäßige Aufträge in Aussicht. Großen Wert legen Sie auf Qualität. Am liebsten wäre Ihnen der Besuch des Außendienstmitarbeiters. Fragen Sie auch, ob ein Zahlungsziel von drei Monaten gewährt werden kann.

10-18 Angebot: Schneidemaschine

Bausteindatei Sel. **201 – 263**

Die Büromaschinenwerke Kurt Schneider AG (siehe Aufgabe 10-17) machen dem Bürohaus Brauer & Klein OHG, Postfach 14 99, 23701 Eutin, das gewünschte Angebot. Sie danken für das Interesse und bieten an:

HERKULES Hebelschneidemaschine 601
Schnittlänge 390 mm, auch für EDV-Listen geeignet
Schnitthöhe 4,0 mm, Anlagefläche 475 x 355 mm,
geschliffenes Ober- und Untermesser mit Sicherheitsautomatik zum Preis von 280,00 EUR

Sie senden den neuesten Katalog, den Sie zur CeBIT herausgebracht haben. Die Liefer- und Zahlungsbedingungen gehen aus den „Allgemeinen Geschäftsbedingungen" hervor, die dem Angebot beiliegen. Sie sichern sorgfältige Ausführung zu.

10-19 Anfrage: Möbel

Bausteindatei Sel. **101 – 137**

Sie haben in der Fachzeitschrift „Der Möbelhändler" die Anzeige der Möbelfabrik Konrad Meyer AG, Postfach 31 20, 65713 Hofheim, gelesen und erbitten ein Angebot über das Möbelsystem „Perfekt". Sie bitten um einen Katalog und um Angabe der Preise. Auf tadellose Verarbeitung legen Sie größten Wert. Ferner bitten Sie um die Zahlungsbedingungen.

10-20 Angebot: Möbel

Bausteindatei Sel. **201 – 263**

Jetzt sind Sie Mitarbeiter der Möbelfabrik Meyer (siehe Aufgabe 10-19), danken für die Anfrage und machen dem Möbelhaus Martin Offheimer, Lutherplatz 17 – 19, 99817 Eisenach, ein Angebot über:

Möbelsystem „Perfekt"
Kombinationen für Ess-, Schlaf- und Wohnbereich
beste Verarbeitung, modernes Design
Einzelelemente in 7 Höhen, 6 Breiten und 5 Tiefen
6 Farbvariationen

Sie senden Ihren Katalog, der das umfangreiche Sortiment vorstellt. Die Angebote, die vermutlich besonders interessieren, haben Sie angekreuzt. Sie scheuen keinen Preisvergleich. Die beigefügten Geschäftsbedingungen gelten für alle Mitglieder des Fachverbandes. Lieferzeit: etwa 60 Tage; Sie sichern erstklassige Waren sowie sorgfältige und pünktliche Belieferung zu.

■ 10-21 Bestellung: Textilien

Bausteindatei Sel. **301 – 325**

Sie bestellen bei der Textilfabrik Richard Kleidermann KG, Postfach 31 07, 37263 Eschwege, nach deren Angebot:

30 Herrenoberhemden Nr. 101, aus reiner Baumwolle
Größe 39/40, Preis je Stück 36,25 EUR
20 Herrenoberhemden Nr. 107, aus reiner Seide
Größe L, Preis je Stück 45,25 EUR

Weisen Sie auf die Konkurrenz der örtlichen Großmärkte hin und erbitten Sie ein Zahlungsziel von 90 Tagen.

■ 10-22 Schlechtleistung (Mängelrüge): Falschlieferung

Bausteindatei Sel. **401 – 430**

Sie beanstanden bei der Möbelfabrik Rank & Best GmbH, Postfach 71 40, 48567 Steinfurt, eine Lkw-Lieferung Drehstühle. Sie hatten 15 Bürodrehstühle Nr. 3000 bestellt, geliefert wurden jedoch 15 Bürodrehstühle Nr. 1000. Sicherlich liegt eine Verwechslung vor. Setzen Sie eine angemessene Frist für die Lieferung der bestellten Stühle.

■ 10-23 Schlechtleistung (Mängelrüge): Verdorbene Ware

Bausteindatei Sel. **401 – 430**

Sie sind Mitarbeiter in der Einkaufsabteilung der Lebensmittelgroßhandlung Burkert & Krause OHG, Postfach 97 05, 97079 Würzburg, und beanstanden heute, dass die gesamte Ware verdorben bei Ihnen eingetroffen ist. Die Sendung wurde nachweisbar auf dem schnellsten Wege befördert und durch den Spediteur sofort ausgeliefert. Ihre Firma ist in große Schwierigkeiten geraten und behält sich Schadenersatzforderungen vor. Sie fragen den Lieferer, das Obstgut Herbert Streit, Burgstraße 18, 96215 Lichtenfels, wie diese Reklamation geregelt werden soll.

■ 10-24 Beantwortung einer Mängelrüge: Verdorbene Ware

Bausteindatei Sel. **501 – 541**

Jetzt sind Sie Mitarbeiter im Obstgut Streit (siehe Aufgabe 10-23). Sie bitten Burkert & Krause um Entschuldigung und erhoffen trotz des Vorkommnisses eine weitere gute Geschäftsverbindung. Selbstverständlich erhält der Kunde einwandfreien Ersatz: Die Sendung geht heute noch ab. Sie versichern, dass sich solche Fehler nicht wiederholen werden.

■ 10-25 Beantwortung einer Mängelrüge: Falschlieferung

Bausteindatei Sel. **501 – 541**

Sie sind Sachbearbeiter der Möbelfabrik Berghausen & Weber AG und beantworten die Mängelrüge des Bürohauses Karl Waldkirch & Söhne OHG, Postfach 13 07, 33091 Paderborn. Sie entschuldigen sich in aller Form und bieten eine Ersatzlieferung bis zum … an. Sie hoffen, dass Ihnen der Kunde nach wie vor sein Vertrauen schenkt.

■ **10-26 Mahnbriefreihe**
Bausteindatei Sel. **601–616**

a) Erinnern Sie Ihren Kunden, die Großhandlung Paul Schäfer GmbH, Postfach 66 01, 56416 Montabaur, an den Ausgleich der Rechnung Nr. 2020. Sie schicken dem Kunden eine Rechnungskopie und bitten ihn um baldige Überweisung des Rechnungsbetrags von 1.750,00 EUR. Gleichzeitig senden Sie ihm einen Prospekt, der den neuen Artikel … (nach Ihrer Wahl) vorstellt. Andere Kunden haben damit gute Verkaufserfolge erzielt.

b) Der Kunde hat auf Ihre Erinnerung nicht reagiert. Darum schicken Sie ihm eine Mahnung. Nennen Sie die Rechnungsnummer und den Rechnungsbetrag. Setzen Sie ihm eine Nachfrist bis … (nach Ihrer Wahl).

c) Der Kunde hat immer noch nicht reagiert. Schreiben Sie eine 2. (letzte) Mahnung. Sie können sich den Zahlungsverzug nicht erklären, da der Kunde seinen Zahlungsverpflichtungen bisher pünktlich nachgekommen ist. Sie rechnen mit der Überweisung bis … (nach Ihrer Wahl).

■ **10-27 Einladung zum Eignungstest**
Bausteindatei Sel. **701–737**

Sie sind Mitarbeiter der Personalabteilung und beantworten die Bewerbung des Herrn Dieter Bauer, Robert-Bosch-Straße 4, 64319 Pfungstadt. Sie danken für seine Bewerbung. In etwa 10 Tagen werden Sie ihn schriftlich zum Eignungstest einladen.

■ **10-28 Einladung zum Vorstellungsgespräch**
Bausteindatei Sel. **701–737**

Sie sind Mitarbeiter der Personalabteilung und beantworten die Bewerbung der Frau Renate Stein, Duisburger Straße 5, 47829 Krefeld. Sie danken für ihre Bewerbung, laden sie für … um … Uhr zum Vorstellungsgespräch ein; Fahrtkosten werden erstattet. Die Bewerberin erhält eine Broschüre, die mehr als die Stellenanzeige über das Unternehmen aussagt.

■ **10-29 Absage an einen Bewerber**
Bausteindatei Sel. **701–737**

Wählen Sie die Anschrift und den Vorgang. Sie geben einen abschlägigen Bescheid und wünschen für die nächste Bewerbung (bei einem anderen Unternehmen) mehr Glück.

11   Standardisierte Geschäftsbriefe (Serienbriefe)

Täglich werden in vielen Büros Briefe erstellt, die sich in Inhalt und Form wiederholen: Angebote, Mahnungen, Rundschreiben usw. Neben der Verwendung von Textbausteinen sind Serienbriefe eine weitere Form zur Rationalisierung des Schriftverkehrs. Nachdem der Text einmal geschrieben und gespeichert wurde, kann er bei Bedarf beliebig oft ausgedruckt werden.

An bestimmten Stellen, z. B. bei der Anschrift und der Anrede, fügen Sie Seriendruckfelder ein. So erhält jeder Brief die korrekte Empfängeranschrift und die persönliche Anrede. Serienbriefe wirken wie ein individueller Brief, weil sie repräsentativer sind als Kopien oder Vordrucke.

Datenquelle (Adressliste). Sie muss erstellt oder kann aus vorhandenen Datenbanken übernommen werden, damit alle Variablen, die in dem Serienbrief enthalten sind, eingefügt werden können.

Hauptdokument (Serienbrieftext). Darin finden sich die konstanten Bestandteile des Serienbriefes, z. B. ein Werbetext oder ein Mahnschreiben.

Bei der Serienbrieferstellung werden Datenquelle und Hauptdokument zusammengeführt und danach ausgedruckt. Textverarbeitungsprogramme bieten folgende Optionen bei der Serienbrieferstellung:

11.1   Serienbrief ohne Abfrageoptionen

Dabei wird ein Serienbrief mit variablen Angaben (z. B. einer individuellen Anschrift und einer persönlichen Anrede) an alle Kunden, Mandanten oder Patienten ohne Filtern nach Auswahlkriterien erstellt und versandt.

Beispiel: Als Mitarbeiter der Boutique „Brigitte", Erfurt, laden Sie alle Kunden zum 15-jährigen Firmenjubiläum ein.

Serienbrieftext 1 (Hauptdokument):

«Anrede»
«Vorname» «Familienname»
«Straße_Hausnummer»
«PLZ» «Ort»

20..-08-06

Firmenjubiläum

«Briefanrede» «Familienname»,

am 1. Oktober d. J. besteht unsere Boutique 15 Jahre. Zu diesem besonderen Ereignis laden wir Sie herzlich ein.

Das Jubiläum wollen wir mit einem Tag der offenen Tür feiern. Gern erwarten wir Sie und Ihre Freunde und Bekannten ab 10 Uhr in unseren Verkaufsräumen. Die beliebte Erfurter Band „Saitenspinner" wird das Jubiläum musikalisch begleiten.

Natürlich ist auch für Ihr leibliches Wohl gesorgt. Gastronomen aus Erfurt und Umgebung werden die Gäste verwöhnen. Bitte lassen Sie uns auf der beigefügten Karte wissen, mit wie viel Personen Sie teilnehmen. Wir freuen uns auf Sie.

Freundliche Grüße

Boutique
„Brigitte"

i. A.

(Ihr Name)

1 Anlage

11.2   Serienbrief mit Abfrageoptionen

Sollen Serienbriefe nicht für alle in einer Datenquelle gespeicherten Personen oder Firmen gedruckt werden, sondern nur für bestimmte Empfänger (z. B. bestimmte Postleitzahl, langjährige Kunden, Mandanten oder Patienten), werden Abfrageoptionen für den Seriendruck festgelegt. Dabei besteht die Möglichkeit, Datensätze nach einem oder mehreren Auswahlkritierien zu filtern. Hierfür kommen alle Leitwörter der jeweiligen Datenquelle als Selektionsmöglichkeit in Betracht. **Beispiel: Die Boutique „Brigitte" informiert nur Kunden, die nicht in Erfurt wohnen, über das Firmenjubiläum.** Auch in diesem Fall wird der oben abgebildete Serienbrieftext 1 verwendet.

11.3   Serienbrief mit Bedingungsfeldern

Hierbei wird ein Zusatztext für einen bestimmten Empfängerkreis in den Serienbrief aufgenommen. Die Aufnahme dieses Textes ist an eine oder mehrere Bedingungen geknüpft. **Beispiel: Als Mitarbeiter der Freizeitmoden Hans Lohmann GmbH, Düsseldorf, informieren Sie Ihre Kunden über die Freizeitmode für den kommenden Herbst. Guten Kunden bieten Sie einen Sonderrabatt von 10 % an; weniger gute weisen Sie auf die Seiten 15 bis 25 im Katalog hin.**

Serienbrieftext 2 (Hauptdokument):

«Anrede»
«Vorname» «Familienname»
«Straße_Hausnummer»
«PLZ» «Ort»

20..-08-05

Die neue Freizeitmode für den Herbst

«Briefanrede» «Familienname»,

ein schöner Herbst steht vor der Tür. Auch in der etwas kühleren Jahreszeit spielt die Freizeitmode eine große Rolle. Denken Sie z. B. an Radfahrer, Jogger und Wanderer.

Was sich im Herbst in der Freizeitmode tut, zeigt Ihnen der beigefügte Katalog. Sehen Sie ihn in Ruhe durch. Er will Sie dazu anregen, auch in dieser Saison mit unserer neuen Freizeitmode gute Verkaufserfolge zu erzielen.

Alle Waren erhalten Sie innerhalb 14 Tagen. Sie haben in den letzten Jahren sehr viele Artikel von uns bezogen. Freuen Sie sich deshalb über einen Sonderrabatt von 10 %.

Freundliche Grüße

Freizeitmoden
Hans Lohmann GmbH

i. A.

(Ihr Name)

1 Anlage

Weniger gute Kunden erhalten einen veränderten Zusatz.

Serienbrieftext 3 (Hauptdokument):

«Anrede»
«Vorname» «Familienname»
«Straße_Hausnummer»
«PLZ» «Ort»

20..-08-06

Immobilienangebote

«Briefanrede» «Familienname»,

die neuesten Immobilienangebote für den Winter 20.. sind eingetroffen. Jetzt haben Sie eine noch größere Auswahl an Ferienwohnungen und -häusern. Diese Traumimmobilien liegen in Spanien, auf den Kanarischen Inseln, in Griechenland, Portugal und Tunesien.

Sie wollen sich einen ersten Überblick verschaffen? Dann schauen Sie einfach in unsere aktuelle Angebotsliste. Wir sind ganz sicher: Ihr Wunschdomizil ist dabei!

Jetzt brauchen Sie uns nur noch kurz zu benachrichtigen. Und schon können Sie sich auf Ihren Urlaub in sonnigen Gefilden freuen.

Freundliche Grüße

Wolff-Immobilien GmbH

i. A

(Ihr Name)

Anlage
1 Angebotsliste

Aufgaben für die Arbeit mit Serienbriefen

Erfassen Sie mit Ihrem Textverarbeitungsprogramm die jeweiligen Brieftexte mit Bezugszeichen und Datum nach Ihrer Wahl und speichern Sie die angegebenen Adressen als Datenquelle. Führen Sie danach Datenquelle und Hauptdokument zusammen und drucken Sie den Serienbrief an den angegebenen Empfängerkreis aus.

◼ 11-1 Serienbrief ohne Abfrageoption – Brieftext 1

Anrede	Vorname	Familienname	Straße, Hausnummer	Postleitzahl	Ort	Briefanrede	Kunde seit
Herrn	Peter	Labonte	Rosengasse 10	99084	Erfurt	Sehr geehrter Herr	2010
Frau	Jasmin	Richter	Max-Planck-Straße 25 a	99097	Erfurt	Sehr geehrte Frau	2003
Herrn	Alexander	Schlosser	Bertolt-Brecht-Straße 49	07745	Jena	Sehr geehrter Herr	2008
Frau	Nadine	Schmidt	Lindenhof 5	99425	Weimar	Sehr geehrte Frau	2013
Herrn	Stefan	Schneider	Thymianweg 58	07745	Jena	Sehr geehrter Herr	2015
Frau	Melanie	Sommer	Pestalozzistraße 40	07749	Jena	Sehr geehrte Frau	2006
Herrn	Dirk	Weingart	Dachsgrund 18	99089	Erfurt	Sehr geehrter Herr	2009
Frau	Sonja	Winter	Rembrandtweg 12 a	99423	Weimar	Sehr geehrte Frau	2007

Serienbrief an alle 8 Empfänger

◼ 11-2 Serienbrief ohne Abfrageoption – Brieftext 3

Anrede	Vorname	Familienname	Straße, Hausnummer	Postleitzahl	Ort	Briefanrede
Frau	Karin	Abel	Adenauerplatz 23	10629	Berlin	Sehr geehrte Frau
Herrn	Klaus	Antweiler	Im Waldwinkel 3	13053	Berlin	Sehr geehrter Herr
Frau	Sabine	Breitenbach	Nachtigallenweg 17 a	21077	Hamburg	Sehr geehrte Frau
Herrn	Herbert	Förster	Kaiserstraße 45	80801	München	Sehr geehrter Herr
Herrn	Friedrich	Klausen	Königsberger Straße 27	81927	München	Sehr geehrter Herr
Frau	Christine	Meyer-Schulz	Kaiserstuhlweg 10	70469	Stuttgart	Sehr geehrte Frau
Frau	Andrea	Richter	Lauterbachstraße 53	21073	Hamburg	Sehr geehrte Frau
Herrn	Jens	Volkmann	Markus-Schleicher-Straße 35	70565	Stuttgart	Sehr geehrter Herr

Serienbrief an alle 8 Empfänger

◼ 11-3 Serienbrief mit Abfrageoption – Brieftext 1

Anrede	Vorname	Familienname	Straße, Hausnummer	Postleitzahl	Ort	Briefanrede	Kunde seit
Herrn	Peter	Labonte	Rosengasse 10	99084	Erfurt	Sehr geehrter Herr	2010
Frau	Jasmin	Richter	Max-Planck-Straße 25 a	99097	Erfurt	Sehr geehrte Frau	2003
Herrn	Alexander	Schlosser	Bertolt-Brecht-Straße 49	07745	Jena	Sehr geehrter Herr	2008
Frau	Nadine	Schmidt	Lindenhof 5	99425	Weimar	Sehr geehrte Frau	2013
Herrn	Stefan	Schneider	Thymianweg 58	07745	Jena	Sehr geehrter Herr	2015
Frau	Melanie	Sommer	Pestalozzistraße 40	07749	Jena	Sehr geehrte Frau	2006
Herrn	Dirk	Weingart	Dachsgrund 18	99089	Erfurt	Sehr geehrter Herr	2009
Frau	Sonja	Winter	Rembrandtweg 12 a	99423	Weimar	Sehr geehrte Frau	2007

Serienbrief an alle Empfänger, die nicht in Erfurt wohnen

◼ 11-4 Serienbrief mit Abfrageoption – Brieftext 1

Anrede	Vorname	Familienname	Straße, Hausnummer	Postleitzahl	Ort	Briefanrede	Kunde seit
Herrn	Peter	Labonte	Rosengasse 10	99084	Erfurt	Sehr geehrter Herr	2010
Frau	Jasmin	Richter	Max-Planck-Straße 25 a	99097	Erfurt	Sehr geehrte Frau	2003
Herrn	Alexander	Schlosser	Bertolt-Brecht-Straße 49	07745	Jena	Sehr geehrter Herr	2008
Frau	Nadine	Schmidt	Lindenhof 5	99425	Weimar	Sehr geehrte Frau	2013
Herrn	Stefan	Schneider	Thymianweg 58	07745	Jena	Sehr geehrter Herr	2015
Frau	Melanie	Sommer	Pestalozzistraße 40	07749	Jena	Sehr geehrte Frau	2006
Herrn	Dirk	Weingart	Dachsgrund 18	99089	Erfurt	Sehr geehrter Herr	2009
Frau	Sonja	Winter	Rembrandtweg 12 a	99423	Weimar	Sehr geehrte Frau	2007

Serienbrief an alle Empfänger, die seit mindestens 2008 Kunde sind

■ 11-5 Serienbrief mit Abfrageoption – Brieftext 3

Anrede	Vorname	Familienname	Straße, Hausnummer	Postleitzahl	Ort	Briefanrede
Frau	Karin	Abel	Adenauerplatz 23	10629	Berlin	Sehr geehrte Frau
Herrn	Klaus	Antweiler	Im Waldwinkel 3	13053	Berlin	Sehr geehrter Herr
Frau	Sabine	Breitenbach	Nachtigallenweg 17 a	21077	Hamburg	Sehr geehrte Frau
Herrn	Herbert	Förster	Kaiserstraße 45	80801	München	Sehr geehrter Herr
Herrn	Friedrich	Klausen	Königsberger Straße 27	81927	München	Sehr geehrter Herr
Frau	Christine	Meyer-Schulz	Kaiserstuhlweg 10	70469	Stuttgart	Sehr geehrte Frau
Frau	Andrea	Richter	Lauterbachstraße 53	21073	Hamburg	Sehr geehrte Frau
Herrn	Jens	Volkmann	Markus-Schleicher-Straße 35	70565	Stuttgart	Sehr geehrter Herr

Serienbrief nach Berlin, Hamburg, Stuttgart und München filtern

■ 11-6 Serienbrief mit Bedingungsfeld – Brieftext 2

Anrede	Vorname	Familienname	Straße, Hausnummer	Postleitzahl	Ort	Briefanrede	Kunde
Boutique	Sonja	Alsbach	Friesenplatz 9	50672	Köln	Sehr geehrte Frau	gut
Fachgeschäft	Martina	Bergmann	Emser Straße 1	56112	Lahnstein	Sehr geehrte Frau	gut
Bekleidungshaus	Peter	Feldmann	Schlossstraße 18	56068	Koblenz	Sehr geehrter Herr	gut
Textilhaus	Fritz	Felten	Auf dem Hohen Wall 17	40489	Düsseldorf	Sehr geehrter Herr	schlecht
Modehaus	Anna	Kurz-Seifert	Parkstraße 67	41747	Viersen	Sehr geehrte Frau	gut
Textilien	Rolf	Schäfer	Viehmarktplatz 7	54290	Trier	Sehr geehrter Herr	schlecht
Textilien	Monika	Schmidt	Gabriele-Faust-Straße 43	55130	Mainz	Sehr geehrte Frau	schlecht
Boutique	Carsten	Steinhaus	Heilbronner Straße 46	76131	Karlsruhe	Sehr geehrter Herr	schlecht

Serienbrief mit Zusatztext an alle Empfänger

Sachwortverzeichnis

A

Abfrageoptionen 191
Abkürzungen 44
Ablehnung einer Bestel-
   lung 120
Absenderangabe 26
Adjektiv 55
Adressliste
   ⇢ Datenquelle
Adverb 57
AIDA-Formel 125
Aktennotizen 154, 155
Aktenvermerke 156
Aktiv 52
Andere Mitteilungen 8
Anfangssätze 28
– in Bewerbungen 143
– in Werbebriefen 126
Anfrage 81
Angebot 85
Anlagenvermerk 21
Annahmeverzug 106
Anrede 21
Anschriften 21
Anschriftenmuster 22
Anschriftfeld 13
Aufgaben
– für Anfragen 82
– für Angebote 88
– für Bestellungen 89
– für Bestellungsannah-
   men 96, 100
– für Bewerbungsschreiben
   auf Stellenangebote 139
– für die Arbeit mit Serienbriefen 195
– für Lieferanzeigen 100
– für Mahnungen 119
– für private Briefe 78
– für Sachbearbeitung mit
   Textbausteinen 188
– für Schlechtleistungen
   (Mängelrügen) 111
– für Schreibaufträge mit
   Textbausteinen 185
– für Stellengesuche 153
– für Widerruf und Ablehnung
   von Bestellungen 120
– zu den Kaufvertragsarten 97
– zum Annahmeverzug 109
– zur Auskunft 101
– zur Nicht-Rechtzeitig-
   Lieferung 103
– zur Sicherungsübereig-
   nung 102
– zur Vorbereitung auf
   Prüfungen 165
Aufgaben und Arten des
   Schriftverkehrs 8
Auftragsbestätigung
   ⇢ Bestellungsannahme
Auskunft 100
Ausrichten der Vordrucke 18
Aussehen des Briefes 10
Auswahltext 9
Autorenkorrektur 29, 30

B

Bankleitzahl 17
Bearbeitung von Bewer-
   bungen 154
Bedingungsfelder 192
Berufsplanung 135
Beschriften
– der Briefhülle 12
– des Briefblatts A4 14
Besondere Kaufgeschäfte 96
Besondere Zahlengliede-
   rungen 17
Bestandteile einer E-Mail 159
Bestellung 89
Bestellungsannahme 93
Betreff 21
Bewerbungsschreiben 136
Bewerbungsunterlagen 136
Bezugszeichen 18
Bezugszeichenzeile 13
BIC 17
Blitzantwort 8
BLZ 17
Briefabschluss 21
Briefanfang
   ⇢ Anfangssätze
Briefaufbau 28
Briefblatt A4 13
– Briefkopf 13
– Einteilung 15, 16
– mit Aufdruck 13
– ohne Aufdruck 26
Briefe
– private 8, 72
– Nachfassbriefe 131
– standardisierte 173
– Werbebriefe 124
Briefabschluss 21
Briefentwurf 29
Briefkern 28
Briefschluss 28

D

dass-Treppe 66
Datenquelle 191
Datum ⇢ Kalenderdatum
DIN 10

E

E-Mail 159
– Adresse 17
– Bestandteile 159
– Muster 162, 163
Eigentumsvorbehalt 100
Einholen von Auskünften 100
Einkauf und Verkauf von
   Gütern 81
Einteilung des Briefblattes
   A4 15
Einzeilige Rücksendeangabe 13
Elektronische Korrespon-
   denz 159
Elektronische Post 159
Empfängeranschrift 21
Erinnerungsschreiben
– nach Stellenbewerbung 149
Erlöschen eines Angebots 120
Erteilen von Auskünften 101
Europäische Normen (EN) 11

F

Formulierungshilfen für An-
   fangs- und Schlusssätze bei
   Bewerbungen 143

G

Geldbetrag 17
Geschäftsangaben 13
Geschäftsbrief 8
– standardisierter 173
Gesprächsnotizen 154
Gestörte Abwicklung des Kauf-
   vertrags 102
Gruß(formel) 21

H

Hauptdokument 191
Hauptwörterei 52
Heftrand 14
Hervorhebungen 17

I

IBAN 17
Informationsblock 13, 27
Innerbetrieblicher Schrift-
   verkehr 154
Internet 159
– Adresse 17
– Stellenmarkt 135
ISO 11

J

Jobbörsen
   ⇢ Internet-Stellenmarkt

K

Kalenderdatum 17
Kaufgeschäfte
– besondere 96
Kaufvertragsarten 96
Komma 46
Kommunikationszeile 13
Konjunktion 58
Konjunktiv 53
Korrekturzeichen 29, 30
Korrespondenzanalyse 173
Kurzmitteilung 9

L

Lebenslauf
– europäischer 145
– konventioneller 144

Lieferanzeige
   ⇢ Rechnung
Lieferungsverzug
   ⇢ Nicht-Rechtzeitig-Lieferung

M

Mahnverfahren 115
Mängelrüge
   ⇢ Schlechtleistung
Mitteilungen
– andere 8
– Vollmitteilungen 8
Muster für
– Auslandsanschriften 24
– Inlandsanschriften 22
Musterbriefe für private
   Schreiben 72

N

Nachfassbriefe 131
Nachklapp 64
Nachnahmesendung 100
Nebensätze 65
Nicht-Rechtzeitig-Lieferung 102
Nicht-Rechtzeitig-Zahlung 115
Nominalstil 52
Normung 10

P

Papierformate 11
Partizip 56
Passiv 52
Pleonasmus 60
Postalische Vermerke 21
Postbearbeitung 29
Postfachnummer 17
Postleitzahl 17
Präposition 57
privater Schriftverkehr 26, 72
Pronomen 60

R

Rechnung 98
Rechte des Käufers 103, 110
Rechtschreibung 31
– Abkürzungen 44
– Bindestrich 39
– das : dass 32

– Fremdwörter 32
– Getrennt- und Zusammen-
   schreibung 33
– Groß- und Kleinschrei-
   bung 40
– Laut-Buchstaben-Zuord-
   nungen 31
– ss oder ß? 31
– Straßennamen 45
– Tageszeiten 41
– Wochentage 41
Rechtsmängel bei Schlecht-
   leistung 110
Rundschreiben 156

S

Sachmängel bei Schlecht-
   leistung 110
Satzbau 62
Satzbaufehler 64
– Wortstellung 62
Satzzeichen 14
Schlechtleistung 110
Schlusssätze
   in Bewerbungen 144
Schreibauftrag 173
Schriftgutverwaltung 29
Schriftverkehr
– Aufgaben und Arten 8
– innerbetrieblicher 154
– privater 26, 72
Schriftwechsel zwischen
   Betrieb und Mitarbeitern
   135
Seitennummerierung 21
Seitenränder 18
Serienbrief 10
– mit Abfrageoptionen 192
– mit Bedingungsfeldern 192
– ohne Abfrageoptionen 191
Serienbrieftext
   ⇢ Hauptdokument
Sicherung der Kaufpreisforde-
   rung 98
Sicherungsübereignung 102
sonstige Gliederung von
   Zahlen 17
standardisierter Geschäftsbrief

– Serienbrief 191
– Textbausteine 173
Stellenangebote 135
Stellenbewerbung 135
– Bearbeitung 154
Stellengesuch 135, 152
Substantiv 51

T
Teilbetreff 21
Telefaxnummer 17
Telefonnotizen 154
Telefonnummer 17
Textaufbau 66
– Rhythmus und Klang 70
– Satzverbindungen 67
– Thema-Rhema-Struktur 68
– Verknüpfung der Sätze 67
Textbausteine 10, 173
Texthandbuch 10, 173
– Anfragen 174
– Angebote 175
– Antworten auf Bewerbungen 183
– Beantwortung von Mängelrügen 179
– Bestellungen 177
– Nicht-Rechtzeitig-Zahlungen (Mahnungen) 182
– Schlechtleistungen (Mängelrügen) 178

Tipps
– für das Vorstellungsgespräch 149
– für Ihr Stellengesuch 152
– für Ihren Briefentwurf 28
– für Ihren E-Mail-Stil 164
– zum Versand Ihres Bewerbungsschreibens 139

U
Uhrzeit 17
Ungestörte Abwicklung des Kaufvertrags 81
Unterscheidungsarten beim Kaufvertrag 96

V
Verb 52
Verteilvermerk 21
Verzugszinsen 115
Vollmitteilungen 8
Vordruck 9
– für Gesprächsnotiz 156
– für Gesprächsvorbereitung 156
– Gestaltungsgrundsätze 9
Vorreiter 64

W
Werbung 124
Wettbewerb (unlauterer) 132

Widerruf einer Bestellung 120
Wortstellung 62
Worttrennung 43
Wortwahl 51
– Adjektiv 55
– Adverb 57
– Konjunktion 58
– Konjunktiv 53
– Partizip 56
– Präposition 57
– Pronomen 60
– Substantiv 51
– Verb 52
– verwechselbare Wörter 61

Z
Zahlengliederungen (besondere) 14, 17
Zahlungsverzug
→ Nicht-Rechtzeitig-Zahlung
Zehn goldene Regeln für Ihre Briefe 29
Zehn Hinweise für Ihre Korrespondenz 72
Zeichensetzung 46
– Komma 46
Zeilenabstand 18
Zusammenarbeit mit Auskunfteien 101
Zwischenräume 14

Grammatische Fachausdrücke

Hier sind nur die grammatischen Fachausdrücke aufgeführt, die in diesem Buch vorkommen.

lateinisch	deutsch	Beispiele
Adjektiv	Eigenschaftswort	*klein, sauber*
adjektivisch gebraucht	eigenschaftswörtlich gebraucht	*allgemeingültig/allgemein gültig*
Adverb	Umstandswort	*da, heute, wie, warum*
Akkusativ	Wenfall	*Ich rufe **den** Kunden an.*
Aktiv	Tatform	*Wir **liefern** die Ware.*
Apposition	hauptwörtliche Beifügung	*Er, **der Chef**, sagt es.*
Artikel	Geschlechtswort	*der, die das, ein, eine, eines*
Attribut	Beifügung	***gute** Briefe*
Dativ	Wemfall	*Ich antworte **dem** Kunden.*
Deklination	Beugung von Haupt-, Geschlechts-, Für- und Eigenschaftswörtern	*in **Büchern**, **des** Buches, **meines** Buches, das **neue** Buch*
Demonstrativpronomen	hinweisendes Fürwort	*dieser, diese, dieses*
Diphthong	Doppellaut, Zwielaut	*au, äu, ei, eu*
Genitiv	Wesfall	***des** Kunden, **des** Kindes*
Indikativ	Wirklichkeitsform	*Er **ist** bereit.*
indirekte Rede (s. Konjunktiv)	abhängige Rede	*Er **wäre** bereit.*
Infinitiv	Nenn- oder Grundform des Verbs mit Endung -(e)n	*kaufen* *handeln*
Kardinalzahl	Grundzahl	*eins, zwei, drei …*
Kasus (s. Nominativ, Genitiv, Dativ, Akkusativ)	Fall der deklinierten Wörter: Wer-, Wes-, Wem-, Wenfall	*der Ort, des Ortes, dem Ort, den Ort; die Frau, der Frau, der Frau, die Frau; das Amt, des Amtes, dem Amt, das Amt*
Komparativ	1. Steigerungsstufe	*größer*
Konditionalsatz	Bedingungssatz	***Wenn er kommt**, freuen wir uns.*
Kongruenz	Übereinstimmung von Subjekt und Prädikat	*Frau Klein oder Herr Kurt **wird** anrufen.* *Frau Klein und Herr Kurt **werden** anrufen.*
Konjugation	Beugung des Zeitwortes	*er **sagt**, ich **weiß** es*
Konjunktion	Bindewort	*und, aber, ob, dass*
Konjunktiv I (s. indirekte Rede)	Möglichkeitsform der Gegenwart	*Er **müsse** es wissen.* *Sie **wolle** es wissen.*
Konjunktiv II (s. indirekte Rede)	Möglichkeitsform der Vergangenheit	*Er **müsste** es wissen.* *Sie **wollten** es wissen.*
Konsonant	Mitlaut	*b, c, d, f …*
Konsonanz	Mitlautfolge	***schm**al*
Nomen	Namenwort	*Käufer*
Nominalstil	Hauptwörterei	*Anwendung finden*
Nominativ	Werfall	***Der** Kunde rief an.*
Objekt	Ergänzung	*Das nützt **dem Geschäft**.*

lateinisch	deutsch	Beispiele
Ordinalzahl	Ordnungszahl	*Erste, Zehnte, Hundertste*
Partizip I	Mittelwort der Gegenwart	*laufend*
		verarbeitend
Partizip II	Mittelwort der Vergangenheit	*geloufen*
		verarbeitet
Passiv	Leideform	*Die Ware wird geliefert.*
Pleonasmus	überflüssiger Zusatz	*neu renoviert*
	(„weißer Schimmel")	*bereits schon früher*
Plural	Mehrzahl	*die Briefe*
Possessivpronomen	besitzanzeigendes Fürwort	*dein, mein, seine*
		Ihr, Ihre, Ihren, Ihres
Prädikat	Satzaussage	*Sie ruft.*
Präfix	Vorsilbe	*be-, ge-, zu-*
Präposition	Verhältniswort	*auf, über, zwischen*
Präpositionalgefüge	Verbindung mit einer Präposition	*in Bälde* (statt: *bald*)
Präsens	Gegenwart	*Er schreibt.*
Präteritum	Vergangenheit	*Er schrieb.*
Pronomen	Fürwort	*er, wir, sie, Sie*
Reflexivpronomen	rückbezügliches Fürwort	*sich*
Relativpronomen	bezügliches Fürwort	*welcher, welche, welches*
Singular	Einzahl	*der Brief*
Subjekt	Satzgegenstand	*Briefe sind wichtig.*
Substantiv	Hauptwort/Dingwort	*Handel*
substantiviert	hauptwörtlich gebraucht	*das Handeln*
Suffix	Nachsilbe	*-heit, -keit, -lich, -ung*
Superlativ	2. Steigerungsstufe,	*größte*
	Höchststufe	*größtmögliche*
Verb	Zeitwort/Tätigkeitswort	*werben*
Vokal	Selbstlaut	*a, e, i, o, u*
Zahladjektiv	Zahleigenschaftswort	*einiges, mehrere*
Zahlsubstantiv	Zahlhauptwort	*eine Fünf schreiben*

Bildquellenverzeichnis